电站燃煤锅炉
受热面管失效与防治
培训教材

华电电力科学研究院有限公司 编

内 容 提 要

本书系统介绍了电站燃煤锅炉受热面管失效与防治方面的知识。内容主要包括典型电站燃煤锅炉设备基本结构及特点、锅炉受热面管布置及选材、锅炉受热面管失效模式及机理、锅炉受热面管失效典型案例分析与总结、锅炉受热面管监督管理与失效防治等。

本书理论知识通俗易懂，案例真实丰富、描述清晰、分析到位，实用性强，可作为培训用教材，也可供火电行业检修、运行、管理人员参考。

图书在版编目（CIP）数据

电站燃煤锅炉受热面管失效与防治培训教材/华电电力科学研究院有限公司编．—北京：中国电力出版社，2020.9

ISBN 978-7-5198-4803-3

Ⅰ.①电… Ⅱ.①华… Ⅲ.①电站－燃煤锅炉－受热面管－失效分析－技术培训－教材 Ⅳ.①TM621.2

中国版本图书馆 CIP 数据核字（2020）第 122642 号

出版发行：中国电力出版社
地　　址：北京市东城区北京站西街 19 号（邮政编码 100005）
网　　址：http://www.cepp.sgcc.com.cn
责任编辑：刘汝青（010-63412382）
责任校对：黄　蓓　于　维
装帧设计：赵姗姗
责任印制：吴　迪

印　　刷：北京天宇星印刷厂
版　　次：2020 年 9 月第一版
印　　次：2020 年 9 月北京第一次印刷
开　　本：787 毫米×1092 毫米　16 开本
印　　张：11.75
字　　数：253 千字
印　　数：0001—1500 册
定　　价：55.00 元

编 委 会

前 言

长期以来，锅炉受热面管泄漏是造成燃煤发电机组非计划停运的主要原因之一，严重影响机组的安全稳定运行，造成巨大的经济效益和社会效益损失。多年来，国内外针对锅炉受热面管泄漏产生的机理、防范措施等进行了广泛和深入的研究，获得了丰富的成果和经验。随着燃煤发电机组参与“兜底保供”“调峰调频”的任务越来越艰巨，机组负荷变化频繁、变化大，或长期停备用的常态化模式，给锅炉受热面管泄漏的防治带来了严峻的挑战。

为了加强和规范电站燃煤锅炉受热面管监督管理，提升防范锅炉受热面泄漏的工作水平，提高机组运行的可靠性和经济性，本书编者结合近几年燃煤发电机组发生的典型锅炉受热面管泄漏停机事件，梳理了锅炉受热面管的失效模式与机理，提出了锅炉受热面管失效的防治对策，以及锅炉受热面管监督检验内容与防治重点。

全书共分为五章。第一章简要介绍了燃煤发电机组的发展历史，以及四种典型电站燃煤锅炉设备基本结构、布置及特点；第二章主要介绍了电站燃煤锅炉受热面管常用材料的基本知识及选用原则，并结合材料的发展，简要介绍了国内外700℃超超临界燃煤发电技术发展计划；第三章系统介绍了锅炉受热面管失效分析的意义、作用及失效分析方法，结合锅炉受热面管暴露出的新问题，梳理了失效模式，提出了6类失效机理、24类失效类型，并逐一进行重点介绍；第四章着重从不同失效类型中选取典型案例进行深入分析，详细描述了现场第一泄漏点的判断，重点介绍了现场需进一步开展的排查工作及衍生出来的检验检测工作，并总结其暴露的设备及管理问题，提出了处理及防范措施，以供借鉴；第五章主要对近三年某集团117起案例进行专题分析与总结，并从管理和技术两个角度提出了锅炉受热面管失效的防治对策，以及监督检验内容与失效防治重点，并简要介绍了锅炉受热面管精细化检验的内涵和具体做法。

本书由石岩、王甲安统筹协调，其中第一章由王甲安、石岩、马龙信编写，第二章由郭岩编写，第三章由柯浩编写，第四章由王甲安、贺军编写，第五章由王甲安、石岩编写。本书在编写过程中，参考了电力同行们相关的标准规范、技术资料等素材。在此，对关心火力发电行业发展、提供素材的相关人员表示衷心感谢，对参与本书策划和幕后工作的人员也一并表示诚挚感谢。

限于编者水平，书中难免有疏漏和不足之处，恳请读者不吝赐教。

编　者

2020年6月

目　录

前言

第一章　典型电站燃煤锅炉简介 ………… 1

第一节　燃煤发电机组的发展 ………… 1

第二节　电站燃煤锅炉基本结构 ………… 3

第三节　典型电站燃煤锅炉 ………… 5

第二章　电站燃煤锅炉受热面管常用材料 ………… 25

第一节　常用材料的基本知识 ………… 25

第二节　常用材料简介 ………… 49

第三节　常用材料的选用原则 ………… 54

第三章　锅炉受热面管失效模式及其机理 ………… 61

第一节　失效分析的意义及作用 ………… 61

第二节　失效分析方法 ………… 61

第三节　蠕变与相变 ………… 66

第四节　腐蚀与氧化 ………… 72

第五节　疲劳 ………… 87

第六节　磨损 ………… 93

第七节　焊接缺陷 ………… 98

第八节　质量缺陷 ………… 104

第四章　锅炉受热面管失效典型案例 ………… 108

第一节　蠕变与相变典型案例 ………… 108

第二节　腐蚀与氧化典型案例 ………… 123

第三节　疲劳与应力失效典型案例 ………… 133

第四节　磨损典型案例 ………… 140

第五节　质量缺陷典型案例 …… 148

第五章　锅炉受热面管的监督管理与失效防治 …… 156

第一节　锅炉受热面管的失效统计 …… 156

第二节　锅炉受热面管的监督管理 …… 158

第三节　锅炉受热面管的失效防治重点 …… 163

第四节　锅炉受热面管的精细化检验 …… 170

思考题 …… 173

参考文献 …… 175

第一章

典型电站燃煤锅炉简介

第一节 燃煤发电机组的发展

我国一次能源结构的特点是“富煤、贫油、少气”，能源以煤炭为主，这就决定了我国发电机组主要以燃煤发电为主，煤炭消费占一次能源的70%，远高于世界平均水平（约30%）。为了适应生态环境、减少或控制温室气体排放等对能源的要求，随着我国电力的快速发展，火电占比随核电、可再生能源占比的增加而减少。根据中电联统计，截至2019年12月底，全国发电装机容量达20亿kW左右，其中水电3.6亿kW、并网风电2.1亿kW、并网太阳能发电2.0亿kW、核电4875万kW左右。非化石能源发电装机容量合计达到8.3亿kW左右，在总装机容量中的占比上升至41%，煤电装机容量占比仍近60%。

燃煤发电机组是将煤燃料产生的热能通过金属受热面传递给经过净化的水，并将其加热到具有一定温度和压力的过热蒸汽，过热蒸汽由管道引入汽轮机，在汽轮机内膨胀做功，冲转汽轮机，带动发电机发电。燃煤发电机组主要由燃烧系统（以锅炉为核心）、汽水系统（主要由各类泵、给水加热器、凝汽器、管道、受热面等组成）、发电系统（汽轮机、汽轮发电机）和控制系统等组成。燃烧系统和汽水系统产生高温高压蒸汽，发电系统实现由热能、机械能到电能的转变，控制系统保证各系统安全、合理、经济运行。

新中国成立前，我国没有电厂锅炉制造业，仅引进瑞士技术合作试制了两台与2000kW汽轮发电机组配套、蒸发量为12t/h的锅炉，1949年全国装机总容量仅为1849MW（其中火电装机容量为1686MW）。新中国成立后，我国火力发电机组经历了以下几个发展阶段：第一阶段为1949—1960年，我国开始自行设计制造了6、12、25、50MW中压和高压汽轮发电机配套的锅炉；第二阶段为1961—1980年，我国开始自行研制了超高压125、200MW和亚临界压力300MW汽轮发电机组配套的400、670、1000t/h自然循环锅炉和直流锅炉；第三阶段为1981—1990年，随着改革开放政策和现代化建设的脚步，火力发电机组得到了快速发展，这期间利用从美国引进的技术制造了300MW和600MW的汽轮发电机组配套的1025t/h和2008t/h控制循环锅炉，同时还进口了多台300～800MW亚临界压力和超临界压力锅炉，建设了100MW级的燃气-蒸汽联合循环发电机组，该阶段我国的火电装机容量增加了1倍；第四阶段为1991—2000年，我国新投产的机组逐步向大容量、高参数方向发展，600MW级超临界机组已经成为火电主力机型。

进入21世纪以来，我国加大了超超临界发电技术的开发力度，加快了超超临界发电机组的建设步伐。国家电力公司在2000年针对当时国际上燃煤发电技术的发展趋势，并结合我国的具体国情提出“超超临界燃煤发电技术”课题。从2003年起，我国发电设备制造企业与国外制造商合作，引进大型超超临界火电机组技术。上海电气集团、哈电集团和东方电气集团三大动力集团分别从西门子、三菱及日立公司等引进了超超临界技术。2006年11、12月，采用引进技术生产的1000MW超超临界火电机组分别在玉环电厂、邹县电厂成功投运，标志着我国电力设备的制造水平跨上了一个新的高度。2011年，我国用电量持续增长，电力规模继续增大，结构有所改善，质量和技术水平进一步提高，节能减排成效显著。2011年，全国在运1000MW超超临界火电机组已经达到40余台。其中，宁夏灵武电厂二期工程1000MW机组是世界上首个1000MW超超临界空气冷却发电机组项目，促进了我国富煤、贫水地区电力工业的可持续发展。

放眼国际发电行业，美国在20世纪中期就开始研究大容量机组，率先投运了1300MW的机组，锅炉容量为4398t/h；德国和日本的单机容量发展迅速，800MW的大型机组很早问世；苏联发展也很快，在1981年投产了1200MW的超临界压力直流锅炉，锅炉容量也达到3950t/h。从世界火力发电技术水平看，超超临界火电机组是世界上成熟先进的发电技术，目前主蒸汽/再热蒸汽温度为600℃的超超临界机组供电效率可达44%～45%，蒸汽参数与火电厂效率、供电煤耗关系见表1-1。但是，由于大型机组的灵活性较差，利用率不高，每年计划检修的周期比较长，而且高参数大容量机组对材料的要求更高，主要技术难题是金属材料耐高温、耐高压问题，特别是水冷壁、过热器、再热器、省煤器及集箱等锅炉关键（部件）材料的耐高温、耐高压问题。这些部件运行在相对更加恶劣的工况条件，对材料的要求更为严格，是设计选用钢材关注的重要部位。

表1-1　　　　蒸汽参数与火电厂效率、供电煤耗关系

机组类型	蒸汽压力（MPa）	蒸汽温度（℃）	电厂效率（%）	供电煤耗［g/(kWh)］
中压机组	3.5	435	27	460
高压机组	9.0	510	33	390
超高压机组	13.0	535/535	35	360
亚临界机组	17.0	540/540	38	324
超临界机组	25.5	567/567	41	300
高温超临界机组	25.0	600/600	44	278
超超临界机组	30.0	600/600/600	48	256
高温超超临界机组	30.0	700	57	215
超700℃机组	—	超700	60	205

第二节　电站燃煤锅炉基本结构

锅炉是一种生产蒸汽或汽水的换热装备，按功能可分为两大部分：一部分是通过燃烧煤、油、气及其他燃料，将化学能转化为热能，即“炉侧”，主要指炉膛、燃烧器；另一部分是各种形式的受热面，将燃料燃烧释放出的热能通过各种传热方式，传递给锅水使之升温、汽化、过热以产生所需要的蒸汽，或加热所需要的高温热水供动力机械或其他设备使用，即“锅侧”，主要包括汽包（锅筒）、水冷壁、过热器、再热器、省煤器等。锅侧、炉侧，再加上钢架和炉墙等组成锅炉的主要部件，称为锅炉本体，某600MW锅炉结构如图1-1所示。

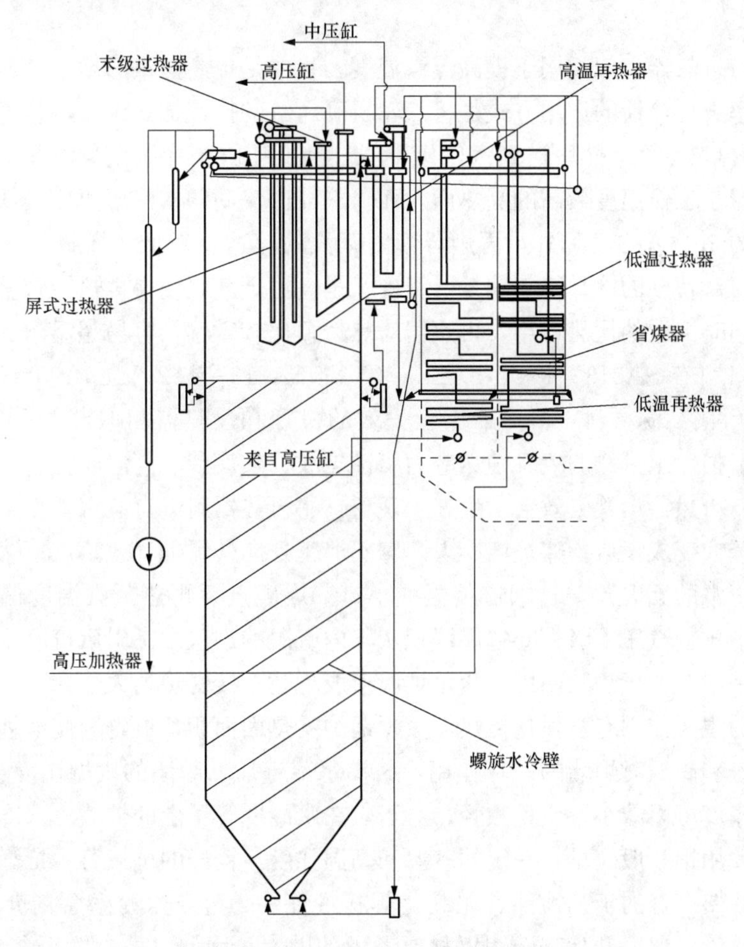

图1-1　某600MW锅炉结构

过热器是锅炉的重要组成部分，它的作用是将饱和蒸汽加热成为具有一定温度的过热蒸汽。为了提高热循环效率，现在的过热蒸汽参数已经由原先的超高压提高至亚临界、超临界、超超临界等压力，过热器管子采用的材料有15CrMoG、12Cr1MoVG、12Cr2MoWVB、SA213-T91、SA213-T92、TP304、TP347、Super304H、TP347HFG、

HR3C等耐高温材料。过热器根据所采用的传热方式分为对流过热器、半辐射过热器（屏式过热器）及辐射过热器，目前大型电站中通常采用上述三种形式的串级布置系统。过热器工作环境恶劣，在“四管”泄漏中，过热器管失效频率最高，而且随着旧机组服役时间的增加及新机组参数的提高，过热器管的失效事故有逐年上升的趋势。根据我国电站实际情况的调研，过热器管的失效机理主要有长时过热、短时过热、磨损、水汽侧的氧腐蚀、应力腐蚀裂纹、热疲劳、高温腐蚀、异种金属焊接质量缺陷等。过热器爆管失效会产生如下现象：①蒸汽流量急剧下降，蒸汽流量不正常地小于给水流量；②燃烧室、炉膛内由负压突然变为正压，严重时从炉膛孔门向外喷出炉烟和蒸汽；③过热蒸汽管道附近有蒸汽喷出的响声；④过热蒸汽温度变化；⑤排烟温度降低，烟气颜色变成灰白色或白色；⑥过热器后烟温度差增大；⑦引风机负荷增大，电流增高。

再热器与过热器类似，用于提高蒸汽温度，目的是提高蒸汽的焓值，最后提高电厂热力循环效率。再热器的作用方式是将汽轮机高压缸的排汽加热到与过热蒸汽温度相等（或相近）的再热温度，然后送到汽轮机中压缸及低压缸中膨胀做功。在受热面中，再热器和过热器是工作温度最高的受热面，而再热器内流动的蒸汽压力比较低，一般为过热蒸汽压力的20%左右。另外，再热器管内蒸汽的流速比较低，导致再热器管壁的放热系数很小，对管壁的冷却能力较差，管外又是高温烟气，使得再热器管壁温度内外温差比较大。同时工质的比热容小，再热器对热偏差比较敏感，容易超温。目前，再热器管子采用的材料有SA213-T22、SA213-T91、SA213-T92、Super304H、TP347H、TPS47HFG等耐高温材料。再热器爆管失效的机理和过热器相似，主要有长时过热、短时过热、磨损、水汽侧的氧腐蚀、应力腐蚀裂纹、热疲劳、高温腐蚀、异种金属焊接质量缺陷等。再热器爆管失效会产生如下现象：①再热器附近有蒸汽喷出声；②严重时炉膛负压下降或变成正压；③炉墙、人孔等不严密处向外冒烟气或蒸汽；④爆破点后烟道两侧有不正常的烟温差，且烟道负压减小；⑤爆破点后再热蒸汽温度偏高和汽压下降，汽轮机中压缸汽压下降；⑥省煤器积灰斗内有湿的细灰；⑦引风机电流增高。

水冷壁一般布置于炉膛四周，紧贴炉墙形成炉膛，接受炉内火焰和高温烟气的辐射热。水冷壁的主要作用有：强化传热，减少锅炉受热面面积，节省金属消耗量；保护炉墙，减少熔渣和高温对炉墙的破坏作用，装设水冷壁后，炉墙的内壁温度会大大降低，因此炉墙的厚度可以减小，质量减轻；对于敷在水冷壁管子上的炉墙，水冷壁也有悬吊作用。水冷壁用钢一般应具有一定的室温和高温强度，良好的抗疲劳、抗烟气腐蚀、耐磨损性能，并要有好的工艺性能，尤其是焊接性能。另外，水冷壁管内介质是汽液两相，积垢导致管壁温度升高是选用钢材要考虑的因素。因此，需要选择合金含量较高、热强性较好的钢材。目前，水冷壁管子采用的材料有15CrMoG、SA213-T23、SA213-T12、12Cr1MoVG等。根据我国电站实际情况的调研，水冷壁管失效机理主要有短时过热、碱性腐蚀、氢损伤、水冷壁向火侧腐蚀、掉渣冲蚀、吹灰腐蚀、吹灰冲蚀、煤粒磨损、机械疲劳、热疲劳、腐蚀疲劳、石墨化等。水冷壁爆管失效会产生如下现象：①引风机自动时动叶不正常地开大，电流上升；②炉膛负压减少或变正，严重时可能造成炉膛压力保护动作；③汽包水位下降，给水流量不正常地大于蒸汽流量；④泄漏侧炉膛床温下降，床温测点偏差增大；⑤烟气中水分含量增大，不同位置含氧量出现偏差，且平均值降低；⑥泄漏侧旋风分离器温度下降，两个分离器温差增大；⑦各段烟温下降，汽压下降；⑧管子爆破时有明显的响声，炉膛内有泄漏声；⑨泄漏侧一次风量下降或风量不变情况下挡板开度增大，床压波动幅度加大；⑩泄漏严重时冷渣器、埋刮板输渣机内有水，烟囱冒白气。

省煤器是利用锅炉尾部的烟气热量加热给水的热交换装置。省煤器的应用，主要是为了降低排烟温度，提高锅炉效率，节约燃料消耗量。省煤器的主要作用有节省燃料，改善汽包的工作条件，降低锅炉造价。省煤器工质温度低，环境烟气温度也较低，因此无论机组参数如何，金属材料的选材一般没有问题。目前，省煤器常用材料主要为20G、SA-106C、SA-210C等。但是，由于省煤器区域烟气流速高，灰粒坚硬，磨损问题很突出，所以在设计中需要重点考虑灰粒磨损的保护措施。省煤器爆管的机理主要有飞灰冲蚀、吹灰冲蚀、点蚀、低温腐蚀、飞灰腐蚀、吹灰腐蚀、热疲劳、腐蚀疲劳。省煤器爆管事故会产生如下现象：①给水流量不正常地大于蒸汽流量；②严重时汽包水位下降；③省煤器管箱层有响声；④排烟温度降低；⑤炉膛底部有溢水，烟囱出口有白雾冒出。

第三节 典型电站燃煤锅炉

一、切圆燃烧锅炉简介

某锅炉型号为HG-2098/26.15-YM3，是超超临界参数变压运行直流锅炉，采用Π型布置、单炉膛、平衡通风、露天布置、固态排渣、全钢构架、全悬吊结构。燃烧器为改进型低NO_x分级送风燃烧系统，布置在四面墙上，采用切圆燃烧方式。该锅炉总体布置示意图如图1-2所示。

该锅炉的汽水流程以内置式汽水分离器为分界点，从水冷壁入口集箱到汽水分离器为水冷壁系统，从分离器出口到过热器出口集箱为过热器系统，另有省煤器系统、再热器系统和启动系统。

过热器采用四级布置，即低温过热器（一级）→分隔屏式过热器（二级）→屏式过热器（三级）→末级过热器（四级）。再热器为两级，即低温再热器（一级）→末级再热器（二级）。其中，低温再热器和低温过热器分别布置于尾部烟道的前、后竖井中，均为逆流布置。在上炉膛、折焰角和水平烟道内分别布置了分隔屏式过热器、屏式过热器、末级过热器和末级再热器，由于烟温较高所以均采用顺流布置。所有过热器、再热器和省煤器部件均采用顺列布置，以便于检修和密封，防止结渣和积灰。

水冷壁为膜式水冷壁，全部为垂直管屏。为了使回路复杂的后水冷壁工作可靠，将后水冷壁出口集箱（折焰角斜坡管的出口集箱）出口工质分别送往后水冷壁吊挂管和水平烟道两侧包墙两个平行回路，然后再用连接管送往顶棚出口集箱，与前水冷壁和两侧水冷壁出口的工质汇合后再送往尾部包墙系统，这样的布置方式在避免后水冷壁回路在

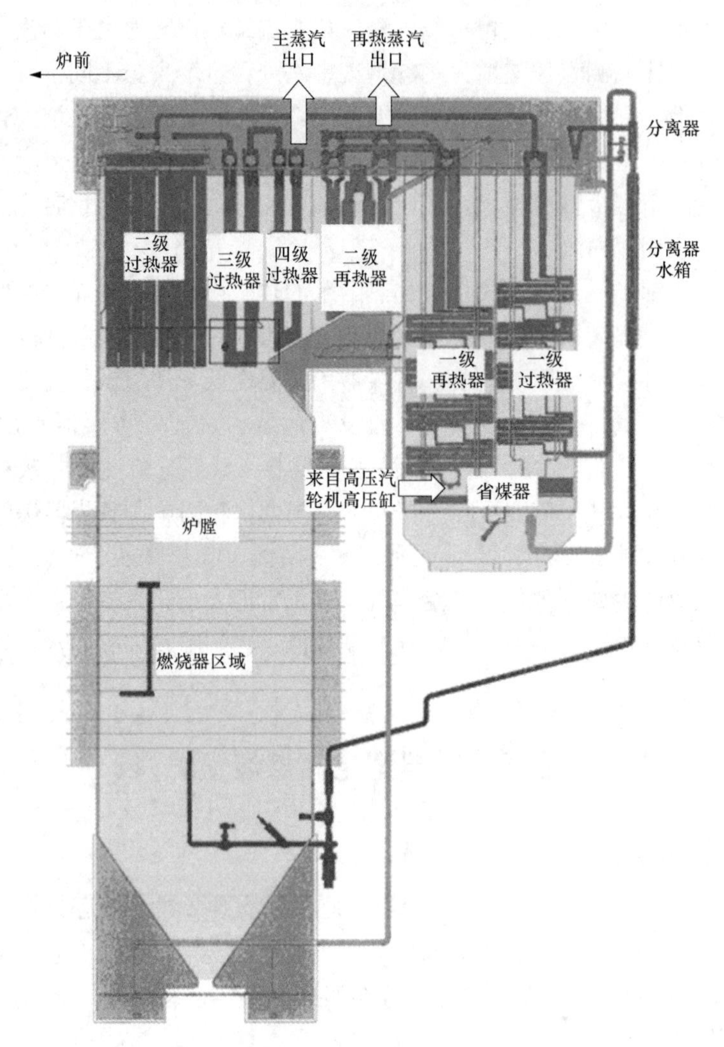

图 1-2　HG-2098/26.15-YM3 型锅炉总体布置示意图

低负荷时发生水动力的不稳定性和减少温度偏差方面较为合理、有利。

该锅炉的技术特点如下：

（1）良好的变压、调峰和再启动性能。锅炉炉膛采用内螺纹管垂直水冷壁并采用较高的质量流速，能保证锅炉在变压运行的四个阶段（即超临界直流、近临界直流、亚临界直流和启动阶段）中均能有效地控制水冷壁金属壁温、控制高干度蒸干（DRO）、防止低干度高热负荷区的膜态沸腾（DNB），以充分保证水动力的稳定性。由于装设水冷壁中间混合集箱和采用节流度较大的装于集箱外面的较粗水冷壁入口管段的节流孔圈，所以对控制水冷壁的温度偏差和流量偏差均非常有利。采用带再循环泵的启动系统，对于加速启动速度，保证启动阶段运行的可靠性、经济性均是有利的。

（2）燃烧稳定、热负荷分配均匀、防结渣性能良好的强化单切圆燃烧方式。这种燃烧方式的燃烧器布置在四面墙上，火焰喷射方向与墙垂直，燃烧器出口射流两侧具有较大的空间，补气条件好，有利于高温烟气回流，炉膛充满度高，热流分配均匀，减少水冷壁附近烟气流扰动的影响，着火稳定，燃烧器效率高，炉膛出口烟温均匀。同时气流刚性好，不易受到水冷壁的影响造成贴墙，从而有利于防止水冷壁结焦的产生。

(3) 采用适合高蒸汽参数的超超临界锅炉的高热强钢。由于锅炉的主蒸汽和再热蒸汽温度均在600℃以上，对高温级过热器和再热器，大量采用了25Cr20NiNb钢（SA-213TP310HCBN）和改良型细晶粒18Cr级奥氏体钢（SA-213S30432)。这两种钢材对防止因管壁温度过高而引起的烟侧高温腐蚀和内壁蒸汽氧化效果明显。

该锅炉的结构特点如下：

(1) 采用改进型的内螺纹管垂直水冷壁，即在上下炉膛之间加装水冷壁中间混合集箱，以减少水冷壁沿各墙宽的工质温度和管子壁温的偏差，节流孔圈装设在小直径的下集箱外面较粗的水冷壁入口管段上以加大节流度，提高调节流量能力。通过三叉管过渡的方式与小直径的水冷壁管（ϕ28.6）相接，通过控制各回路工质流量的方法来控制各回路管子的吸热和温度偏差。

(2) 在保证水冷壁出口工质必需的过热度的前提下，采用较低的水冷壁出口温度(425℃左右)，并把汽水分离器布置于顶棚、包墙系统的出口。这种设计和布置可以使整个水冷壁系统（包括顶棚包墙管系统和分离器系统）采用低合金钢15CrMoG，所有膜式壁不需做焊后整屏热处理，也使工地安装焊接简化，对保证产品和安装质量有利。

(3) 由于过热器和再热器大量采用优质高热强钢，管壁相对较薄，所以各级过热器可以采用较大直径的蛇形管（ϕ51～ϕ60）保证较低的过热器阻力。

(4) 汽温调节手段的多样化。直流运行时，过热蒸汽主要靠改变煤水比来调节过热汽温，同时设置三级六点喷水。再热汽温主要调节手段为烟气分配挡板，而以燃烧器摆动作为辅助调节手段，再热器还在一级低温再热器之前加装事故喷水减温装置。过热器采用三级喷水能更好地消除工质通过前级部件所造成的携带偏差，也增加了调温能力。

(5) 为降低过热器阻力，过热器在顶棚和尾部烟道包墙系统采用两种旁路系统。第一种旁路系统是顶棚管路系统，只有前水冷壁出口和侧水冷壁出口的工质流经顶棚管；第二种旁路为包墙过热器管系统的旁路，即由顶棚出口集箱出来的蒸汽大部分送往包墙过热器管系统，另有小部分蒸汽不经过包墙系统而直接用连接管送往后包墙出口集箱。

过热器正常喷水水源来自省煤器出口水，这样可减少喷水减温器在喷水点的温度差和热应力。

(一) 水冷壁系统简介

炉膛水冷壁采用焊接膜式壁、内螺纹管垂直上升式，炉膛断面尺寸为19230mm×19268mm，水冷壁管共有1728根，前后墙各432根，两侧墙各432根，均为ϕ28.6×6.2mm（最小壁厚）四头螺纹管，管材均为15CrMoG，节距为44.5mm。管子间加焊的扁钢宽为15.9mm，厚度为6mm，材质为15CrMo，在上下炉膛之间装设了一圈中间混合集箱以消除下炉膛工质吸热与温度的偏差。

炉膛中间混合集箱位于炉膛水冷壁的中部，当水冷壁管子内的工质流到炉膛中间混合集箱时，可以得到充分混合，使炉膛中间混合集箱出口工质温度均匀，并使温度偏差带来的热应力减小。炉膛中间混合集箱主要包括以下四项：①炉膛中间入口集箱。前后墙和两侧墙各 1 个 ϕ273×55mm、材质为 SA - 335P12 的集箱。②炉膛一级混合器。前后墙各 1 个，左右墙各 1 个，共 4 个，规格为 ϕ762×120mm，材质为 SA - 335P12。③炉膛二级混合器入口管道。前后墙各 20 根，左右墙各 20 根，规格为 ϕ89×16mm，材质为 15CrMoG。④炉膛二级混合器。前后墙各 20 个，左右墙各 20 个，共 80 个。

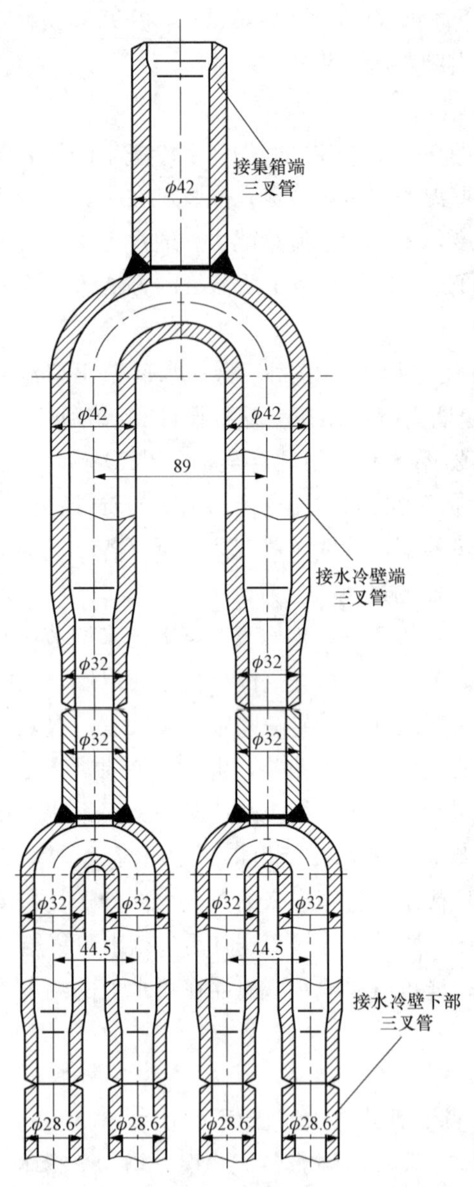

图 1 - 3　水冷壁下集箱节流孔布置及连接方式

水冷壁下集箱采用 ϕ219 的小直径集箱，并将节流孔圈移到水冷壁集箱外面的水冷壁管入口段，入口短管采用 ϕ42×9mm 的较粗管子，在其入口段端口位置嵌焊入节流孔圈，再通过二次三叉管过渡的方法（见图 1 - 3）与 ϕ28.6 的水冷壁管相接。这样节流孔圈的孔径允许采用较大的节流范围，可以保证孔圈有足够的节流能力，按照水平方向各墙的热负荷分配和结构特点，调节各回路水冷壁管中的流量，以保证水冷壁出口工质温度的均匀性，并防止个别受热强烈和结构复杂的回路与管段产生 DNB 和出现壁温不可控制的蒸干（DRO）现象。前墙、后墙及两侧墙底部各有 112 根 ϕ42×9mm 的水冷壁管子，通过三叉管第一次过渡到 216 根 ϕ32×6.5mm 的管子，从 ϕ32×6.5mm 的管子第二次过渡到 432 根 ϕ28.6×6.2mm 的水冷壁管子。

（二）过热器系统简介

过热器系统采用四级布置，以降低每级过热器的焓增，沿蒸汽流程依次为水平与立式低温过热器、分隔屏式过热器、屏式过热器和末级过热器，如图 1 - 4 所示。

由两只汽水分离器顶部引出的 2 根蒸汽连接管（ϕ457×75mm，SA335P12）将蒸汽送往位于后竖井中的水平低温过热器入口集箱。流经水平低温过热器的下、中、上管组，水平低温过热器蛇形管共有 144 片，每片由 6 根管子组成，管径为 ϕ51，壁厚为 8.0、8.5mm 和 9.0mm，节距为 133.5mm，材质为 15CrMoG；由水平低温过热器的出口段与立式低温过热器相接，管径也为 ϕ51，壁厚为 9mm，节距为 267mm，共有 72 片，每片由 12 根管子组成以降低烟速，材质也为 15CrMoG。在顶棚管以上 1300mm 处，立式低温过热器出口管子上布置 55 点壁温测点，监视低温过热器管内的蒸汽温度。由立式低温过热器出口集箱引出的 2 根 ϕ457×

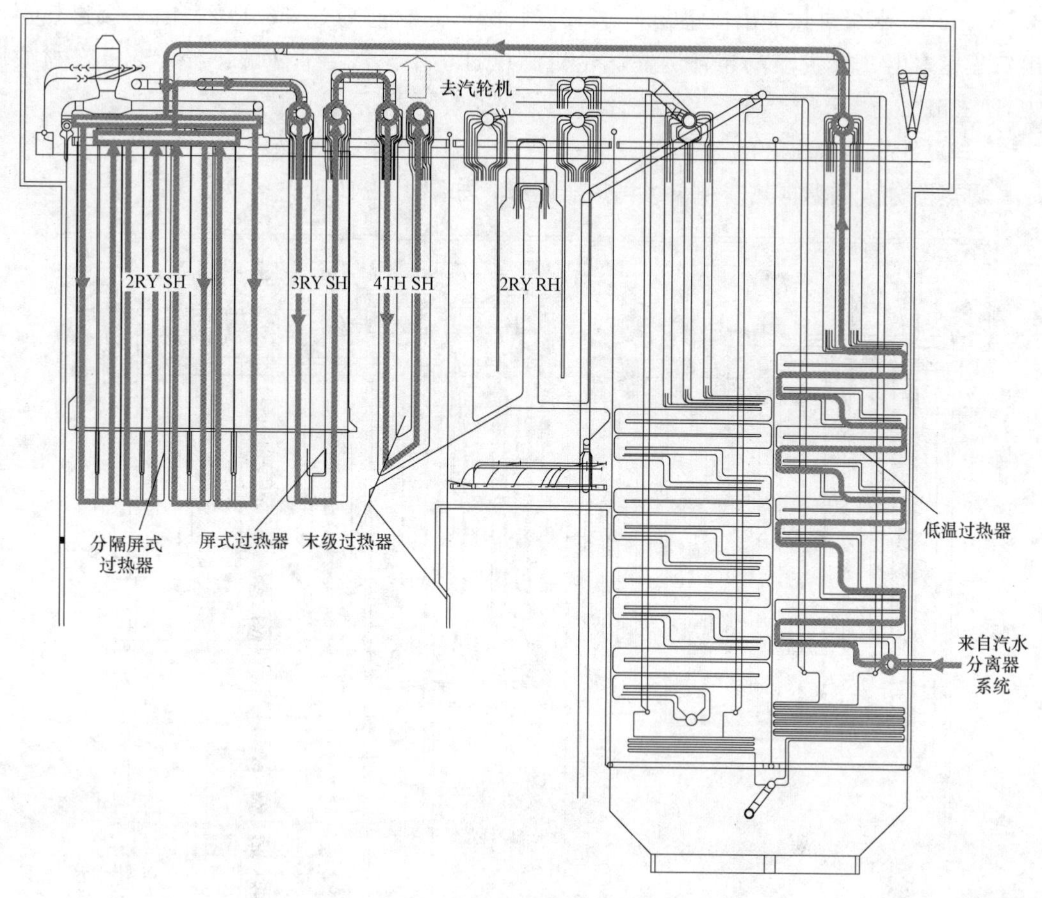

图 1-4　过热器系统示意图

75mm 的连接管上装有 2 只第一级喷水减温器，通过喷水减温后进入分隔屏式过热器入口集箱。

分隔屏式过热器共有 8 大片屏，每个大屏又由 4 个小屏组成，每大屏各有 72 根 ϕ54 的管子，按照壁温分别采用 12Cr1MoVG 和 SA213-TP347H（壁厚为 9、9.5mm 和 12mm）材料，而每小片屏的外圈管采用 ϕ60 的管径，以增加壁温裕量。由分隔屏式过热器出口集箱引出 4 根 ϕ457×60mm（SA335P91）连接管（减温器入口管道），二级喷水减温器及其出口管道为 ϕ508×70mm，蒸汽进入屏式过热器入口集箱（ϕ457×70mm，SA335P91）。在每一大屏上，出口管段上布置 56 点壁温测点。

屏式过热器蛇形管共有 35 片屏，每片屏由 19 根管组成，横向节距为 534mm，管子材质为 SA-213S30432 及 SA213TP310HCbN，管径为 ϕ51 和 ϕ63.5，管子平均壁厚为 8.0～11.5mm。屏式过热器出口集箱为 ϕ610×120mm（SA355P91），由屏式过热器出口集箱引出 2 根 ϕ610×110mm 的连接管，管上装有 2 只第三级喷水减温器，喷水后的蒸汽进入末级过热器入口集箱（ϕ559×100mm，SA335P91）。

末级过热器蛇形管共有 56 片屏，每片屏由 15 根管弯成，管径为 ϕ60 和 ϕ51，材质为 SA-213S30432 和 SA213TP310HCbN，平均厚度为 7.5～13.5mm，横向节距为

333.75mm。末级过热器出口集箱为 ϕ610×135mm，材质为 SA335P92。由末级过热器出口集箱引出 2 根主蒸汽导管送往汽轮机高压缸，主蒸汽导管为 ϕ457×85mm，材质为 SA335P92。

（三）再热器系统简介

再热器分成低温再热器和末级再热器两级，如图 1-5 所示。

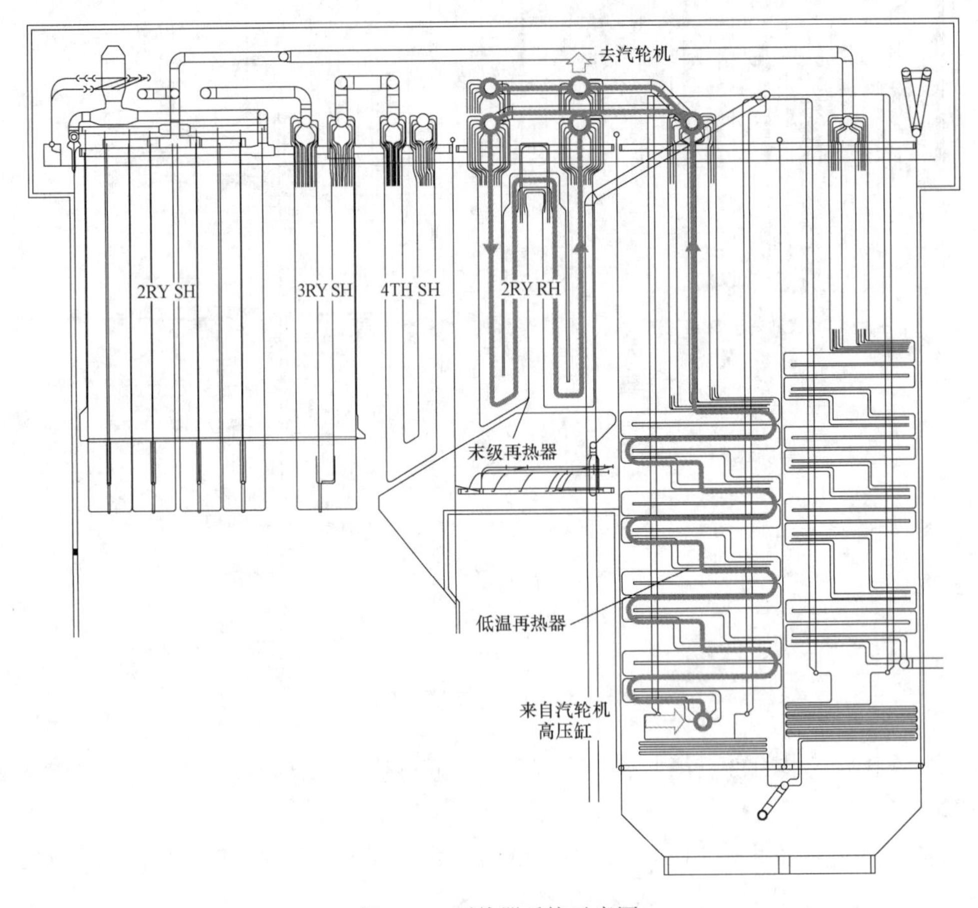

图 1-5　再热器系统示意图

低温再热器布置于尾部竖井中，由汽轮机高压缸来的排汽用 2 根 ϕ660×20mm（SA-106C）的导管送入水平低温再热器入口集箱，在低温再热器入口连接管上左右各装有一只事故喷水减温器。水平低温再热器共 144 片，每片由 6 根管子组成，节距为 133.5mm，管子规格有 ϕ63.5×4.0mm、ϕ63.5×5.5mm、ϕ63.5×7.0mm 三种，材质由 20G、15CrMoG 及 12Cr1MoVG 三种材料组成。水平低温再热器出口端与立式低温再热器相接，立式低温再热器共有 72 片，节距为 267mm，管径为 ϕ63.5，材质为 SA213-T91，壁厚为 4.0mm。由立式低温再热器出口集箱引出 2 根 ϕ610×40mm（SA335P22）的连接管，将蒸汽引入末级再热器入口集箱，集箱为 ϕ610×55mm，材质为 SA355-P22。

末级再热器蛇形管共 70 片，每片由 11 根管组成，横向节距为 267mm，其材质为 SA-213TP347、Code case 2328-1 和 SA213TP310HCbN，平均壁厚为 4.0mm。末级

再热器出口集箱管为 $\phi711\times65$mm，材质为 SA355P91，由末级再热器出口集箱引出的 2 根再热蒸汽导管将再热蒸汽送往汽轮机中压缸，再热蒸汽导管为 $\phi711\times45$mm，材质为 SA335P91。

（四）省煤器系统简介

在尾部竖井的前、后分竖井的下部各装有一级省煤器，省煤器为顺列布置，以逆流方式与烟气进行热交换，如图 1-6 所示。

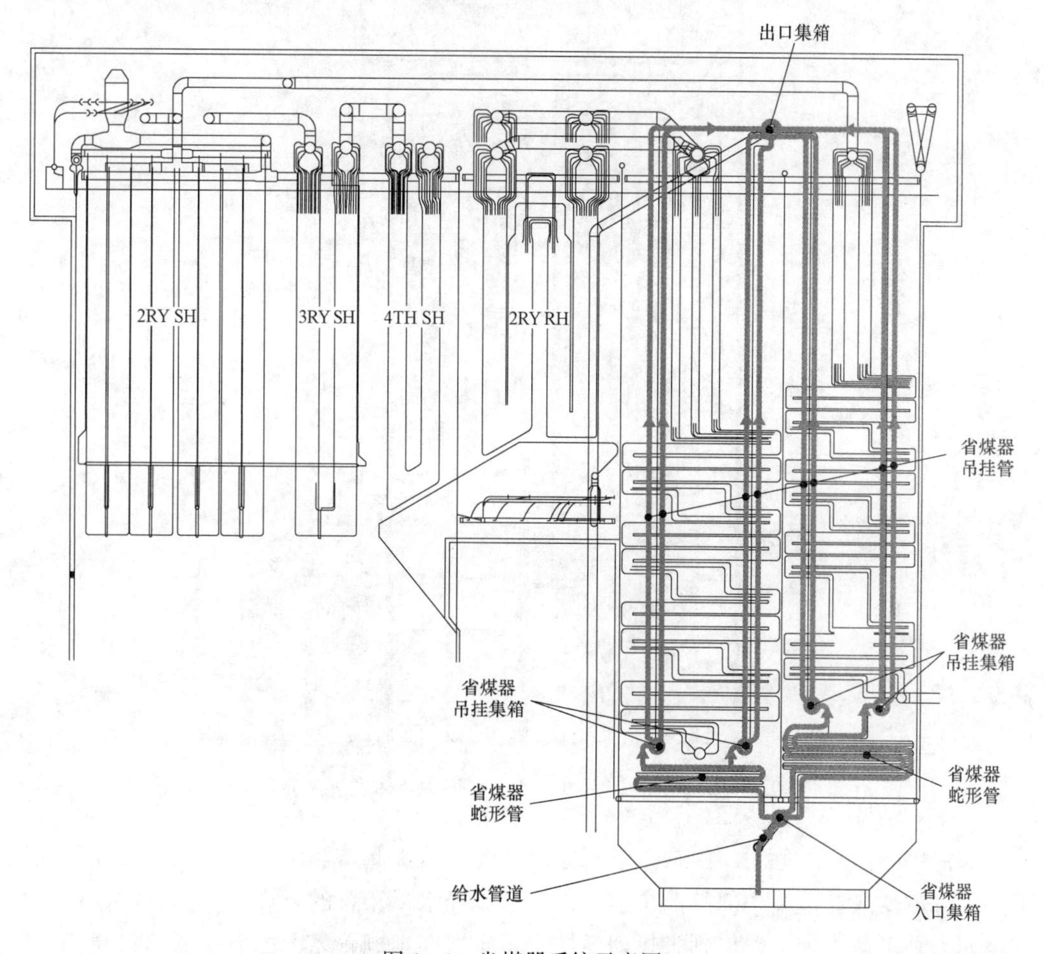

图 1-6　省煤器系统示意图

给水由 $\phi508\times55$mm（WB36）的导管送往省煤器入口集箱。省煤器采用 H 型鳍片管，顺列布置，每级省煤器各有 184 片，采用 $\phi44.5\times6$mm 管子，横向节距为 104mm，材质为 SA210C。前后级省煤器向上各形成两排吊挂管，悬挂前后竖井中所有对流受热面，悬挂管材质为 SA210C，节距为 267mm。省煤器入口集箱为 $\phi356\times60$mm，材质为 SA106C；省煤器中间集箱为 $\phi219\times40$mm，材质为 SA106C；省煤器出口集箱置于锅炉顶棚之上，采用 $\phi406\times65$mm 规格管，材质为 SA106C。由省煤器出口集箱引出 2 根 $\phi457\times65$mm 的连接管将省煤器出口水向下引到水冷壁入口集箱上方 2 只混合器，再用连接管分别将工质送入各水冷壁的入口集箱。

二、对冲燃烧锅炉简介

某锅炉型号为DG3024/28.35-Ⅱ1锅炉，为超超临界参数变压直流炉、单炉膛、前后墙对冲燃烧、一次再热、平衡通风、固态排渣、全钢构架、全悬吊结构，锅炉采用露天、Π型布置。该锅炉总体布置示意图如图1-7所示。

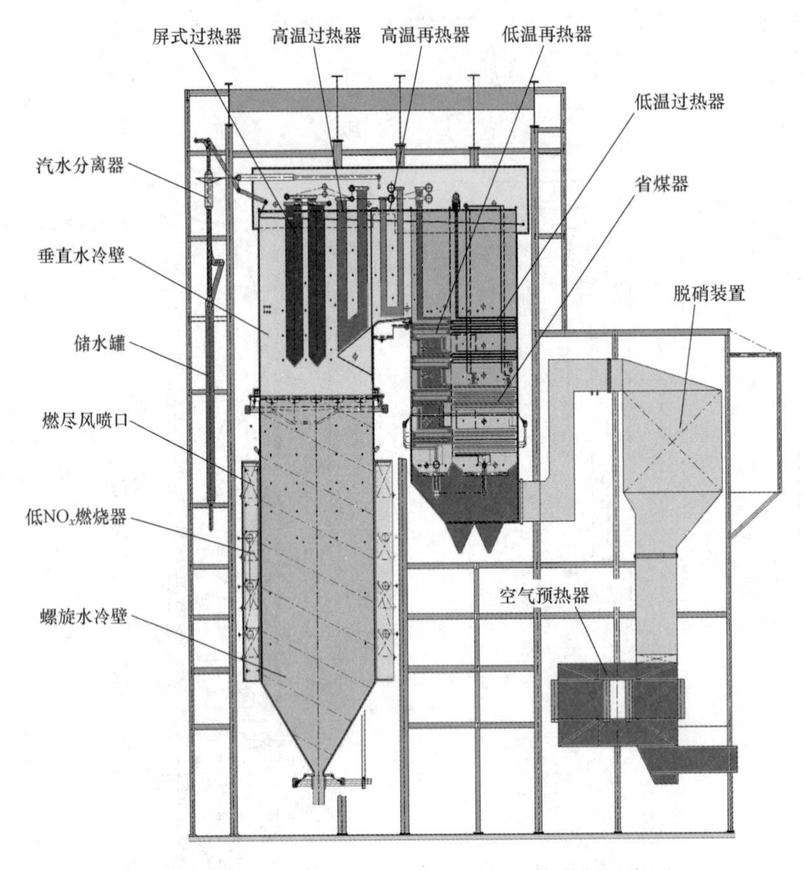

图1-7　DG3024/28.35-Ⅱ1型锅炉总体布置示意图

该锅炉的汽水流程为：由自给水管路出来的水从炉侧右侧进入位于尾部竖井后烟道下部的省煤器入口集箱中部的两个引入口，水流经水平布置的省煤器蛇形管后，由叉型管将两根管子合二为一引出到省煤器吊挂管至布置在顶棚管以上的省煤器出口集箱。工质由省煤器出口集箱从锅炉两侧的集中下水管引出，进入位于锅炉下部左、右两侧的集中下降管分配头，再通过下水连接管进入螺旋水冷壁入口集箱，经螺旋水冷壁管、螺旋水冷壁出口集箱、混合集箱、垂直水冷壁入口集箱、垂直水冷壁管、垂直水冷壁出口集箱后进入水冷壁出口混合集箱汇集，经引入管引入汽水分离器进行汽水分离。循环运行时，从分离器分离出来的水从下部排进储水罐，蒸汽则依次经顶棚管、后竖井/水平烟道包墙、低温过热器、屏式过热器和高温过热器。转直流运行后，水冷壁出口工质已全部汽化，汽水分离器仅作为蒸汽通道用。

调节过热蒸汽温度的喷水减温器装于低温过热器与屏式过热器之间和屏式过热器与高温过热器之间。

汽轮机高压缸排汽进入位于后竖井前烟道的低温再热器，经过水平烟道内的高温再热器后，从再热器出口集箱引出至汽轮机中压缸。

再热蒸汽温度的调节通过位于省煤器和低温再热器后下方的烟气调节挡板进行控制，在低温再热器出口管道上布置的再热器事故喷水减温器仅作为事故状态下的调节手段。

（一）水冷壁系统简介

整个炉膛四周为全焊式膜式水冷壁，炉膛由下部螺旋盘绕上升水冷壁和上部垂直上升水冷壁两个不同的结构组成，两者之间由过渡水冷壁和混合集箱转换连接。经省煤器加热后的给水，通过锅炉两侧的下水连接管引至两个下水连接管分配集箱，再由若干根螺旋水冷壁引入管引入两个螺旋水冷壁入口集箱。然后由螺旋水冷壁出口管子引出炉外，进入螺旋水冷壁出口集箱，由若干根连接管引入炉两侧的两个混合集箱混合后，再由若干根连接管引入到垂直水冷壁进口集箱。前墙和侧墙水冷壁螺旋管与垂直管的管数比为1∶2，后墙水冷壁的布置与前墙、侧墙有所不同，每4根螺旋管有1根直接上升为垂直水冷壁，其余3根螺旋管引进螺旋水冷壁出口集箱，并对应引出7根垂直水冷壁管。这种结构的过渡段水冷壁可以把螺旋水冷壁的荷载平稳地传递到上部水冷壁。

上炉膛水冷壁采用结构较为简单的垂直管屏。为充分保证水冷壁各回路的流量分配，在水平烟道侧墙水冷壁进口集箱设有节流孔。前墙和两侧墙水冷壁及后墙水冷壁凝渣管出口工质汇入上部水冷壁出口集箱后，由蒸汽连接管引入水冷壁出口混合集箱，在炉前方向通过三通接入汽水分离器进口混合集箱，再由连接管引入汽水分离器。后墙折焰角水冷壁流经水平烟道底部进入水平烟道底部出口集箱，再由集箱两端引出大口径连接管从锅炉两侧上行到顶棚之上，在锅炉中心处用三通汇集成单根管道，然后向炉前方向用过渡管与水冷壁出口混合集箱端部相接。

（二）过热器系统简介

过热器受热面由四部分组成：第一部分由顶棚受热面和后竖井烟道四壁及后竖井中隔墙组成；第二部分是布置在尾部竖井后烟道内的低温过热器；第三部分是位于炉膛上部的屏式过热器；第四部分是位于折焰角上方的高温过热器。

过热器系统按蒸汽流程分为顶棚过热器、包墙过热器（含中隔墙过热器）、低温过热器、屏式过热器及高温过热器。按烟气流程依次为屏式过热器、高温过热器、低温过热器。整个过热器系统管路设置了一次左右交叉，即屏式过热器出口至高温过热器进口管路进行了一次左右交叉，有效地减少了沿锅炉宽度上的烟气侧温度不均匀对工质温度的影响。锅炉过热蒸汽系统共设有两级四点喷水减温，每级喷水均为两侧喷入，每侧喷水均可单独控制，通过调节每侧的减温水量可有效减小左右两侧蒸汽温度偏差。

1. 顶棚过热器及后竖井区域包墙过热器

来自启动分离器的蒸汽由连接管引入顶棚过热器入口集箱。顶棚分为前、中、后三段。炉膛上部屏式过热器区域为顶棚过热器前段；炉膛折焰角区域的高温过热器和水平烟道高温再热器区域为顶棚过热器中段，以后墙凝渣管后300mm处为界；后竖井区域为顶棚过热器后段。顶棚过热器前段上设有专供检修炉膛内部的炉内检修平台用绳孔；此外，在前段顶棚靠近前墙和两侧墙处还设有方便炉内抢修屏式受热面及水冷壁的吊篮孔。蒸汽从顶棚出口集箱通过连接管分别引入中隔墙及前、后、侧包墙入口集箱，通过包墙管加热后分别到包墙出口集箱。各包墙出口集箱之间互相不连通，由包墙过热器出口连接管引入位于锅炉两侧的包墙出口混合集箱，再由包墙出口混合集箱顶部引出连接管至低温过热器进口集箱。包墙出口连接管吊在构架梁上，包墙出口混合集箱通过上面的低温过热器进口连接管吊在构架梁上。包墙过热器均为全焊接膜式壁结构。

2. 低温过热器

低温过热器进口连接管从两端把工质送入低温过热器进口集箱。低温过热器布置在后竖井后烟道内，分为水平段和垂直出口段。整个低温过热器蛇形管为顺列布置，蒸汽与烟气逆流换热。低温过热器水平段管组通过省煤器吊挂管悬吊在锅炉大板梁上，垂直出口段通过与低温过热器出口集箱相连而由集箱吊架悬吊在大板梁上。低温过热器进口集箱的荷载由从第一象限垂直引出的吊挂管向上穿出顶棚后引至低温过热器出口集箱，通过吊挂管垂直段上方处的吊点将荷载传至锅炉顶板上。

3. 屏式过热器

经过低温过热器加热后，蒸汽经低温过热器出口连接管、一级减温器及屏式过热器进口连接管后引入屏式过热器进口混合集箱，混合集箱与若干只分配集箱相连。辐射式屏式过热器布置在炉膛上部区域，沿炉深方向布置两排，两排屏之间紧贴布置，每一排管屏沿炉宽方向布置若干片屏。屏式过热器管屏入口段与出口段采用不同的管子壁厚，内外圈管采用不同的管子规格。屏式过热器蛇形管均由集箱承重并由集箱吊杆传至大板梁上。屏式过热器出口分配集箱与混合集箱相连，蒸汽在混合集箱中混合后，经屏式过热器出口连接管、二级减温器及高温过热器进口连接管引入高温过热器进口混合集箱。为保证管屏的平整，防止管子的出列和错位及焦渣的生成，屏式过热器布置有定位滑动块等结构，定位滑动块材料采用ZG16Cr20Ni14Si2，可靠性高。

为防止吹灰蒸汽对受热面的冲蚀，蛇形管外三圈采用高热强性和抗腐蚀性的HR3C材料。为减小流量偏差使同屏各管的壁温比较接近，在屏式过热器进口集箱上管排的入口处设置了不同尺寸的节流圈。

4. 高温过热器

蒸汽从高温过热器进口混合集箱水平进入与其相连的高温过热器进口分配集箱，经蛇形管加热后进入高温过热器出口分配集箱，再水平引入高温过热器出口混合集箱，品质合格的蒸汽由连接管从出口混合集箱两端引出，送入汽轮机高压缸。高温过热器蛇形管位于折焰角上部，沿炉宽方向布置，相邻的两片管屏与同一个高温过热器进、出口分配集箱相接。高温过热器蛇形管均由集箱承重，并由集箱吊杆传至大板梁上。

为保证管屏的平整，防止管子的出列和错位及焦渣的生成，高温过热器蛇形管间布置有定位滑动块，定位滑动块材料采用ZG16Cr20Ni14Si2，可靠性高。为防止吹灰蒸汽对受热面的冲蚀，蛇形管外三圈采用高热强性和抗腐蚀性的 HR3C 材料。为减小流量偏差使同屏各管的壁温比较接近，在高温过热器进口分配集箱上管排的入口处除最外圈管子外均设置了不同尺寸的节流圈。

（三）再热器系统简介

从汽轮机高压缸出口来的蒸汽，经过再热器进一步加热后，使蒸汽的焓和温度达到设计值，再返回到汽轮机中压缸。整个再热器系统按蒸汽流程依次分为两级：低温再热器、高温再热器。低温再热器布置在后竖井前烟道内，高温再热器布置在水平烟道内。

1. 低温再热器

汽轮机高压缸排汽通过连接管从低温再热器进口集箱左右侧中间位置三通的下方引入。低温再热器蛇形管由水平段和垂直段两部分组成，根据烟温的不同和系统阻力的要求，低温再热器的不同管组采用了不同的节距和管径。水平段分四组，水平布置于后竖井前烟道内，每组之间留有足够的空间便于检修。

再热蒸汽经过低温再热器加热后进入低温再热器出口分配集箱，相邻的两个低温再热器垂直管组引进同一个出口分配集箱，锅炉左右两侧的出口分配集箱高低布置。再热蒸汽通过出口分配集箱水平引入其标高位置的低温再热器出口混合集箱，然后经过其后的连接管、再热器减温器从左右两侧引入高温再热器进口混合集箱，完成再热器蒸汽的一次交叉和一次减温过程。

低温再热器水平段由前包墙和中隔墙管屏支撑并传递到大板梁，低温再热器垂直出口段质量由集箱承重并通过集箱吊杆传至大板梁上。低温再热器进口集箱位于后竖井环形集箱下护板区域，穿护板处集箱上设置有防旋装置，进口集箱通过生根于烟气调节挡板处的支撑梁支撑。低温再热器进口管道在其进口集箱正下方从锅炉两侧穿过护板后从集箱左右侧中间位置的等径三通引入，穿护板处低温再热器进口管道上设置有防旋装置，烟道内的低温再热器进口管道悬吊在上方的烟道内桁架上。

为防止吹灰蒸汽对受热面的冲蚀，在吹灰器附近蛇形管排上均设置有防蚀盖板。为防止低温再热器管排的磨损，在低温再热器管束与四周墙壁间设有阻流板，在每组上两排迎流面及边排和弯头区域设置防磨盖板。

2. 高温再热器

高温再热器布置于高温过热器后的水平烟道内，蒸汽从高温再热器进口混合集箱水平进入与其相连的高温再热器进口分配集箱，然后经蛇形管屏加热进入高温再热器出口集箱，再水平接至高温再热器出口混合集箱。高温再热器蛇形管均由集箱承重并由集箱吊杆传至大板梁上。为保证管屏的平整，防止管子的出列和错位及焦渣的生成，高温再热器蛇形管间布置有定位滑动块，定位滑动块材料采用 ZG16Cr20Ni14Si2，可靠性高。为防止吹灰蒸汽对受热面的冲蚀，蛇形管外三圈采用高热强性和抗腐蚀性的 HR3C 材料。为减小流量偏差使同屏各管的壁温比较接近，在高温再热器进口分配集箱上管排的入口处除最外圈管子外均设置了不同尺寸的节流圈。

高温再热器由 74 片屏式再热器组成，布置于高温过热器后的水平烟道内，每屏 13

根；最外圈第1根规格为 $\phi57\times4$mm，材质为HR3C；第2、3根规格为 $\phi50.8\times3.5$mm，材质为HR3C；第4～13根规格为 $\phi50.8\times3.5$mm，材质为SUPER304H。

（四）省煤器系统简介

省煤器位于后竖井后烟道内，沿烟道宽度方向顺列布置，由水平段蛇形管和垂直段吊挂管两部分组成，两部分之间通过叉型管过渡，省煤器垂直段吊挂管对布置在后烟道上部的低温过热器蛇形管屏起吊挂作用。给水由炉右侧从省煤器进口集箱中部两接口处引入，经省煤器水平段蛇形管和垂直段吊挂管，进入顶棚之上的省煤器出口集箱，然后从炉两侧通过集中下降管、下水分配头、下水连接管引入螺旋水冷壁前、后墙进口集箱。省煤器水平段蛇形管由光管组成，采用上下两组逆流布置。省煤器垂直段吊挂管沿烟道深度方向布置前、后两排。省煤器叉型管由支管和U型管焊接而成，支管规格与垂直段吊挂管规格一致。

省煤器垂直段吊挂管除悬吊省煤器系统自重外，还支撑其上部的低温过热器，吊挂管吊杆将荷载直接传递到锅炉顶部的钢架上。为防止省煤器管排的磨损，在省煤器管束与四周墙壁间设有阻流板，在每组上两排迎流面及边排和弯头区域设置防磨盖板。省煤器进口集箱位于后竖井环形集箱下护板区域，穿护板处集箱上设置有防旋装置，进口集箱由生根于烟气调节挡板处的支撑梁支撑。给水管道在省煤器进口集箱正下方从锅炉右侧穿过护板后从集箱左右侧的中间位置引入。穿护板处给水进口管道上设置有防旋装置，给水进口管道悬吊在上方的烟道内桁架上。

三、W火焰燃烧锅炉简介

某锅炉型号为HG-1900/25.4-WM10，为一次中间再热、超临界压力变压运行带内置式再循环泵启动系统的直流锅炉，单炉膛、平衡通风、固态排渣、全钢架、全悬吊结构、Π型布置、露天布置。锅炉设计燃用无烟煤，采用W火焰燃烧方式，在前、后拱上共布置有24组狭缝式燃烧器，6台BBD4062（MSG4060A）双进双出磨煤机直吹式制粉系统。炉膛分为上下两部分，下炉膛断面尺寸为宽26.680m、深23.666m；上炉膛断面尺寸为宽26.680m、深12.512m。水平烟道深度为7.077m，尾部前烟道深度为6.44m，尾部后烟道深度为6.67m。该锅炉总体布置示意图如图1-8所示。

该锅炉的汽水流程以内置式汽水分离器为界设计成双流程，从冷灰斗进口一直到中间混合集箱之间为下炉膛垂直管圈水冷壁，再连接至上部炉膛的水冷壁垂直管屏，到炉膛出口集箱，经大口径连接管连接到折焰角入口汇集集箱。后分成两路，一路进入折焰角入口集箱形成折焰角管屏及延伸包墙的低包墙到折焰角出口集箱；另一路进入延伸侧包墙入口集箱，经延伸侧包墙进入延伸侧包墙出口集箱，最后再引入汽水分离器。从汽水分离器出来的蒸汽引至顶棚和包墙系统，再进入一级过热器中，然后再流经屏式过热器和末级过热器。

从炉膛出口至锅炉尾部，烟气依次流经上炉膛的屏式过热器、末级过热器、水平烟道中的高温再热器，然后至尾部。双烟道中烟气分两路，一路流经前部烟道中的立式和水平低温再热器；一路流经后部烟道的一级过热器、省煤器，最后进入下方的两台回转式空气预热器。

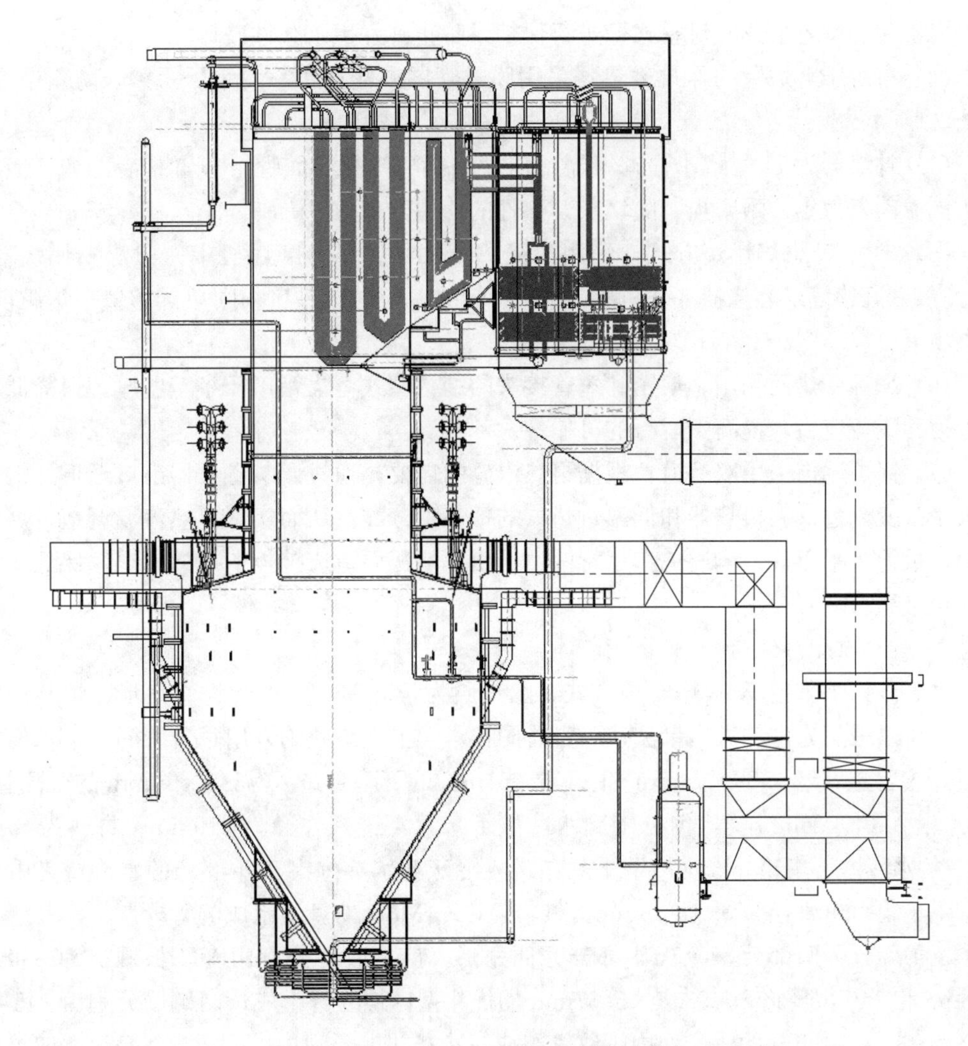

图 1-8　HG-1900/25.4-WM10 型锅炉总体布置示意图

锅炉的启动系统为带再循环泵系统，内置式汽水分离器布置在锅炉的前部上方，其进口与水平烟道侧墙和烟道管束的出口相连，出口与储水箱相连，储水箱中的水排至扩容器或与给水混合后进入省煤器，在启动过程中可以回收工质。

过热器采用两级喷水减温器，再热蒸汽采用尾部烟气挡板调温，并在再热器入口管道备有事故喷水减温器。

该锅炉的结构特点如下：

(1) 锅炉采用 W 火焰燃烧方式。由于炉膛几何形状复杂，下炉膛为八角形，上炉膛为四角形，所以没有采用螺旋管圈或常规的垂直管圈水冷壁系统，而是采用低质量流速优化型内螺纹管的垂直管圈水冷壁系统。在采用优化型内螺纹管的同时，充分利用低质量流速的自补偿特性，满足各种条件下水冷壁运行安全的要求。

(2) 在炉膛水冷壁、水平烟道及尾部竖井烟道的膜式壁外侧，由多道水平、垂直刚性梁构成刚性梁系统。增强膜式壁的结构刚性，除了保证锅炉正常安全运行外，还可在发生内爆和外爆等事故时对膜式壁进行保护，防止其发生永久性破坏。

（3）布置于上炉膛的屏式过热器采用膜式管屏末端技术，使管屏平整，防止结焦、挂渣。

（4）省煤器为H型鳍片管省煤器，传热效率高，受热面管组布置紧凑，烟气侧和工质侧流动阻力小，耐磨损，防堵灰，部件的使用寿命长。

（5）采用W火焰燃烧方式，采用狭缝式燃烧器。每台磨煤机带4只煤粉燃烧器，共24只直流狭缝式燃烧器（48个喷口），煤粉喷口与二次风口相间单排布置在炉膛前、后拱顶上。

（6）高温受热面采用小集箱和短管接头的结构型式，集箱口径小、壁厚薄，降低了热应力和疲劳应力，提高了运行的可靠性。

（7）锅炉尾部采用双烟道，根据再热汽温的需要，通过调节省煤器出口烟道的烟气挡板来改变流过低温再热器和低温过热器的烟气量分配，从而实现再热汽温调节。烟气调温挡板为水平布置，以避免在运行中由于出现堵灰而造成挡板卡死的情况，保证运行的安全可靠。

（一）水冷壁系统简介

由于该锅炉采用W火焰燃烧方式，上炉膛为长方形，下炉膛为八角形，炉膛结构复杂，所以采用先进的低质量流速垂直管圈技术，上下炉膛均采用垂直管圈。给水经省煤器加热后先后经ϕ559×70mm和ϕ406×55mm的下降管进入ϕ559×70mm的分配管，经44根ϕ114×20mm管均匀分配到水冷壁下集箱，进入外径为219mm、材料为SA-106C的水冷壁下集箱，经水冷壁下集箱进入冷灰斗水冷壁。灰斗部分的水冷壁是由水冷壁下集箱引出直径为33.4/35mm、材料为15CrMoG的管子组成的管屏。

下炉膛分为两部分，冷灰斗部分为四角形，前、后墙分别由395根规格为ϕ35×6.4mm和140根规格为ϕ33.4×5.67mm的优化型内螺纹管组成；两侧墙分别由245根规格为ϕ35×6.4mm的优化型内螺纹管组成。冷灰斗以上到炉拱之间为八角形，四个切角分别由来自前、后墙的四组70根规格为ϕ33.4×5.67mm的优化型内螺纹管通过异形三叉管变为140根规格为ϕ28.6×6.1mm的优化型内螺纹管组成。

在炉拱以上炉膛又由八角形变为四角形，原每个角部的140根规格为ϕ28.6×6.1mm的优化型内螺纹管通过异形三叉管合并成70根规格为ϕ33.4×5.67mm的优化型内螺纹管组成的管屏，重新并入到前、后墙水冷壁。

在炉拱以上设置有中间混合过渡集箱，将炉膛分成上下两部分，由于下炉膛热负荷高，采用优化型内螺纹管以强化传热。在下炉膛设置有压力平衡集箱（分别布置于23478、28000、36000mm标高处），用于平衡各水冷壁管的压力，避免在低负荷时出现脉动。上炉膛为光管，规格分别为ϕ33.4×7.5mm和ϕ38×9mm，材料为12Cr1MoVG。管子数量，前、后墙分别为535根，两侧墙分别为245根。

上炉膛的前墙和侧墙水冷壁管分别引入前墙水冷壁出口集箱和侧墙水冷壁出口集箱，通过24根（前墙为14根ϕ168×30mm规格的管子，两侧墙共10根ϕ114×22mm规格的管子，并在侧墙连接管上设置有手动阀门，用于在机组调试期间进行流量调整）

连接管引入布置在锅炉两侧的两根大口径下水管。后墙向上进入布置在折焰角遮挡区域内的后水出口集箱（后水吊挂管入口集箱），从该集箱引出 114 根 ϕ63.5×12.5mm 的后水吊挂管，进入后水吊挂管出口集箱。从后水吊挂管出口集箱引出 8 根 ϕ168×32mm 的管子进入下水管。这样来自炉膛四面墙的工质通过这 32 根连接管被引入到两根大口径下水管内。

来自炉膛水冷壁内的工质经大口径下水管下行进入折焰角入口汇集集箱。通过该集箱，工质被分成两路：一路进入折焰角入口集箱，经折焰角（由 463 根 ϕ44.5×6.5mm 的管子组成）、水冷壁延伸底包墙、水冷壁对流管束（由 ϕ44.5×6.5mm 和 ϕ51×10mm 管子组成）；另一路进入水冷壁延伸侧包墙入口集箱，经水冷壁延伸侧包墙（分别由 60 根 ϕ44.5×6.5mm 管子组成）进入水冷壁延伸侧包墙出口集箱。从水冷壁延伸侧包墙出口集箱和水冷壁管束出口集箱引出 24 根 ϕ168×30mm 的连接管（水冷壁侧包墙出口集箱引出 8 根连接管，由水冷壁管束出口集箱引出 16 根连接管）连接到布置在炉前的四只启动分离器，在锅炉启动及低负荷运行期间进行汽水分离。

（二）过热器系统简介

过热器系统按蒸汽流程分为顶棚包墙过热器、低温过热器、屏式过热器和末级过热器。

来自分离器的连接管将蒸汽引到顶棚入口集箱，经上炉膛和水平烟道上部的顶棚过热器，另一端接至尾部包墙入口集箱。上炉膛顶棚管的节距为 115mm，水平烟道上方的顶棚管变为按 136mm 和 94mm 交错的节距布置。尾部包墙入口集箱（顶棚管出口集箱）同时与后烟道前墙和后烟道顶棚相接，蒸汽在该集箱内被分成两路分别进入后烟道顶棚管和后烟道前墙。后烟道顶棚管到后部转弯 90°下降形成后烟道后墙。后烟道前墙上部为两排通过烟气的管束，下部为膜式包墙。后烟道前、后墙与后烟道下部环形集箱相接，环形集箱又连接后烟道两侧包墙。侧包墙出口集箱经引出管与后烟道中间隔墙入口集箱相接，在中间隔墙入口集箱蒸汽被分成两路：一路沿中间隔墙下行进入中间隔墙出口集箱（低温过热器入口集箱）；另一路形成低温再热器、低温过热器和省煤器悬吊管，下行进入中间隔墙下集箱，然后沿中间隔墙下部上行进入中间隔墙出口集箱（低温过热器入口集箱）。与后烟道前墙相似，中间隔墙上方为烟气流通的管束，纵向为两排，下方为膜式管壁。中间隔墙向下与隔墙出口集箱连接，隔墙出口集箱与一级过热器相连。

低温过热器布置于尾部双烟道中的后部烟道中，由水平管组和立式管组组成，穿过后烟道顶棚管连接至低温过热器出口集箱。经低温过热器加热后，蒸汽经由低温过热器出口集箱端部引出的 2 根连接管和一级喷水减温器进入屏式过热器入口集箱，并通过连接管连接到屏式过热器入口集箱。

屏式过热器布置在上炉膛，每片屏式过热器均连接有入口及出口集箱各一只。从屏式过热器出口集箱引出的蒸汽通过出口连接管引至屏式过热器出口汇集集箱，并经 2 根左右交叉的同规格的连接管及二级喷水减温器，进入末级过热器入口汇集集箱。为均匀分配集箱内的蒸汽，在末级过热器入口汇集集箱中间位置装设有隔板。为防止屏底部管子翘出而挂焦，确保热态运行时的平整，在管屏入口和出口段沿高度方向均采用了三层缠绕管；同时，为保持屏间的节距而采用了汽冷的间隔管，沿炉宽方向分别穿过屏式过热器的入口和出口段。间隔管从屏式过热器入口汇集集箱引出，结束至末级过热器出口汇集集箱。为更合理地分配屏式过热器同屏管间的流量，在屏式过热器入口集箱采用了不同直径的开孔。

末级过热器入口汇集集箱引出的连接管连接到末级过热器入口集箱。末级过热器位于折焰角上方，每片末级过热器均连接有入口及出口集箱各一只。从末级过热器出口集箱引出的蒸汽通过出口连接管引至末级过热器出口汇集集箱，并经出口汇集集箱两端引出的两根主蒸汽管道在炉前汇成一根管道引向汽轮机。在两根主蒸汽管道上对称布置有6只弹簧安全阀和2只动力排放阀（PCV）。动力排放阀的整定压力比弹簧安全阀的整定压力低，这样可在过热蒸汽侧超压时首先动作，起到先期警报的作用。按照ASME规范的要求，动力排放阀和弹簧安全阀的总排量大于100%BMCR过热蒸汽流量。过热器进、出口集箱之间的所有连接管均为两端引入、引出，并进行左右交叉，确保蒸汽流量在各级受热面中的均匀分配，避免热偏差的发生。

（三）再热器系统简介

从汽轮机高压缸做功后的蒸汽进入再热蒸汽冷段管道。在锅炉构架内，锅炉两侧各布置一根再热器冷段管道，与尾部双烟道前部烟道中的低温再热器入口集箱连接。

在两根再热器冷段管道上各布置一只事故喷水减温器，减温器筒身规格和材质与管道相同。再热器喷水水源取自锅炉给水泵中间抽头。在每根支管上布置有电动截止阀、流量测量装置和电动调节阀。再热器减温水管路的最大设计通流量为BMCR工况下再热汽流量的4.5%。在50%BMCR负荷以下，再热器减温水管路上的截止阀关闭，减温水不能投用。

低温再热器由水平管组和立式管组组成。高温再热器布置于水平烟道内，与立式低温再热器直接连接，没有布置中间连接集箱，采用逆顺混合换热布置。除一片高温再热器管组出口段与一根出口集箱相接外，其余管组均为两片与一根出口集箱相连接。高温再热器出口集箱共58根，每根出口集箱引出一根连接管与高温再热器出口汇集集箱相接。高温再热器出口汇集集箱两端各引出一根再热器热段管道，将高温再热蒸汽送到汽轮机中压缸。

（四）省煤器系统简介

省煤器管组布置在尾部的后烟道内低温过热器下面，省煤器采用H型双肋片管。省煤器采用悬吊结构的方式，与低温过热器共用吊挂管，省煤器出口集箱单独固定，沿炉膛宽度方向共设置9个固定点，固定在尾部竖井后烟道的后包墙上。

省煤器出口集箱引出一根下降管。作为启动系统的暖管水源，在下降管上共接出两路暖管管路：一路连接至省煤器再循环管，作为循环泵停运时的暖泵管路；另一根与储水箱溢流管相连，作为溢流管的暖管管路，一直将水引至溢流阀的上游，保持管路的暖态，避免当储水箱突然产生水位而使管路受到热冲击。这两路暖管管路引入的水最后都汇入储水箱中，并被蒸发进入过热器系统。下降管下行到标高约为9m处被分成两路，分别引到炉膛冷灰斗左右侧，与分配集箱连接。每根下降管分配集箱引出 22 根连接管（共 44 根）分别与水冷壁入口前、后、侧集箱连接，其中前、后集箱引入 24 根（前墙 12 根、后墙 12 根），两侧墙引入 20 根（每侧 10 根）。

四、循环流化床锅炉简介

某锅炉型号为 DG1025/17.45 - Ⅱ17，为单汽包、自然循环、循环流化床燃烧方式。锅炉主要由一个膜式水冷壁炉膛、三台汽冷式旋风分离器和一个由汽冷包墙包覆的尾部竖井（HRA）三部分组成。炉膛内前墙布置有十二片屏式过热器管屏、六片屏式再热器管屏，后墙布置两片水冷蒸发屏。

锅炉共布置有八个给煤口，全部布置于炉前，在前墙水冷壁下部收缩段沿宽度方向均匀布置。炉膛底部是由水冷壁管弯制围成的水冷风室，水冷风室两侧布置有一次热风道，进风型式为从风室两侧进风。空气预热器一、二次风出口均在两侧，一次热风道布置较为简单。炉膛下部左右侧的一次风道内分别布置有两台点火燃烧器，炉膛密相区水冷壁前后墙上还分别设置了四支床上点火油枪。四个排渣口布置在炉膛后水冷壁下部，分别对应四台滚筒式冷渣器。

炉膛与尾部竖井之间，布置有三台汽冷式旋风分离器，其下部各布置一台“J”阀回料器。回料器为一分为二结构，尾部采用双烟道结构，前烟道布置了三组低温再热器，后烟道从上到下依次布置有两组高温过热器和两组低温过热器。向下前后烟道合成一个，在其中布置有两组螺旋鳍片管式省煤器和卧式空气预热器，空气预热器采用光管式，一、二次风道分开布置，沿炉宽方向双进双出。过热器系统中设有两级喷水减温器，再热器系统中布置有事故喷水减温器和微喷减温器。

锅炉整体支吊在锅炉钢架上，该锅炉总体布置示意图如图 1 - 9 所示。

循环流化床（CFB）锅炉技术是 20 世纪 70 年代发展起来的，它发展的动力在于人类社会对环境保护的日益重视。作为一种清洁燃烧技术，其特殊的燃烧方式大大减少了作为世界主要大气污染源——燃煤电站的二氧化硫（SO_2）和氮氧化物（NO_x）排放，即从根本上解决了酸雨问题。同时，循环流化床锅炉还具有燃料适应性广、负荷调节性好、燃烧效率高、投资和运行成本相对较低等优点，因此作为世界上能源技术发展的三大方向之一，该技术在全世界得到迅猛发展，不断在工业锅炉和电站锅炉行业得到实践和发展。

流化是由气流以一定速度穿过布风装置上的物料，使物料颗粒通过与气流的接触而转变成拟流体的状态。流化床类别主要取决于床内气流的空床截面速度，随着气流速度的提高，气流对床内物料颗粒产生的曳力与作用在颗粒上的重力和浮力逐渐达到平衡，床内物料则由固定床状态经过鼓泡（沸腾）、节涌和湍流床状态达到快速流化床状态。

循环流化燃烧技术是在鼓泡流化床燃烧的基础上发展起来的，循环流化燃烧方式与鼓泡流化床燃烧方式的根本区别在于固体物料能在流化床内实现多次循环燃烧。鼓泡流化床是在气流空床截面速度低于 2～3m/s 的情况下运行的，此时床层具有明显的分接口。当气流速度增加并超过鼓泡速度后，床层开始膨胀，大量固体颗粒被抛入床层上方

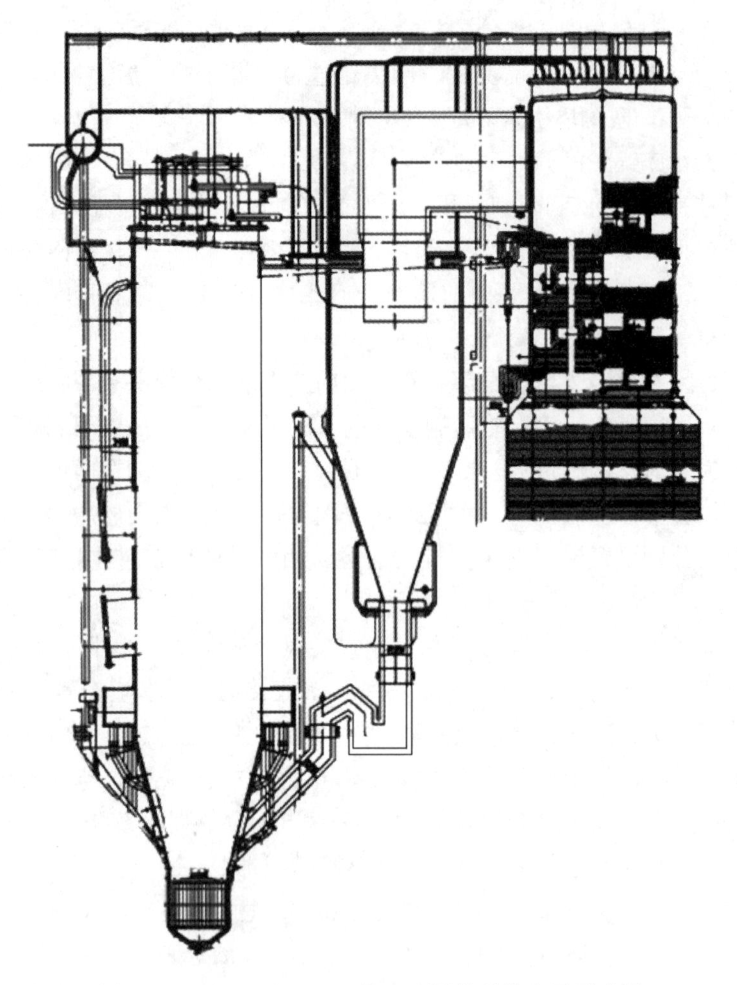

图 1-9　DG1025/17.45-Ⅱ17 型锅炉总体布置示意图

的悬浮空间，床层表面趋于弥散，此时已没有明显的分界线，但沿着燃烧室高度的增加，物料浓度则越来越低。

循环流化床锅炉的主要组成部分有固体粒子循环主回路，包括炉膛、旋风分离器，以及回料器、尾部竖井（包括高温过热器、低温过热器、低温再热器、省煤器及空气预热器）。

循环流化床内气流速度一般在 3.5～8m/s，床内物料混合强烈，流化稳定。床内物料被高速气流带出炉膛，在“气-固”分离装置中被捕集下来，然后由回料系统送入流化床内循环再燃。固体燃料经多次循环，燃烧效率高，高浓度含尘气流强化了传热；同时，通过循环灰量、风煤配比等手段来控制床温，实现 850～950℃左右的低温燃烧，再通过向床内添加石灰石等脱硫剂及分级布风形式的采用，有效地控制了 SO_2 和 NO_x 等有害气体的生成量，使锅炉排放物达到环保标准。

（一）水冷壁系统简介

燃烧室、汽冷式旋风分离器和“J”阀回料器组成的固体颗粒主回路是循环流化床锅炉的关键。燃烧室由水冷壁前墙、后墙、两侧墙构成，宽28275mm，深8439mm，分为风室水冷壁、水冷壁下部组件、水冷壁上部组件、水冷壁中部组件、水冷蒸发屏。

水冷壁前墙、后墙和两侧墙的管子节距均为87mm，规格为ϕ57。燃烧主要在水冷壁下部，在这里床料最密集且运动最激烈，燃烧所需的全部风和燃料都由该部分输送到燃烧室内。锅水离开汽包，通过四根集中下降管到前、后、两侧墙水冷壁下集箱。水冷蒸发屏为单独的水回路，锅水离开汽包，通过两根分散下降管引到水冷蒸发屏下集箱。锅水向上流经水冷壁及水冷蒸发屏受热面，经水冷壁及水冷蒸发屏加热后的汽水混合物从其各自上集箱引出后通过汽水连接管引至汽包。在炉膛顶部，后墙向炉前弯曲形成炉顶，管子与前后墙水冷壁出口集箱在炉前相连。为了防止受热面管子磨损，在下部密相区的四周水冷壁、炉膛上部烟气出口附近的后墙、两侧墙和顶棚，以及炉膛开孔区域、炉膛中上部四个拐角处、炉膛内屏式受热面转弯段、水冷蒸发屏转弯段及左侧水冷蒸发屏靠分离器入口烟道侧的整面单侧管屏等处均敷设有耐磨材料。耐磨材料均采用高密度销钉固定。为了进一步防止受热面管子磨损，炉膛四周与耐磨料交界处的光管区域水冷壁管采用定尺采购，以减少该区域水冷壁焊口数量，使管子对接处远离易磨损区域。

锅炉布置有三个旋风分离器进口烟道，将炉膛的后墙烟气出口与旋风分离器连接，并形成了气密的烟气通道。旋风分离器进口烟道由汽冷膜式壁包覆而成，内敷耐磨材料，上下环形集箱各一个。旋风分离器进口烟道管子为ϕ60，材质为20G，进、出口集箱规格均为ϕ273。蒸汽自三个旋风分离器进口烟道下集箱分别由四根ϕ168的管子送至各自的旋风分离器下部环形集箱，蒸汽通过旋风分离器管屏的管子逆流向上被加热后进入分离器上部环形集箱。该集箱通过蒸汽连接管与尾部左右侧包墙上集箱相连。旋风分离器上半部分为圆柱形，下半部分为锥形。旋风分离器为膜式包墙过热器结构，其顶部与底部均与环形集箱相连，墙壁管子在顶部向内弯曲，使得在旋风分离器管子和烟气出口圆筒之间形成密封结构。旋风分离器内表面敷设防磨材料，其厚度距管子外表面25mm。旋风分离器中心筒由高温高强度、抗腐蚀、耐磨损的奥氏体不锈钢RA-253MA钢板卷制而成。

（二）过热器系统简介

低温过热器位于尾部对流竖井后烟道下部，低温过热器由两组沿炉体宽度方向布置的四圈绕水平管圈组成，顺列、逆流布置，管子规格为ϕ51。低温过热器管束通过固定块固定在尾部包墙上，随包墙一起膨胀。蒸汽从中间包墙下集箱引入，与烟气呈逆向流动，经过低温过热器管束后进入低温过热器出口集箱，再从出口集箱的两端引出。低温过热器采取常规的防磨保护措施，每组低温过热器管组入口与四周墙壁间装设防止烟气偏流的阻流板，每组低温过热器管组前排管子迎风面采用防磨盖板。

屏式过热器共12片，布置在炉膛上部靠近炉膛前墙，过热器为膜式结构，管子规格为ϕ51。为保证蒸汽的质量流速，12片管屏采用串联布置，即过热蒸汽在其中6片管屏内由上向下流动，在另外6片管屏中由下向上流动。在屏式过热器下部转弯区域范围内设置有耐磨材料，整个屏式过热器自下向上膨胀。

蒸汽从二级喷水减温器出来，经连接管引入布置在尾部后烟道上部的高温过热器进口集箱。高温过热器由两组沿炉体宽度方向布置的四圈绕水平管圈组成，顺列、逆流布置，管子规格为 ϕ51。高温过热器管束通过固定块固定在尾部包墙上，随包墙一起膨胀。蒸汽从炉外的高温过热器进口集箱的两端引入，与烟气呈逆向流动经过高温过热器管束后进入高温过热器出口集箱，再从出口集箱的两端引出。高温过热器采取常规的防磨保护措施，每组高温过热器管组入口与四周墙壁间装设防止烟气偏流的阻流板，每组高温过热器管组前排管子迎风面采用防磨盖板。

（三）再热器系统简介

低温再热器管束通过固定块固定在尾部包墙上，随包墙一起膨胀。低温再热蒸汽由两端引入低温再热器进口集箱，与烟气逆流向上流动经过低温再热器管束后进入低温再热器出口集箱，再从出口集箱的两端引出。低温再热器由两组沿炉体宽度方向布置的四圈绕水平管圈组成，顺列、逆流布置，管子规格为 ϕ70。低温再热器采取常规的防磨保护措施，每个管组入口与四周墙壁间装设防止烟气偏流的均流孔板，管组第一排管子迎风面采用防磨盖板。

屏式再热器共 6 片，布置在炉膛上部靠近炉膛前墙，再热器为膜式结构，采用 ϕ76 的管子。在屏式再热器下部转弯区域范围内设置有耐磨材料，整个屏式再热器自下向上膨胀。

（四）省煤器系统简介

省煤器布置在锅炉尾部烟道内，采用螺旋鳍片管结构，由两个水平管组组成，基管规格为 ϕ51，材质为 20G，双圈绕顺列布置。省煤器管子采用常规防磨保护措施，省煤器管组入口与四周墙壁间装设防止烟气偏流的均流板。给水从省煤器进口集箱右侧单端引入，流经省煤器管组，最后从出口集箱的两端通过连接管从汽包筒身两端引入。

第二章

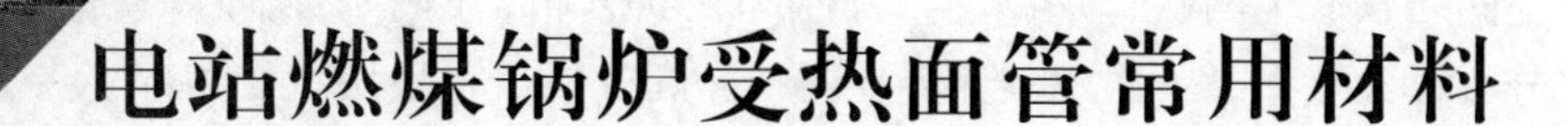

电站燃煤锅炉受热面管常用材料

第一节 常用材料的基本知识

一、钢材的基本组织结构

钢铁材料有7种基本组织结构，即奥氏体、铁素体、渗碳体、珠光体、贝氏体、马氏体和莱氏体。其中奥氏体、铁素体和渗碳体是基本相，珠光体、贝氏体、马氏体和莱氏体是多相混合物。

(一) 奥氏体

碳溶于γ-Fe晶格间隙中形成的间隙固溶体称为奥氏体，具有面心立方结构，为高温相，用符号A表示。奥氏体在1148℃时，有最大溶解度2.11%，727℃时可固溶0.77%C；强度和硬度比铁素体高，塑性和韧性良好，并且无磁性，力学性能与含碳量和晶粒大小有关，一般为170～220HBS。TRIP钢（变塑钢）即是基于奥氏体塑性、柔韧性良好的基础上开发的钢材，利用残余奥氏体的应变诱发相变及相变诱发塑性提高了钢板的塑性，并改善了钢板的成形性能。碳素或合金结构钢中的奥氏体在冷却过程中转变为其他相，只有在高碳钢和渗碳钢渗碳高温淬火后，奥氏体才能残留在马氏体的间隙中存在。

观察Mn13或奥氏体钢1Cr18Ni9Ti金相组织可发现，奥氏体的晶界比较直，晶内有孪晶或滑移线。奥氏体钢丝具有优异的冷加工性能，在高、低温条件下均可保持良好的强韧性。一般来说，奥氏体钢的冷加工硬化速率远大于珠光体和索氏体钢，经大减面拉拔可以制备具有特殊性能的弹簧；高锰奥氏体钢具有优异的耐磨性能和减振性能；奥氏体不锈钢具有良好的耐蚀性能和耐热性能；固溶状态的奥氏体钢无磁，经深冷加工有微弱的磁性。

(二) 铁素体

碳溶于α-Fe晶格间隙中形成的间隙固溶体称为铁素体，属bcc结构，呈等轴多边形晶粒分布，用符号F表示。在合金钢中，则是碳与合金元素在α-Fe中的固溶体。碳在α-Fe中的溶解量很低，在A_{c1}温度，碳的最大溶解量为0.0218%，随温度下降，溶解度则降至0.0084%，因而在缓冷条件下铁素体晶界处会出现三次渗碳体。随着钢铁中碳含量增加，铁素体量相对减少，珠光体量增加，此时铁素体则是网络状和月牙状。铁素体晶界圆滑，晶内很少见孪晶或滑移线，颜色浅绿、发亮，深腐蚀后发暗。钢中铁素体以片状、块状、针状和网状存在。纯铁素体组织具有良好的塑性和韧性，但强度和硬度较低。

（三）渗碳体

渗碳体是碳和铁以一定比例化合成的金属化合物，用分子式 Fe_3C 表示，其含碳量为 6.69％。渗碳体硬而脆，塑性和冲击韧度几乎为零，脆性很大，硬度为 800HB，在钢铁中常呈网络状、半网状、片状、针片状和粒状分布。钢中渗碳体以各种形态存在，外形和成分有很大差异。一次渗碳体多在树枝晶间处析出，呈块状，角部不尖锐；共晶渗碳体呈骨骼状，破碎后呈多角形块状；二次渗碳体多在晶界处或晶内，可能是带状、网状或针状；共析渗碳体呈片状，退火、回火后呈球状或粒状。在金相图谱中渗碳体白亮，退火状态呈珠光色。

（四）珠光体

珠光体是由片状铁素体和渗碳体组成的混合物，其中渗碳体的质量分数为 12％，铁素体的质量分数为 88％，用符号 P 表示。两者密度相近，在金相图谱中铁素体呈宽条状，渗碳体呈窄条状。片状珠光体是由成分均匀的奥氏体冷却转变而来的，等温转变温度或连续冷却速度直接影响到珠光体的片间距。同一牌号的钢丝，在一定等温区间，珠光体的片间距是相对恒定的。其力学性能介于铁素体和渗碳体之间，强度较高，硬度适中，有一定的塑性。珠光体是钢的共析转变产物，其形态是铁素体和渗碳体彼此相间形如指纹，呈层状排列。按碳化物分布形态又可分为片状珠光体和球状珠光体两种：①片状珠光体。又可分为粗片状、中片状和细片状三种。②球状珠光体。经球化退火获得，渗碳体成球粒状分布在铁素体基体上；渗碳体球粒大小，取决于球化退火工艺，特别是冷却速度。球状珠光体可分为粗球状、球状、细球状和点状四种珠光体。

试验证明，奥氏体晶粒度虽然对珠光体晶团的大小有决定性影响，但基本不影响珠光体片间距。片状珠光体经适当的热处理，渗碳体变为球状或粒状，转化为粒状珠光体。从奥氏体状态冷却时，是转变为片状珠光体还是粒状珠光体，主要取决于奥氏体成分的均匀性。完全奥氏体化的成分均匀的奥氏体，冷却后形成片状珠光体；成分不均匀的奥氏体，冷却后形成粒状珠光体。在奥氏体临界点（A_1）附近反复冷却 - 加热，然后缓冷，或钢丝冷拉后再退火，都是实现粒状珠光体转变的有效方法。珠光体钢丝的力学性能（抗拉强度 R_m、伸长率 A、断面收缩率 Z、硬度），可拉拔性能（变形抗力、冷加工硬化速率、极限减面率 Q），工艺性能（弯曲 N_b、扭转 N_t、缠绕、顶锻、冲压）与显微组织结构密切相关。一般来说，粒状珠光体钢丝的抗拉强度 R_m 和硬度要低于片状珠光体钢丝，伸长率 A 和断面收缩率 Z 前者要高于后者；粒状珠光体钢丝的可拉拔性能优于片状珠光体钢丝，表现为拉拔力低、冷加工硬化慢、能承受的极限减面率大；工艺性能前者优于后者。在粒状珠光体范围内，随着球化度提高（球化组织从 1 级升到 3 级），钢丝抗拉强度和硬度下降，塑性和韧性上升，可拉拔性能和工艺性能也越来越好，特别是冷顶锻和深冲性能显著改善。在片状珠光体范围内，珠光体晶团和片间距对钢丝性能起决定性的影响，珠光体晶团的尺寸与奥氏体的晶粒度成正比；而片间距与奥氏体的晶粒度基本无关，主要取决于过冷度（冷却速度）。可以说，在一定的转变温度范围内，片间距必定在一定的范围内。此外，碳和合金元素的含量对片间距也有一定的影响，随着碳含量的增加，片间距逐渐减小，Co 尤其是 Cr 能显著减小片间距，而 Ni、Mn、Mo 则使片间距加大。当片间距小到索氏体范围内时，钢丝的各项性能又有变化。

（五）贝氏体

贝氏体是钢的奥氏体在珠光体转变区以下、M_s 点以上的中温区转变的产物。贝氏体是铁素体和渗碳体的机械混合物，介于珠光体与马氏体之间的一种组织，用符号 B 表示。根据形成温度不同，分为粒状贝氏体、上贝氏体（B 上）和下贝氏体（B 下）。上贝氏体强度较低，但具有较好的韧性；下贝氏体既具有较高的强度，又具有良好的韧性；粒状贝氏体的韧性最差。贝氏体形态多变，从形状特征来看，可将贝氏体分为羽毛状、针状和粒状三类。

（1）上贝氏体。其特征是条状铁素体大体平行排列，其间分布有与铁素体针轴平行的细条状（或细短杆状）渗碳体，呈羽毛状。

（2）下贝氏体。呈细针片状，有一定取向，较淬火马氏体易受侵蚀，极似回火马氏体，在光镜下极难区别，在电镜下极易区分；在针状铁素体内沉淀有碳化物，且其排列取向与铁素体片的长轴成 55°～60°角，下贝氏体内不含孪晶，有较多的位错。

（3）粒状贝氏体。外形相当于多边形的铁素体，内有许多不规则小岛状的组织。当钢的奥氏体冷至稍高于上贝氏体形成温度时，析出铁素体有一部分碳原子从铁素体并通过铁素体/奥氏体相界迁移到奥氏体内，使奥氏体不均匀富碳，从而使奥氏体向铁素体的转变被抑制。这些奥氏体区域一般形如孤岛，呈粒状或长条状，分布在铁素体基体上。在连续冷却过程中，根据奥氏体的成分及冷却条件，粒状贝氏体内的奥氏体可以发生如下变化：①全部或部分分解为铁素体和碳化物，在电镜下可见到弥散多向分布的粒状、杆状或小块状碳化物；②部分转变为马氏体，在光镜下呈棕黄色；③仍保持富碳奥氏体。粒状贝氏体中的铁素体基体上布有颗粒状碳化物（小岛组织原为富碳奥氏体，冷却时分解为铁素体及碳化物，或转变为马氏体或仍为富碳奥氏体颗粒）。羽毛状贝氏体的基体为铁素体，条状碳化物于铁素体片边缘析出。下贝氏体的针状铁素体上布有小片状碳化物，片状碳化物与铁素体的长轴大致成 55°～60°角。

贝氏体转变温度范围较宽，在较高温度下（350～500℃），奥氏体等温转变生成上贝氏体。在贝氏体区下部等温转变生成下贝氏体。下贝氏体晶粒呈针状，两端尖，针叶不交叉，但可以交接。晶内渗碳体呈细针状，与铁素体长轴成 55°～65°角，颜色分散度大，比马氏体针颜色深。在贝氏体转变温度范围内（B_s～B_z），渗碳体扩散缓慢，铁素体的扩散受阻，即使温度降到 B_s 点以下，贝氏体转变仍无法完成；随温度下降，贝氏体数量逐渐增加，直到 B_z 点，过冷奥氏体往往也不能完全转变，剩余未转变奥氏体称为残余奥氏体。对于大多数钢来说，贝氏体转变温度范围约为 120℃，B_z 点可能位于 M_s 点以上，也有可能位于 M_s 点以下，而且基本不受碳和合金元素含量的影响，多在 315～375℃之间。

（六）马氏体

碳在α-Fe中的过饱和固溶体称为马氏体。马氏体有很高的强度和硬度，但塑性很差，几乎为零，用符号M表示，不能承受冲击载荷。马氏体是过冷奥氏体快速冷却、在M_s与M_f点之间的切变方式发生转变的产物。这时碳（和合金元素）来不及扩散，只是由γ-Fe的晶格（面心）转变为α-Fe的晶格（体心），即碳在γ-Fe中的固溶体（奥氏体）转变为碳在α-Fe中的固溶体，故马氏体转变是“无扩散”的。根据马氏体金相形态特征，可分为板条状马氏体（低碳）和针状马氏体。

板条状马氏体，又称低碳马氏体。尺寸大致相同的细马氏体条定向平行排列，组成马氏体束或马氏体领域；在领域与领域之间位向差大，一颗原始奥氏体晶粒内可以形成几个不同取向的领域。由于板条状马氏体形成的温度较高，在冷却过程中，必然发生自回火现象，在形成的马氏体内部析出碳化物，故易受侵蚀发暗。

针状马氏体，又称片状马氏体或高碳马氏体。它的基本特征是：在一个奥氏体晶粒内形成的第一片马氏体片较粗大，往往贯穿整个晶粒，将奥氏体晶粒加以分割，使以后形成的马氏体大小受到限制，因此片状马氏体的大小不一，分布无规则。针状马氏体按一定方位形成。在马氏体针叶中有一中脊面，碳量越高越明显，且马氏体也越尖，同时在马氏体间伴有白色残留奥氏体。

淬火后形成的马氏体经过回火还可以形成下列三种特殊的金相组织：

（1）回火马氏体。指淬火时形成的片状马氏体（晶体结构为体心四方）于回火第一阶段发生分解（其中的碳以过渡碳化物的形式脱溶）所形成的、在固溶体基体（晶体结构已变为体心立方）内弥散分布着极其细小的过渡碳化物薄片（与基体的界面是共格界面）的复相组织。这种组织在金相（光学）显微镜下即使放大到最大倍率也分辨不出其内部构造，只看到其整体是黑针，黑针的外形与淬火时形成的片状马氏体（亦称“α马氏体”）的白针基本相同，这种黑针称为“回火马氏体”。

（2）回火屈氏体。淬火马氏体经中温回火的产物。其特征是：马氏体针状形态将逐步消失，但仍隐约可见（含铬合金钢，其合金铁素体的再结晶温度较高，故仍保持着针状形态），析出的碳化物细小，在光镜下难以分辨清楚，只有电镜下才可见到碳化物颗粒，极易受侵蚀而使组织变黑。如果回火温度偏上限或保留时间稍长，则使针叶呈白色，此时碳化物偏聚于针叶边缘，这时钢的硬度稍低，且强度下降。

（3）回火索氏体。淬火马氏体经高温回火后的产物。其特征是：索氏体基体上布有细小颗粒状碳化物，在光镜下能分辨清楚。这种组织又称为调质组织，它具有良好的强度和韧性的配合。铁素体上的细颗粒状碳化物越细小，则其硬度和强度稍高，韧性则稍差；反之，硬度及强度较低，而韧性则较高。

中低碳钢淬火获得板条状马氏体，板条状马氏体是由许多束尺寸大致相同、近似平行排列的细板条组成的组织，各束板条之间角度比较大；高碳钢淬火获得针状马氏体，针状马氏体呈竹叶或凸透镜状，针叶一般限制在原奥氏体晶粒之内，针叶之间互成60°或120°。马氏体转变同样是在一定温度范围内（M_s～M_z）连续进行的，当温度达到M_s点以下时，立即有部分奥氏体转变为马氏体。板条状马氏体有很高的强度和硬度，以及较好的韧性，能承受一定程度的冷加工；针状马氏体又硬又脆，无塑性变形能力。马氏体转变速度极快，转变时体积产生膨胀，在钢丝内部形成很大的内应力，所以淬火后的钢丝需要及时回火，防止应力开裂。

（七）莱氏体

铁碳合金中的共晶混合物，即碳的质量分数（含碳量）为4.3%的液态铁碳合金，在1480℃时，同时从液体中结晶出奥氏体和渗碳体的机械混合物称为莱氏体，用符号Ld表示。由于奥氏体在727℃时转变为珠光体，故在室温时莱氏体由珠光体和渗碳体组成。为区别起见，将727℃以上的莱氏体称为高温莱氏体（Ld），727℃以下的莱氏体称为低温莱氏体（Ld′）。莱氏体的性能与渗碳体相似，硬度很高，但塑性差。

常温下，莱氏体是珠光体、渗碳体和共晶渗碳体的混合物。在高温下形成的共晶渗碳体呈鱼骨状或网状分布在晶界处，经热加工破碎后，变成块状，沿轧制方向链状分布，其块度和形状对冷加工性能有决定性的影响。热加工变形程度不足，终锻或终轧温度偏高，往往造成共晶渗碳体块度大，带明显的尖角，这样的盘条根本无法冷拔。莱氏体钢丝热处理的目标是使经冷拔逐步破碎的共晶渗碳体逐步球化。

二、钢的强化韧化途径

（一）强化机理

晶体的强化途径一般分为两种：①尽可能地减少晶体中的可动位错，抑制位错源的开动，从而使金属材料接近金属晶体的理论强度；②大大增加晶体缺陷的密度，在金属中造成尽可能多的阻碍位错运动。钢的合金化、冷热变形和热处理及其综合应用，就是这方面的主要手段。阻碍位错运动的根本原因，是晶体中的点阵缺陷，即由于位错以各种形式与各种点阵缺陷的交互作用，而使位错运动受到阻碍。金属材料的基本强化机理大致分以下几种：晶体本身的内在摩擦力，由位错密度和原子空位密度的增大而引起的强化，固溶强化与有序强化，细化晶粒强化，析出强化及弥散强化。韧化途径为：细化奥氏体晶粒，从而细化铁素体晶粒；调整合金元素，降低有害元素的含量，获得具有细微夹杂物的镇静钢和降低钢中的含碳量；获得不存在粗大碳化物质点和晶界薄膜的钢材；通过细化亚结构或细微分散度达到细小的位错平均自由程；防止预先存在的显微裂纹；形变热处理；利用稳定的残余奥氏体来提高韧性；应用相变诱发塑性。

1. 细化晶粒

随晶粒尺寸的减小，材料的强度和硬度升高，塑性、韧性也得到改善的现象，称为细晶强化。细晶强化作为钢的主要强化机理，是十分重要的，与此同时也改善了韧性且降低了脆性转化温度，它是既强化又韧化钢材的唯一方法。减少钢中的P、S、N、H、O及其他有害元素的含量，则可减少它们在晶界的偏聚，一方面有利于抑制回火脆性倾向，另一方面也使延迟破坏和环境脆化的敏感性大大下降，从而改善钢的韧性。

（1）强化机理。晶粒越细小，位错塞集群中位错个数（n）越小，应力集中越小，因此材料的强度越高。

（2）强化规律。晶界越多，晶粒越细，根据霍尔—配奇关系式$\sigma_s=\sigma_0+Kd^{-1/2}$，晶粒的平均直径（$d$）越小，材料的屈服强度（$\sigma_s$）越高。

（3）细化晶粒的方法。结晶过程中可以通过增加过冷度、变质处理、振动及搅拌的方法增加形核率细化晶粒。对于冷变形的金属，可以通过控制变形度、退火温度细化晶粒；可以通过正火、退火的热处理方法细化晶粒；在钢中加入强碳化物形成元素。

2. 形变强化

随变形程度的增加，材料的强度、硬度升高，塑性、韧性下降的现象，称为形变强化或加工硬化。

（1）强化机理。随塑性变形的进行，位错密度不断增加，因此位错在运动时的相互交割加剧，结果即产生固定的割阶、位错缠结等障碍，使位错运动的阻力增大，引起变形抗力增加，给继续塑性变形造成困难，从而提高金属的强度。

（2）强化规律。变形程度增加，材料的强度、硬度升高，塑性、韧性下降，位错密度不断增加，根据公式 $\Delta\sigma=\alpha bG\rho^{1/2}$ 可知，强度与位错密度（ρ）的二分之一次方成正比，位错的柏氏矢量（b）越大，强化效果越显著。

（3）形变强化的方法。冷变形（挤压、滚压、喷丸等）。

（4）形变强化的实际意义（利与弊）。形变强化是强化金属的有效方法，对一些不能用热处理强化的材料，可以用形变强化的方法提高材料的强度，可使强度成倍增加；形变强化是某些工件或半成品加工成形的重要因素，使金属均匀变形，使工件或半成品的成形成为可能，如冷拔钢丝、零件的冲压成形等；形变强化还可提高零件或构件在使用过程中的安全性，零件的某些部位出现应力集中或过载现象时，使该处产生塑性变形，因加工硬化使过载部位的变形停止从而提高了安全性。此外，形变强化也会给材料生产和使用带来麻烦，变形使强度升高、塑性降低，给继续变形带来困难，中间需要进行再结晶退火，增加生产成本。

3. 固溶强化

随溶质原子含量的增加，固溶体的强度和硬度升高，塑性及韧性下降的现象，称为固溶强化。

（1）强化机理。①溶质原子的溶入，使固溶体的晶格发生畸变，对滑移面上运动的位错有阻碍作用。②位错线上偏聚的溶质原子形成的柯氏气团对位错起钉扎作用，增加了位错运动的阻力。③溶质原子在层错区的偏聚阻碍扩展位错的运动。所有阻止位错运动，增加位错移动阻力的因素，都可使强度提高。

（2）强化规律。①在固溶体溶解度范围内，合金元素的质量分数越大，则强化作用越大。②溶质原子与溶剂原子的尺寸差越大，强化效果越显著。③形成间隙固溶体的溶质元素的强化作用大于形成置换固溶体的元素。④溶质原子与溶剂原子的价电子数差越大，则强化作用越大。

（3）强化方法。采用合金化，即加入合金元素。

4. 第二相强化

钢中第二相的形态主要有三种，即网状、片状和粒状。①网状特别是沿晶界析出的连续网状 Fe_3C，降低钢的力学性能，塑性、韧性急剧下降，强度也随之下降。②第二相为片状分布时，片层间距越小，强度越高，塑性、韧性也越好。符合 $\sigma_s=\sigma_0+KS_0^{-1/2}$ 的规律，S_0 为片层间距。③第二相为粒状分布时，颗粒越细小，分布越均匀，合金的强度越高，但是第二相的数量越多，对塑性的危害越大。④片状与粒状相比，片状强度高，塑性、韧性差。⑤沿晶界析出时，不论什么形态都会降低晶界强度。第二相无论是片状还是粒状都阻止位错的移动，方法是合金化，即加入合金元素，通过热处理或变形改变第二相的形态及分布。

（二）微量元素有益效应

微量元素在钢中的有益效应可归结为四个方面，即净化作用、变质作用、控制夹杂物形态、微合金化作用。

（1）净化作用。硼、稀土元素对 O、N 有很大的亲和力，并形成密度小的难熔化合物。因此，它们具有脱 O 去 N、降低合金中气体含量、减少非金属夹杂物、改善夹杂本质及改善夹杂物分布的作用。此外，B、Zr、Hf、Ce、Mg 和稀土元素加入钢中，与低熔点的 As、Sb、Sn、Pb、Bi 等元素作用，形成高熔点的金属间化合物，从而可消除由这些元素引起的钢的热脆性，提高钢的热塑性和高温强度。

（2）变质作用。硼和稀土元素通过在钢液中复杂的物理化学过程，改变钢的凝固过程和铸态组织。加入硼和稀土元素可以抑制柱状晶的成长，细化铸态组织，进而减少枝晶偏析和区域偏析，改善钢的化学成分的均匀性。另外，稀土元素能够增大钢的流动性，改进钢锭的致密度，减少热裂纹，等等，其结果将有效地改善铸锭冶金质量及变形后的钢材质量。

（3）控制夹杂物形态。夹杂物对韧性断裂过程的影响程度，并不是它们体积百分数的简单函数，而是显著地取决于它们的分布和形态。夹杂物最理想形态是呈球状，最坏形态的是共晶体杆状物。微合金添加剂在钢中的分布形式不同，对钢的力学性能的影响也不同。可能的几种分布形式包括：①微量合金元素均匀分布在基体固溶体中；②微量合金元素原子与固溶体中其他原子之间发生交互作用；③偏聚于位错和空位上；④偏聚于晶界和表面；⑤集中在相界面上；⑥与一个或更多的主加合金元素形成独立相，这些相可以均匀地分布在晶粒中，或者优先在位错、晶界或相界面上形核。

（4）微合金化作用。微合金化元素偏聚于晶界是由于有关的溶质原子降低晶界能。在一些情况下，这将导致力学性能的恶化；但在另一些情况下，会产生强化作用。晶界偏聚的另一效应是微量元素的原子通过预先占有合适的形核位置，抑制新相的形核。微合金化最有效的效应是细小分散的新相在晶内和晶界的形成。这种沉淀可以通过在位错列阵上形核，产生钉扎，从而推迟回复与再结晶过程。类似的钉扎在晶界上发生，限制晶粒长大，进一步推迟再结晶。相变时的沉淀可在相界面上发生，这样质点的钉扎常常对相变发生的速率产生间接影响。在相界面上细小沉淀物的重复形核，引起最终组织中的细小分散度，常常导致强化。

三、电站材料的发展

为适应高参数机组的要求，提高材料高温蠕变强度及高温腐蚀性，满足电站生产加工要求，电站用钢材料也相应地发生了变化。由碳素结构钢发展到低合金耐热钢，再发展到高合金不锈钢。从固溶强化到弥散强化，再到复合强化，甚至采用控制轧制技术，多方面提高材料的强韧性。超（超）临界用材料的发展大体分为两条线，即马氏体（铁素体）不锈钢的研制开发和奥氏体不锈钢的研制开发。马氏体不锈钢的研究始于20世纪30年代欧洲开发的含Cr量约为9%、含Mo量为1%的钢，目的是减少石化管道的腐蚀，60年代后期被英国用在核电项目中。80年代，美国经过深入研究后，加入V、Nb等改良，开发了91钢。在此基础上，日本首先加入W元素，降低Mo含量，开发出了92钢，并在此基础上进一步去Mo元素，增加Co元素，使得钢的蠕变强度进一步提升，形成了12Cr-WCoVNb钢。奥氏体不锈钢在20世纪30年代后期发展较快，在含Cr约18%、含Ni 8%的基础上增加不同的元素，开发出多种奥氏体不锈钢，如TP304H、TP321、TP316H、TP347H等，都属于18Cr-8Ni系列不锈钢。在70年代后期和80年代初期，日本在欧洲研制成果的基础上，对TP347H采用不同的热处理方法，开发了TP347HFG，在18Cr-8Ni不锈钢的基础上加入Cu，并进行晶粒细化后得到Super304H，增加Cr和Ni含量开发出了HR3C、NF709，使高温蠕变强度得到了进一步提升。随着世界各国对能源需求的日益旺盛，以及全球节能减排的要求，大力发展新能源、不断提高传统能源转化率成为目前能源行业主要的发展趋势。对于火力发电而言，研究开发具有更大容量、更高参数、更高热效率的新一代700～760℃先进超超临界技术（A-USC）是解决这一难题的有效办法。该技术可使电厂热效率从41%提高至约50%，使二氧化碳的排放量大幅降低。

（一）1%～3%Cr低合金钢

低合金钢在火电厂锅炉中作为压力部件得到大量应用，特别是过热器、再热器的低温区域，以及水冷壁、集箱和管道中应用也比较普遍。其关键性能要求包括：①450℃以下良好的抗拉强度（120MPa）；②550℃以下的持久强度；③无须焊后热处理的优异焊接性能；④良好的蒸汽氧化性能；⑤通过堆焊或喷涂获得优异的抗烟气腐蚀性能。

长期以来，这类钢中的主力钢种包括锅炉材料T11、T22、12Cr1MoV等，以及汽轮机材料1CrMoV等。随后，日本住友金属公司开发了T/P23，通过在T22基础成分中以W取代部分Mo并添加Nb、V提高蠕变强度，降低C质量含量以提高焊接性能，同时加入微量B提高淬透性以获得完全的贝氏体组织。同时，欧洲开发了T/P24，其合金化特点是通过V、Ti、B的多元微合金化提高蠕变性能。T23在550℃的许用应力接近T91，在600℃的蠕变强度比T22高93%，T24的高温强度还略高一些。这两种钢具有优异的焊接性能，无须焊后热处理即可将接头硬度控制在350～360HV以下，因此适合作为超超临界机组的水冷壁材料，也可取代10CrMo910、12Cr1MoV等材料作为亚临界机组的高温管道和集箱，可显著降低壁厚。

（二）9%～12%Cr马氏体钢

9%～12%Cr马氏体钢是电站中重要的一类材料，用于锅炉和汽轮机的许多部件，包括锅炉管、集箱、管道、转子、汽缸等。对于锅炉用9%～12%Cr钢，要求良好的蠕变强度和运行温度下的组织稳定性、高的A_{c1}温度、良好的焊接性能和低的Ⅳ型裂纹敏感性、良好的抗蒸汽氧化能力和抗疲劳性能等。T/P91钢是美国在20世纪80年代开发的一种综合性能优异的9%Cr钢，目前在我国的亚临界和超临界机组中得到了广泛应用。在T/P91钢的基础上通过以W取代部分Mo，获得T/P92和E911（T/P911）两种新型钢种。在12%Cr钢中通过相同的合金化思想开发了T/P122（HCM12A），只是为了避免出现δ-铁素体，其中还加入了1%Cu。与T/P91相比，这三种钢的高温强度有不同程度的提高，是目前超超临界机组（蒸汽温度小于620℃）集箱和高温蒸汽管道的主要材料。下一代的9%～12%Cr马氏体钢是在这三种钢的基础上进一步增加W含量，并添加Co、Ta等，即NF12和SAVE12等，预计可用于650℃工作温度。

汽轮机转子、叶片、汽缸和阀体中对这类材料的性能要求包括低的周疲劳性能、高的蠕变强度、低的应力腐蚀敏感性、良好的铸造性能等。普通的12%Cr钢作为565℃以下汽轮机转子锻件具有足够的持久强度和抗热疲劳性能及韧性等。9%～12%Cr汽轮机用钢的合金强化趋势与锅炉钢是类似的。英国的12Cr0.5MoVNbN（H46）是发展的基础，美国20世纪五六十年代在H46的基础上通过降低Nb含量来降低固溶处理温度和保证韧性，并减少Cr含量抑制δ-铁素体，得到10.5Cr1MoVNbN（GE）以及GE调整型，同时还在12CrMoV基础上开发含W的12%Cr转子用AISI422。日本在H46基础上添加B开发了10.5Cr1.5MoVNbB（TAF），用于燃气轮机涡轮盘和小型汽轮机转子。但运行在593℃和630℃的超临界和超超临界机组中，上述钢种的蠕变强度尚不足。日本20世纪70年代开发了12CrMoVNb系列593℃级别的TR1100（TMKI）、TOS101、12CrMoVNbWN系列，以及620℃级别的TR1150（TMKZ）和TOS107，更高合金含量的12CrMoVNbW系列钢TRI200和12CrMoVNbWCoB系列钢TOS110则用于入口温度高于630℃的转子，其中TMKI和TMKZ已被用于日本593℃以上的超临界机组。

欧洲开发了9.5CrMoVNbB（COSTB）、10.5CrMoVNbWN（COSTE）、10.2CrMoVNbN（COSTF）等一系列转子用钢，这些钢的原型锻件已被用于理化分析、短时和长时力学性能测试，其中COSTF和COSTE已应用于欧洲的超超临界机组。除了转子用钢，日本开发了593℃使用的汽缸材料9.5Cr1MoVNbN（TOS301），以及更高温度使用的9.5Cr0.5Mo2WVNbN（TOS302）和9.5Cr0.5Mo2WVNbNB3.0Co（TOS303）。欧洲相应地开发了G-X12CrMoWVNbN91和G-X12CrMoWVNbN1011钢两种铸钢材料。

（三）奥氏体耐热钢

奥氏体钢主要用于过热器、再热器，所有奥氏体钢可以看作是由18Cr-8Ni（AISI302）基础上发展起来的，分15%Cr、18%Cr、20%～25%Cr和高Cr-高Ni等4类。15%Cr系列奥氏体钢强度高但抗腐蚀性能差，应用较少。目前在普通蒸汽条件下使用18%Cr钢的有TP304H、TP321H、T3P16H和TP347H，其中TP347H具有最高的强度，通过热处理使其晶粒细化到8级以上即得到TP347HFG细晶钢，提高了蠕变强度和抗蒸汽氧化能力，对于提高高温过热器管的稳定性起着重要的作用，在国外许多超超临界机组中得到大量应用。在TP304H基础上，通过Cu、Ni、N合金化得到18Cr10NiNbTi（TempaloyA-l）和18Cr9NiCuNbN（Super304H），强度得到提高，经济性很好。20%～25%Cr钢和高Cr-高Ni钢抗腐蚀和蒸汽氧化性能很好，但相对于强度来说，价格过于昂贵，限制了其使用。但新近开发的20%～25%Cr钢具有优异的高温强度和相对低廉的成本，包括25Cr20NiNbN（TP310NbN）、20Cr25NiMoNbTi（NF709）、22Cr15NiNbN（TempaloyA - 3）和更高强度级别的22.5SCr18.5NiWCuNbN（SAVE25），这些钢通过奥氏体稳定元素N、Cu取代Ni来降低成本。

（四）镍基高温合金钢

高温合金在超超临界机组中仅限用于叶片和紧固件材料。如果蒸汽参数提高到700℃以上，就远远超出了铁素体钢的能力，而奥氏体钢的热疲劳问题也限制其用于厚壁部件，机组的许多部件将只能采用镍基高温合金钢。

欧盟提出的Thermie研发计划AD700 PF Power Plant（先进700℃燃煤电站），其目的是实现参数为37.5MPa/700℃的超超临界（USC）机组投运，其效率达到55%，Thermie计划由40多个欧洲公司资助。其中关键部件将采用镍基高温合金制作。材料研究工作集中于高温长期运行部件的蠕变性能、烟气和蒸汽腐蚀氧化、热疲劳性能和厚壁部件的生产、焊接能力等。

G110是我国钢铁研究总院研制的Fe - Ni基合金，主要依靠γ′相强化，同时有W、Mo和Nb的固溶强化，目标是用于700℃壁温的合金。

欧洲700℃超超临界技术发展计划把Alloy 617和Alloy 617B用于过热器和再热器管，以及集箱和管道、汽轮机汽缸和转子的主要候选材料。

镍基合金740是美国特殊金属公司（Special Metals Cooperation，SMC）开发的，面向欧洲700℃电站计划。通过优化镍基合金740中的Al、Ti、Nb和Si元素获得了改进的镍基合金740H。镍基合金740H的组织较为稳定，具有高强度、良好的持久强度和抗腐蚀性能，可作为700℃超超临界机组锅炉过热器、再热器的候选材料。

Haynes282合金是时效强化型镍基合金，析出相主要为$M_{23}C_6$相、MC相和γ′相。其中，$M_{23}C_6$相主要沿晶界析出，少量分布在晶内及晶界上；MC相主要分布于晶内；γ′相是合金主要强化相，均匀分布在基体中。700℃/1×10^5h状态下蠕变断裂强度大于100MPa，满足700℃火电机组高温材料持久强度的设计要求。

四、电站材料分类

（一）低Cr耐热钢

包括1.25Cr - 0.5Mo（SA213T11）、2.25Cr - 1Mo（SA213T/P22）、1Cr - Mo - V（12Cr1MoV），以及9%～12%Cr系的Cr - Mo与Cr - Mo - V钢等，其允许主蒸汽温度为538～566℃。

12Cr1MoV钢是以Cr、Mo为基的珠光体低合金热强钢，具有较高的热强性能、高的持久强度、良好的耐腐蚀性能和抗氧化性能，组织稳定性良好，但在高温下长期运行过程中会出现珠光体球化现象。研究结果表明，轻度或中度球化对持久强度影响不大，但完全球化的组织会显著降低钢的热强性。目前广泛应用于亚临界锅炉的过热器、再热器、集箱及超临界锅炉的水冷壁、省煤器等低温受热面管，以及高压锅炉的主蒸汽管道、再热蒸汽热段管道中。12Cr1MoV钢为珠光体耐热钢，焊接性能良好，对冷裂纹、再热裂纹、热裂纹敏感性小。要注意生产的部分材料在运行过程中出现再热裂纹的情况，在焊接时应采用小的线能量，薄层焊接，减小粗晶区的宽度。

低合金 Cr-Mo 钢和 Cr-Mo-V 钢作为耐热钢材料被广泛使用于发电行业。在过去几十年中 1Cr-0.5Mo、1.25Cr-0.5Mo、2.25Cr-1Mo 和 0.5Cr-0.5Mo-0.25V 等材料多应用在较高温度范围内的过热器管道。1.25Cr-0.5Mo 耐热钢作为低合金耐热钢的一种，被广泛用于电站关键部件，作为亚临界和超临界锅炉的临界压力部件，根据蒸汽温度的不同，1.25Cr-0.5Mo 耐热钢可用于不同的关键部位，如集管、再热器和过热器管、蒸汽管等。这些部件通常面临着高温、高压和腐蚀的工作环境，氧化和腐蚀严重影响着设备的使用寿命。

ASME SA213/SA213MT22（简称 T22）是标准中的牌号，为珠光体型热强钢，其化学成分为 0.08%～0.15%C、2.00%～2.50%Cr、0.9%～1.20%Mo。低碳含量使钢获得了良好的可焊性和成形性；以 Cr 和 Mo 合金化，对基体的固溶强化提高了热强性，形成的碳化物起弥散强化作用，提高了热强性和热稳定性；Cr 对抗腐蚀性有所改善。该钢在 900～940℃退火后获得铁素体+珠光体的组织状态使用。我国于 1985 年将其移到 GB 5310 标准，定名为 12Cr2MoG。其他国家也有类似的钢种，如德国的 10CrMo910、日本的 STBA24。Cr-1Mo 钢系列中，该类钢的热强性能较高，同一温度下（温度小于或等于 580℃），其蠕变断裂强度和许用应力甚至比 9Cr-1Mo 钢还要高，而且具有良好的加工性能和焊接性能，持久塑性好。因此，该类钢在恶劣的工作环境下得到了较为广泛的应用，如在火电、核电及一些临氢设备中的各种受热管道和高压容器等。T22 主要用于 300、600MW 等大容量电站锅炉管壁温度小于或等于 580℃的过热器及管壁温度小于或等于 540℃的蒸汽管道和集箱，这类钢在美国、日本及欧洲已广泛使用，在电站运行中有相当长的历史，是性能稳定、工艺性能良好的成熟钢种。

T23 贝氏体耐热钢是日本住友金属公司研制的一种新型低合金高强度耐热钢。T23 钢在室温下的显微组织为粒状贝氏体，贝氏体铁素体基体上的小岛为略有回复的板条马氏体组织。T23 钢在 2.25Cr-1Mo 钢的基础上，通过降低 C 含量，添加 W 部分代替 Mo，添加少量的 V、Nb、B 形成多元复合强化，持久强度大幅提高。同时限制和降低 T23 钢中的 S、P 含量，使其常温下的屈服强度是 2.25Cr-1Mo 钢的 2 倍，在 550～625℃范围内许用应力约是 2.25Cr-1Mo 钢的 1.8 倍，几乎可与 T91 钢媲美。

T24 钢是在 T22 钢的基础上加入 V、Ti、N、B 等元素开发的，在 550℃下具有良好的热强性能，是高参数超超临界锅炉水冷壁候选材料之一。T24 钢具有贝氏体-铁素体的显微组织，在 550℃温度下具有良好的综合性能，1×10^5h 的持久强度高于 T22。该钢碳含量较低，具有焊接态低硬度特征，并且抗氧化性和抗腐蚀性都能满足长期使用要求。另外，对于壁厚在 8mm 以下的钢管，具有不需要预热和焊后热处理热影响区的最大硬度也不会高于 350HV 的特性，因此对锅炉制造厂有很大的吸引力。1995 年以来，丹麦、德国、法国等国在超临界和超超临界锅炉的水冷壁部件使用了 7CrMoVTiB10-10（T24）钢。

（二）改良型 9%～12%Cr 铁素体（马氏体钢）

20 世纪 70 年代，开发出了第二代铁素体耐热钢，即以 9Cr-1Mo 钢为代表的 9Cr

系列马氏体耐热钢。但是9Cr-1Mo钢的综合力学性能不能满足超临界机组高温受热面管道的性能要求，包括9Cr-1Mo（TP91）、NF616（TP92）、HCM12A、TB9、TB12等，一般用于566～610℃的蒸汽温度范围。

T91钢是20世纪80年代美国橡树岭国家实验室（ORNL）对9Cr-1Mo钢进行改良，研发出的具有较高强度的9Cr系列马氏体耐热钢。T91钢具有优异的耐腐蚀性、导热性、可焊接性及热强性（620℃下优于T/P304钢），被写入美国ASTM-A213及A335规范中，很快受到国际上的认可，在许多国家得到大力推广和应用。我国于1987年由上海锅炉厂引入T91钢，并用于300MW机组的高温过热器管道。T91钢的使用在现代火电机组发展历程中具有重大意义。T91钢作为一种锅炉高温过热器、高温再热器等部件用钢，在我国已有较长的使用历史，有些已经运行超过1×10^5万h。

T92和T122是20世纪90年代作为第三代铁素体耐热钢被开发出来的，即以欧洲煤炭钢铁协会研制出的E911钢、日本新日铁公司在T91钢基础上研制出的以T92钢和T122钢为代表的9Cr系列和12Cr系列新一代马氏体耐热钢种。该类新一代马氏体耐热钢是为了适应超临界机组高温受热面而被研发出来的。9Cr系列马氏体耐热钢中的T/P92钢与E911钢的化学成分接近，相对于T/P91钢，T92钢通过以W元素代替Mo元素并控制Nb、B元素含量等改良工艺，使其在高温持久强度、焊接性能等方面都得到了明显改良，并通过在材料基体中增强固溶强化效应来改良材料的高温特性。但是当机组运行参数进一步提高时，9Cr系列耐热钢由于Cr元素的含量不足，无法满足机组正常运行的需求，需要采用12Cr系列耐热钢。日本住友金属公司研发出的12Cr系列新型耐热钢（即T122钢）具有更好的高温力学性能、抗高温氧化性和耐腐蚀性。通过对T92、T122钢增添Co元素得到了最新研发的NF12、SAVE12钢等性能更好的耐热钢。该类钢种在600℃/1×10^5h下持久强度达到约180MPa，但目前该钢种仍处于实验室研发阶段，尚未投入到机组中使用。高温过热器、高温再热器、主蒸汽管道等是电站锅炉的重要部件，因长期在高温、高压下服役，部件的微观组织会随着运行时间的延长而老化，进而引起材料高温蠕变强度的劣化。

（三）奥氏体耐热钢

奥氏体耐热钢在合金元素的添加上与马氏体耐热钢存在差异，主要通过添加Ni、Mn、N和Cr（大于或等于12%）元素来改良材料的各项高温性能。在奥氏体钢的金相组织中，C与其他合金元素溶解在α-Fe固溶体中，α-Fe的面心立方晶格依旧存在，晶界较平直，呈现出规则的多边形。奥氏体耐热钢发展主要经历了18Cr-8Ni型、20%～25%Cr型再到高Cr-高Ni型合金，如图2-1所示。

奥氏体耐热钢的硬度和强度比马氏体耐热钢高。由于加入了更多的C、Ni和Mo元素，基体晶界中含较多Cr元素，减缓了晶间腐蚀，使得奥氏体耐热钢的耐高温腐蚀性能和抗氧化性高于马氏体耐热钢。随着机组运行参数的不断提高，锅炉的高温受热面管需要具有更好的高温力学性能、抗高温氧化性能和耐高温腐蚀性能，奥氏体钢得到广泛应用。近年来，国内外超超临界机组中常使用的奥氏体耐热钢型号为TP347HFG、Super304H和HR3C等。

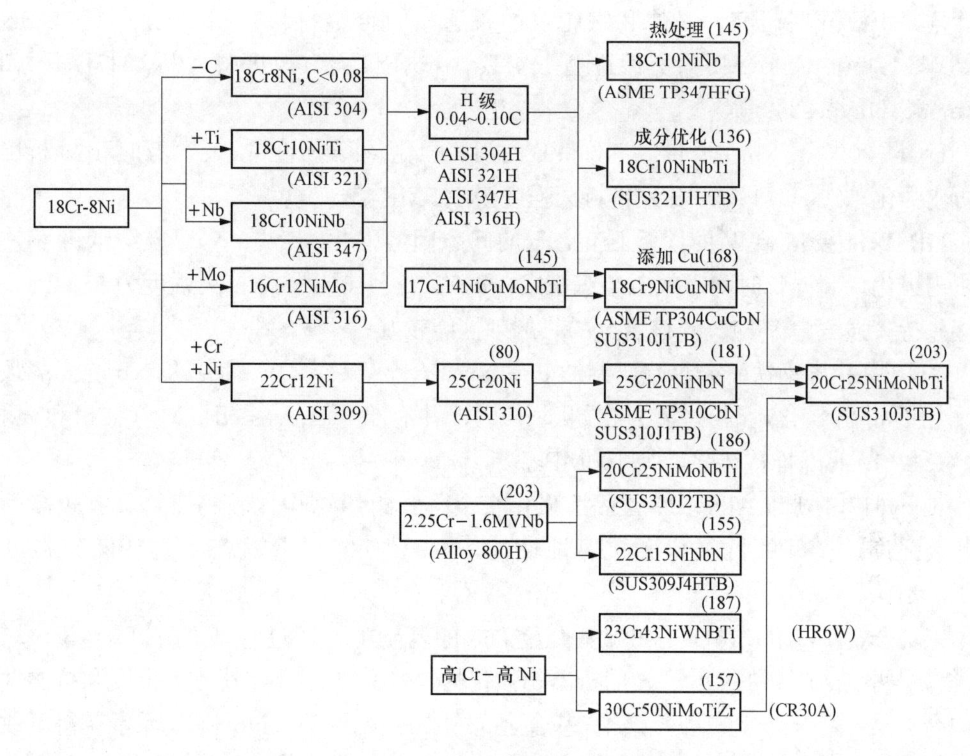

图 2-1　奥氏体耐热钢的发展历程

TP347HFG 钢是由日本住友金属公司对 TP347H 钢进行工艺改良（采用了良好的固溶处理使细化后的晶粒度高于 8 级）后的优化钢型。TP347HFG 在 GB/T 5310—2017 中的牌号为 08Cr18Ni11NbFG，相对于 TP347H 钢而言，TP347HFG 具有更好的耐高温氧化腐蚀能力及热强性，在超超临界机组中被广泛使用于过热器和再热器管道。

Super304H 钢由日本住友金属公司在 TP304H 钢的基础上增加 C、Cu、Nb 和 N 元素的含量研发得到，使用温度可达 700℃，高温力学性能指标强于 TP304H 钢，抗高温氧化腐蚀能力强于 TP321H 钢和 TP347H 钢。

HR3C 钢是由日本住友金属公司在 TP310H 的基础上增加 Nb 和 N 元素后开发出的一种 25Cr-20Ni 型奥氏体耐热钢。HR3C 是由其开发公司命名的牌号，其在 ASME、GB 和 JIS 标准下牌号分别为 SA-213TP310HNbN、07Cr25Ni21NbN 和 SUS310JITB，该钢拥有比 TP310H 更好的耐高温氧化腐蚀能力和持久强度。

Sanicro25 具体组成成分为 22Cr-25Ni-W-Co-Cu，是由山特维克材料科技有限公司开发的一种新型奥氏体 22Cr25NiWCoCu 不锈钢，可作为动力锅炉材料使用。

SAVE25 是日本住友金属公司 1997 年研制成功的锅炉耐热钢，是在 HR6W 钢的基础上降低 Ni 和 W，添加 Cu、Nb 和 N，使钢的高温持久强度与 HR6W 相当。其强化特点是加入 1.5%W 和 0.2%N 形成固溶强化，析出相强化有 $M_{23}C_6$、Nb（CN）、Z 相和富 Cu 相强化。高温抗腐蚀性与 HR3C 相当，700℃/1×10^5h 外推持久强度为 91MPa。

（四）700℃高温合金

美国、日本、中国及印度等国家先后制定了各自的 700℃超超临界燃煤发电技术发展计划并积极开展研究。锅炉和汽轮机的备选高温合金材料包括 18Cr-30Ni-3Nb、HR6W、G110、Alloy740 及其改进型 740H、Alloy617 及其改进型 Alloy 617B 或 Alloy 617mod、Haynes282 等。

18Cr-30Ni-3Nb 主要依靠 Nb 和 B 的固溶强化、Fe_2M 的 Laves 相和 Ni_3M 析出相的析出强化，700℃/1×10^5h 外推持久强度为 100MPa。

HR6W 主要依靠 W 的固溶强化，B 的间隙固溶强化和 Nb、V 形成纳米级 MX 相的析出强化，高温长时间时效态组织稳定，700℃/1×10^5h 外推持久强度为 88MPa，焊接接头持久强度为 85MPa，该合金的热加工性能较好。

G110 是我国钢铁研究总院研制的 Fe-Ni 基合金，依靠 W、Mo 和 Nb 的固溶强化和 γ'相的析出强化，时效态 γ'相超过 10%，并有少量 Laves 相、$M_{23}C_6$ 相和 σ 相，700℃/1×10^5h 外推持久强度为 100MPa。

Alloy617mod 和 Alloy617 是固溶强化合金，其组织结构比较稳定，具有较高的蠕变断裂强度、良好的抗氧化和抗腐蚀性能，720℃/1×10^5h 状态下蠕变断裂强度达到 100MPa。

镍基合金 740 和 740H 是在镍基合金 263 的基础上，通过降低 C、Mo 含量，增加 Cr 含量，添加约 2%的 Nb 开发的析出相强化的镍基高温合金，其持久强度和抗腐蚀性能均高于镍基合金 263。通过优化镍基合金 740 中的 Al、Ti、Nb 和 Si 元素获得了改进的镍基合金 740H。镍基合金 740H 在 750℃/1×10^5 h 状态下蠕变断裂强度大于 117MPa。

Haynes282 合金是时效强化型镍基合金，析出相主要为 $M_{23}C_6$相、MC 相和 γ'相，$M_{23}C_6$相主要沿晶界析出，少量分布在晶内及晶界上。MC 相主要分布于晶内。γ'相是合金主要强化相，均匀分布在基体中，700℃/1×10^5 h 状态下蠕变断裂强度大于 100MPa。

五、电站材料组织性能

（一）12Cr1MoV 组织性能

12Cr1MoV 钢正火加高温回火 1h 后的组织为铁素体、珠光体、贝氏体。贝氏体具有较高的组织稳定性，是该材料具有较好强韧性的主要原因。随着回火时间的延长，12Cr1MoV 钢的屈服强度、抗拉强度及伸长率明显呈降低趋势。740℃回火 2h 时，钢的表层出现了脱碳现象。12Cr1MoV 钢中碳的质量分数比较低，焊接性较好，主要存在的问题是淬硬倾向较大，容易造成冷裂纹；焊后热处理过程中易出现再热裂纹。12Cr1MoV 主要合金元素是 Cr 和 Mo，还有一定数量的钒、硅等，这些合金元素的存在使得焊缝和热影响区具有淬硬倾向。焊后如果冷却速度较快，易形成粗大的马氏体，不仅影响焊接接头的力学性能，而且产生较大的内应力，增加冷裂纹的敏感性。12Cr1MoV 钢的 Cr、Mo、V、Nb 等元素属于强碳化物元素，若结构拘束度较大，在消除应力处理或高温下长期使用，在热影响区的粗晶区容易出现消除应力裂纹。消除应力裂纹在 500～700℃敏感温度范围内形成，且出现在残余应力较高的部位，例如咬边、未焊透等应力集中的地方。

12Cr1MoV钢正常供货状态的显微组织为铁素体和珠光体，其焊接接头经长期高温运行后，母材组织以铁素体＋珠光体＋颗粒状析出物为主，析出物不均匀地分布于珠光体内和珠光体与铁素体交界处；热影响区组织以细小的铁素体＋贝氏体＋颗粒状析出物为主，靠近熔合线处晶粒粗大，呈长条状不均匀分布；焊缝区组织由网状铁素体＋细小的贝氏体析出物组成，网状铁素体含量明显少于熔合线附近，晶粒尺寸较均匀，部分颗粒析出物相互连接成条状，不均匀分布于晶界上。高温运行后，焊接接头的拉伸性能和冲击性能下降，屈服强度和抗拉强度分别从高温运行前的455℃和625MPa降为430℃和583MPa，平均冲击吸收能量从160J下降为124J；冲击断口上有许多裂纹，裂纹上有明显的塑性断裂台阶，断口中有抛物线形韧窝，冲击断裂方式属于塑性断裂。

常用的方法主要有焊条电弧焊、埋弧焊和气体保护焊。钨极氩弧焊的电弧气氛超低氢，焊缝金属的纯度高，可以采用抗回火能力高的低硅焊丝，焊接预热温度可以降低，但是钨极氩弧焊生产效率低，在管道结构焊接中，常用钨极氩弧焊打底焊，再用焊条电弧焊或熔化极气体保护焊盖面焊。

12Cr1MoV钢焊接材料的选择，应保证焊缝金属的合金成分、力学性能与母材一致。如果焊缝和母材成分相差很大，则焊接接头在高温下长期工作时，合金元素会扩散，使焊接接头的高温性能降低。但是焊缝强度不能过高，以免焊缝塑性变差，甚至产生冷裂纹。预热是焊接12Cr1MoV钢的重要工艺措施，可以有效防止冷裂纹和消除应力裂纹。除了很薄的管子或板外，无论是定位焊还是焊接过程中，都需要预热。预热作为焊接工艺的组成部分，要与道间温度及焊后热处理一起考虑。

焊后缓冷和热处理方面，从焊接结束到运至热处理炉这段时间里，12Cr1MoV钢焊接接头很有可能产生裂纹。因此，焊完后应立即将钢用石棉布覆盖焊缝及热影响区，使其缓慢冷却。12Cr1MoV钢焊后马上进行高温回火，防止产生延迟裂纹，消除焊接残余应力。焊后热处理更重要的是改善组织，提高焊接接头的综合力学性能。加热温度应尽量避开回火脆性及消除应力裂纹敏感温度范围内进行，在危险温度区间内快速加热。短道焊的目的是使焊缝和热影响区缓慢冷却。例如焊接一条比较长的焊缝，则要采用多条端焊道，多层重叠焊接，被焊接的一段焊缝在短时间内重复受热。但是短道焊效率低，可以采取其他辅助方法对焊件加热，来替代短道焊。另外，在焊接时，采用较小的线能量，可以减少焊接应力。同时，细化晶粒，改善组织，提高冲击韧性。

（二）T22组织性能

T22钢属低合金铁素体耐热钢，相当于国内牌号12Cr2MoG，其微观组织是铁素体＋珠光体＋粒状贝氏体。该钢具有较高的热强性和抗氧化性，对热处理不敏感，而被用于锅炉过热器、集箱和主蒸汽管道。T22的化学成分为：C＝0.05％～0.15％、Mn＝0.3％～0.6％、P≤0.025％、S≤0.025％、Si≤0.5％、Cr＝1.90％～2.60％、Mo＝0.87％～1.13％。T22常温力学性能指标为：R_m≥415MPa、$R_{0.2p}$≥205MPa。

室温力学性能实测结果表明，试验钢管室温力学性能良好，且在强度具有较多富裕量的前提下，塑性仍然足够，满足ASME SA213/SA213M-01的要求。高温力学性能的试验结果如表2-1和表2-2所示。

表 2-1　　T22 室温力学性能

标准	$R_{0.2p}$	R_m	δ（%，L_0=50mm）	硬度 HRB、HB、HV
ASME SA213	≥205	≥415	≥30	≤85HRB、163HB、170HV
DG1843	≥205	≥415	≥30	≤85HRB、163HB、170HV
管样实测值	361	487	29.5	151、153、165HV
	387	499	31	151、154、156HV

表 2-2　　T22 高温拉伸性能

试验温度（℃）	$R_{0.2p}$	R_m	δ（%，L_0=50mm）
150	348	451	26.5
200	369	415	23.5
250	343	452	22.0
300	387	499	30.0
350	349	503	21.5
400	326	482	24.5
450	327	461	23.0
500	320	435	23.5
525	301	396	31.0
550	279	355	28.0
580	249	300	34.5
600	228	263	38.0
625	203	231	46.0

按《金属材料　单轴拉伸蠕变试验方法》（GB/T 2039—2012）进行了持久试验，试验温度为580℃，试验最长时间达到10000h以上，试验结果见表2-3。

表 2-3　　T22 钢管高温持久试验数据

应力（MPa）	140	130	120	110	100	90	80
断裂时间（h）	170	193	715	688	2110	6679	>10695
δ（%）	10	13	15	10	11	15	—
ψ（%）	77	88	72	70	72	86	—

（三）T23 组织性能

T23（HCM2S）钢是日本20世纪80年代研制的一种新型低合金高强度耐热钢，采用高W、低Mo进行W-Mo复合固溶强化，加入微合金化元素V、N、Nb进行析出强化，具有良好的高温持久强度和许用应力。在1040～1080℃进行正火，使大多数沉淀物溶解；在730～800℃进行回火，使铬碳化物、细小的钒和铌氮碳化物沉淀，改善了蠕变特性。该钢具有最佳沉淀物的回火贝氏体加回火马氏体组织结构，降低C的质量分数，改善了焊接性能，可以不需焊前预热和焊后热处理。T23化学成分为：C=0.07%、Mn=0.045%、P=0.008%、S=0.007%、Si=0.22%、Cr=2.28%、Mo=0.16%、B=0.003%、W=1.55%、V=0.22%。

在550、600、650℃，由于高温应力的作用，国产T23钢的持久断裂强度如图2-2所示。由图2-2可见，在550、600、650℃蠕变时，国产T23钢的组织性能演变规律基本相似。但蠕变温度升高，组织性能演变进程加快，尤其在650℃时，T23钢的组织演变和性能下降快，因此应尽量避免在此温度下使用。

T23钢的常温拉伸性能随着服役时间的增加均发生一定的恶化，且性能恶化较为明显。固溶于基体的Cr、W、Mo元素明显向晶界碳化物偏聚的脱溶过程，导致合金的固溶强化作用减弱，晶界碳化物的数量和尺寸增加破坏晶界连续性，以及蠕变孔洞等一系列老化特征，是合金拉伸性能下降的主要原因。此外，合金的冲击性能有所恶化，但并不明显。

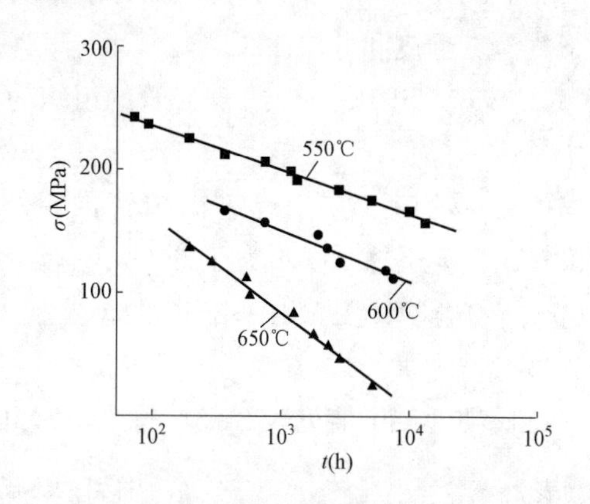

图2-2　不同温度下T23锅炉管持久断裂试样的等温线外推试验结果

（四）T24组织性能

1. 化学成分分析

化学成分分析（产品分析）结果见表2-4。结果表明，管样化学成分符合EN10216-2：2007对7CrMoVTiB10-10和ASME SA213—2010对T24的要求。

表2-4　　化　学　成　分　　（%）

元素	C	Si	Mn	P	S	Cr	Mo
EN10216-2：2007 7CrMoVTiB10-10	0.05～0.10	0.15～0.45	0.30～0.70	≤0.02	≤0.01	2.20～2.60	0.90～1.10
ASME SA213—2010 T24	0.05～0.10	0.15～0.45	0.30～0.70	≤0.02	≤0.01	2.2～2.6	0.9～1.1
管样	0.06	0.33	0.68	0.012	0.0016	2.29	0.97

元素	V	Ni	N	Nb	Ti	$Al_{(total)}$	B
EN10216-2：2007 7CrMoVTiB10-10	0.20～0.30	n. s.	≤0.01	n. s.	0.05～0.10	≤0.020	0.0015～0.007
ASME SA213—2010 T24	0.2～0.3		≤0.012	n. s.	0.06～0.10	≤0.020	0.0015～0.007
管样	0.24	0.11	0.008	0.054	0.08		0.003

注　n. s. 表示未规定。

2. 组织结构

根据 ASTM E45—2005，采用光学显微镜在 100 倍放大倍数下观察非金属夹杂物含量，未观察到 A、B 和 C 类的非金属夹杂物，D 类夹杂物为 1.5 级。

EN10216-2：2007 和 ASME SA213—2010 中对管子非金属夹杂物没有要求。根据 GB/T 5310—2017，D 类夹杂物不超过 2.5 级，因而 7CrMoVTiB10-10（T24）非金属夹杂物的控制满足 GB/T 5310—2017 的要求。

EN10216-2：2007 和 ASME SA213—2010 中对锅炉管的宏观形貌未作规定。根据 GB/T 5310—2017，由钢锭直接扎制的管子宏观形貌应该进行宏观形貌检查。7CrMoVTiB10-10（T24）的宏观形貌检查结果显示正常，无目视可见的白点、夹杂、皮下气泡、翻皮和分层。

7CrMoVTiB10-10（T24）管的组织为均匀的回火贝氏体，一些黄色颗粒分布于基体中。

GB/T 5310—2017 规定锅炉管内、外表面的脱碳层厚度分别不大于 300μm 和 400μm，脱碳层总厚度不大于 600μm。实测管子内、外表面的脱碳层分别为 100μm 和 150μm，符合 GB/T 5310—2017 的要求。

3. 力学性能

维氏硬度测试值见表 2-5，符合 ASME SA213—2010 中对 T24 的要求。

表 2-5　　样管的维氏硬度测试值

测试位置	HV_{10}	平均值（HV_{10}）
0-1	220	218
0-2	216	
0-3	219	
3-1	219	219
3-2	221	
3-3	218	
6-1	216	217
6-2	217	
6-3	218	
9-1	218	217
9-2	216	
9-3	216	
ASME SA213—2010 T24		≤265

按照 ASTM A 370M，从样管上截取拉伸试样，并按要求进行室温、500℃和 550℃下的拉伸试验。试验结果见表 2-6 和表 2-7。样管拉伸性能满足 EN10216-2：2007 对 7CrMoVTiB10-10 和 ASME SA213—2010 对 T24 的要求。表 2-8 则显示冲击性能满足标准要求。

表 2-6　室温拉伸性能

试验温度	试样编号	$R_{0.2P}$（MPa）	R_m（MPa）	A（%）
室温	1	565	670	21.6
	2	570	650	23.6
	3	560	660	23.4
	平均值	565	660	22.9
EN10216-2：2007 7CrMoVTiB10-10		≥450	565～840	≥17
ASME SA213—2010 T24		≥415	≥585	≥20

表 2-7　500℃和550℃高温拉伸性能

试验温度	试样编号	$R_{0.2P}$（MPa）	R_m（MPa）	A（%）
500℃	1	438	463	21.0
	2	464	477	21.0
	3	457	472	20.6
	平均值	453	471	20.9
EN10216-2：2007 7CrMoVTiB10-10		≥324	n. s.	n. s.
ASME SA213—2010 T24		n. s.	n. s.	n. s.
550℃	1	361	404	22.0
	2	418	517	20.0
	3	422	438	23.0
	平均值	400	453	21.7
EN10216-2：2007 7CrMoVTiB10-10		≥301	n. s.	n. s.
ASME SA213—2010 T24		n. s.	n. s.	n. s.

注　n. s. 表示未规定。

表 2-8　室温冲击性能

试样编号		KV_p（J）	KV_c（J）
T24	1	111	222
	2	108	216
	3	115	230
EN10216-2：2007	纵向：KV_2≥40J；横向：KV_2≥27J		

4. 焊接试验

焊接中采用100℃及以上的温度预热可避免冷裂纹。T24再热裂纹的最敏感温度约为770℃，550℃以下的敏感性较低。GTAW和GTAW＋SMAW工艺可获得合格的对接接头，不需要焊后热处理；但建议仍应进行焊后热处理，从而降低焊缝的硬度，提高其韧性。

（五）T91 组织性能

火电站用钢对材料性能要求比较苛刻，在物理性能方面，主要是导热性和热膨胀系数。T91 钢具有良好的导热性能和较低的热膨胀系数，使用 T91 钢能够降低温度梯度产生的热瞬时应力和热膨胀应力。T91 钢能够很好地适应火电站恶劣的高温高压环境，是一种物理性能非常优良的电站管道用钢。

T91 钢为美国能源部委托橡树岭国家实验室与燃烧工程公司开展液体金属快中子增殖堆计划研究时研发成功的马氏体耐热钢，它是在 9Cr-1Mo 系钢材基础之上改良制造的，通过大幅提高钢质纯净度，采用 Nb、V、N 微合金化和控轧控冷工艺成材。T91 钢由于成分优化和轧制工艺的改进而具有优异的高温性能，593℃下 1×10^5h 蠕变断裂强度可达到 100MPa，同时还具有良好的韧性和焊接性能，以及良好的抗氧化性、导热性、焊接性能和较低的热膨胀系数，在超（超）临界机组中得到广泛应用，用于壁温小于或等于 600℃的过热器及再热器。

T91 钢经过正火和高温回火后，金相组织呈典型的马氏体骨架结构，$M_{23}C_6$沉淀在马氏体骨架的边缘，同时组织中形成 MX 型 V、Nb 碳氮化物。板条亚结构（位错）强化、固溶强化和沉淀强化共同作用，使得 T91 钢具有优异的高温持久强度，其中板条亚结构（位错）强化的稳定性是由于沉淀相的作用。T91 钢经热处理工艺优化后，性能便可满足 ASME SA-335 标准的规定，在一般状况下，T91 钢具有较高的室温抗拉强度，R_m最高达 770MPa，而且塑性也较好，冲击韧度和材料脆性转变温度明显优于同类 X20 和 EM12 钢，650℃下许用应力 [σ] 值为 30MPa。此外，T91 钢还具有良好的加工性和抗氧化性能，具有优越的综合力学性能。相比 T22 钢，T91 钢在许用应力和持久强度方面有较大的提高，试验数据也表明，T91 钢在 550℃/1×10^5h 的高温持久强度值是 T22 钢的 2 倍。550～620℃的温度范围内，T91 钢的许用应力明显高于 TP304H、X20 和 T22 钢；但温度在 600℃以上，随温度增高，T91 钢的许用应力下降速度却要比 TP304H 快。

T91 钢炉管在服役中的组织主要发生以下变化：板条马氏体转变为等轴铁素体晶粒，$M_{23}C_6$、MX 型沉淀相的析出、粗化和位错密度降低等。$M_{23}C_6$型碳化物粗化及其所导致的板条马氏体的亚结构粗化，是造成 T91 钢炉管高温持久强度下降的主要因素。因此，应定期对管道进行现场金相检测，观察碳化物变化，确保炉管正常使用。

长时服役条件下，T91 钢管背火侧组织为回火马氏体，发生超温的向火侧马氏体基体因高温蠕变发生亚晶粗化，组织形态转变为粗大颗粒状析出相分布于块状铁素体基体之中。$M_{23}C_6$析出相因 Ostwald 熟化而快速聚集长大，超温的向火侧显微组织中出现蠕变空洞。超温服役的 T91 钢管向火侧材料的抗拉强度和显微硬度与背火侧相比显著下降，向火侧硬度从管壁内侧向管壁外侧逐渐下降，最低硬度为 120HV，力学性能的劣化主要是由于组织中亚晶和析出相粗化引起的。

（六）T92 组织性能

日本新日铁公司在 T91 钢基础上通过用 W、Nb 代替 Mo，并控制 B 和 N 元素含量开发出了 T/P92 钢，T/P92 钢的耐高温腐蚀性和抗氧化性能与其他 9%Cr 型的铁素体/马氏体耐热相似，但却比其他同一代的铁素体/马氏体耐热钢具有更强的高温强度和高温蠕变性能。与同一代的奥氏体耐热钢相比，T/P92 钢的抗热疲劳性、可加工性和可焊接性强于 TP347H 奥氏体不锈钢，并且 T/P92 钢的成本仅是 TP347H 钢的 50%。同时，T/P92 钢的热传导和膨胀系数远优于 TP304H 奥氏体耐热钢。由于它具有良好的蠕变性能，以及较于其他钢种的优势，故 T/P92 钢大量用于大型火力发电机组的高温蒸汽环境下的主蒸汽、再热蒸汽管道。2006 年，我国东南沿海某大型电站首次将T/P92 钢用于 1000MW 超超临界机组中的主蒸汽管道和高温集箱等高温受热面，取得了良好的效果，并且 T/P92 钢凭借其本身的性能和价格两大优势已逐步成为我国大部分超超临界机组高温受热面管道的首选材料。通过对国产 P92 钢管的组织和性能（包括室温拉伸、高温拉伸、冲击、弯曲、硬度、化学成分和微观组织等）进行系统试验研究后得出：国产 P92 钢管的化学成分均符合 ASME SA - 335、GB/T 5310—2017 和 EN10216 - 2 标准要求，微量合金元素与杂质元素的控制水平与进口钢管相当。非金属夹杂物含量较低，符合标准要求。P92 钢管的室温拉伸性能良好，抗拉强度约为 660MPa，屈服强度约为 495MPa，断后伸长率约为 27%，均符合 ASME、GB/T 5310—2017 和 EN10216 标准要求；国产 P92 钢管的高温屈服强度均满足 EN 10216 - 2 : 2004 - 07 标准和技术协议要求。国产 P92 钢管的硬度、冲击韧性均符合标准要求；国产 P92 钢管的弯曲试验显示未发现裂纹缝或裂口，表明该钢的冷加工工艺性能良好。

（七）Super304H 组织性能

Super304H 是日本住友金属公司开发的一种能满足超超临界参数需要的具有高温强度、耐氧化、能长期服役、适合做过热器和再热器管、经济的奥氏体不锈钢材料。Super304H 材料现已纳入 ASME CODE CASE 2328 - 1，在 600～700℃范围内，Super304H 不锈钢的高温蠕变断裂强度高于 TP347H。700℃时效 100h 后，在 Super304H 钢焊接接头中的奥氏体晶界和枝晶界处析出大量的颗粒状、链球状和条状 $M_{23}C_6$ 析出相，焊接头的冲击韧性显著下降；随时效时间的继续延长，$M_{23}C_6$ 相析出速率减慢，冲击功基本保持稳定。不同加载应力下焊接接头持久试样均在母材处断裂，且断裂前均发生明显的缩颈现象；当加载应力（180MPa）较高时，焊接接头断口主要呈穿晶断裂特征，当加载应力（160MPa）较低时，断口呈沿晶断裂特征。625℃时效处理后，Super304H 摩擦焊焊接接头的焊合区、热影响区、母材区基体组织仍为奥氏体组织，奥氏体晶粒无明显长大，随着时效时间的延长，析出相数量逐渐增多。$M_{23}C_6$ 碳化物大量析出产生的析出强化作用使焊接接头的屈服强度和抗拉强度逐渐增加，时效处理 500h 达到最大值，随着时效时间的延长，$M_{23}C_6$ 碳化物聚集和长大导致屈服强度和抗拉强度缓慢下降，拉伸试样的断裂模式逐渐从韧性断裂转变为脆性解理断裂。焊接接头的冲击韧性迅速下降，冲击试样断裂逐渐由韧窝断裂向解理断裂转变，断口形貌以沿晶脆性解理为主。

在腐蚀环境中，Super304H 钢的服役寿命缩短，且随时间延长，腐蚀对寿命的影响越来越明显。外推寿命曲线可以得出静态空气环境和模拟烟灰/气腐蚀环境中持久强度 $650℃/1\times10^5h$ 分别为 140MPa 和 80MPa，降幅达 43%。在烟灰/气腐蚀 - 载荷协同作用下，O、S 等元素通过沿晶裂纹向 Super304H 钢内快速扩散，硫化物在基体内分布最深可达 30μm，形成了更多的腐蚀产物，产生“堆积效应”，并且由于基体近腐蚀层一侧硫化物的体积分数较大，表面出现大量“瘤状”凸起产物。腐蚀介质引起 Super304H 钢腐蚀层/金属界面孔洞形核速率加快，载荷使垂直于载荷方向的内氧化/硫化产物加速形成，这些内氧化/硫化产物因与金属基体晶体结构存在巨大差异，从而在蠕变过程中阻碍晶界滑移，并产生应力集中，最终演变成相互贯通的裂纹。

（八）TP347HFG 组织性能

TP347HFG 是在 TP347H 的基础上通过特殊高温处理，即在最后一道拔管之前将管子进行一次温度高于最终固溶处理温度的软化退火，充分溶解 NbC，在固溶过程中重新析出大量 NbC 质点，阻碍了最终固溶处理时奥氏体晶粒的长大，使晶粒细化达到 7 级以上。相比于 TP347H，TP347HFG 晶粒细小，有利于加快 Cr 沿晶界的扩散迁移，并与蒸汽中的氧形成一层致密富 Cr 氧化层（Cr_2O_3），从而阻止高温蒸汽对管子内壁的进一步氧化，表现出良好的抗蒸汽氧化性能。在 600～750℃范围内，TP347HFG 许用应力比 TP347H 许用应力高出 20% 以上，断裂塑性也优于 TP347H。因此，TP347HFG 在超超临界机组锅炉过热器和再热器中具有广阔的应用前景。

对国产和进口的 TP347HFG 锅炉管化学成分、组织结构、力学性能、压扁性能和晶间腐蚀性能等进行测试分析，并进行高温时效试验。组织性能对比如下：国产和进口锅炉管样的化学成分满足标准要求，但进口管样中的标准中未做规定的 N、Mo、Co 含量明显高于国产管样，并添加了微量 B。国产和进口锅炉管样的非金属夹杂物含量合格。供货状态下国产和进口锅炉管样的硬度、拉伸、冲击和压扁性能均满足标准要求。国产和进口管样的抗晶间腐蚀性能均满足标准要求。620℃下进口锅炉管的强度高于国产管，断后伸长率低于国产管样。650℃下进口锅炉管样抗拉强度高于国产管样，进口锅炉管样 C 的规定非比例延伸强度与国产管样接近，3 种锅炉管样拉伸性能测试值均在 ASME 标准规定范围内。时效过程中，国产锅炉管样 A 的硬度和拉伸强度的热稳定性与进口锅炉管样接近，时效过程中进口锅炉管样的韧塑性稳定性好，略高于国产管样。国产 TP347HFG 锅炉管在高温应力下晶内析出 NbC 和 $M_{23}C_6$，晶界析出相为 $M_{23}C_6$；晶内和晶界析出相均呈弥散分布，如图 2 - 3 所示。国产 TP347HFG 锅炉管的 620℃/1×10^5h 和 650℃/1×10^5h 持久断裂强度分别为 137.3MPa 和 102.6MPa，满足 ASME CODE CASE 2159 及 GB/T 5310—2017 标准的要求，如图 2 - 4 所示。

图 2 - 5 所示为氧化过程中三种锅炉管样的氧化层厚度与氧化时间的关系，锅炉管样 A 的氧化层厚度最薄，其次是锅炉管样 B，锅炉管样 C 的氧化层最厚。晶粒度级别与蒸汽氧化速度紧密相关。晶粒度级别越高，氧化速度常数越小，即通过晶粒细化可改善抗氧化性能，称为晶粒尺寸正效应。金属晶粒尺寸越细小，则晶界体积分数越大，晶界为短路扩散通道，为铬和氧元素的快速扩散提供通道，晶界扩散系数比体扩散系数大数十倍，形成氧化层的元素在细晶粒钢中扩散速度快于粗晶粒钢中数十倍，加速了稳态氧化膜的生成。如 TP347HFG 抗氧化性能明显优于同成分的 TP347H，是由于晶粒细化可促进铬的快速扩散，从而促进选择性氧化，有利于铬形成具有保护性的氧化层，晶界起到了改善抗氧化性能的作用。三种 TP347HFG 管样中，管样 A 组织晶粒度为 8 级，小局部 7 级，级别最高，因而氧化过程中形成的氧化层最薄。

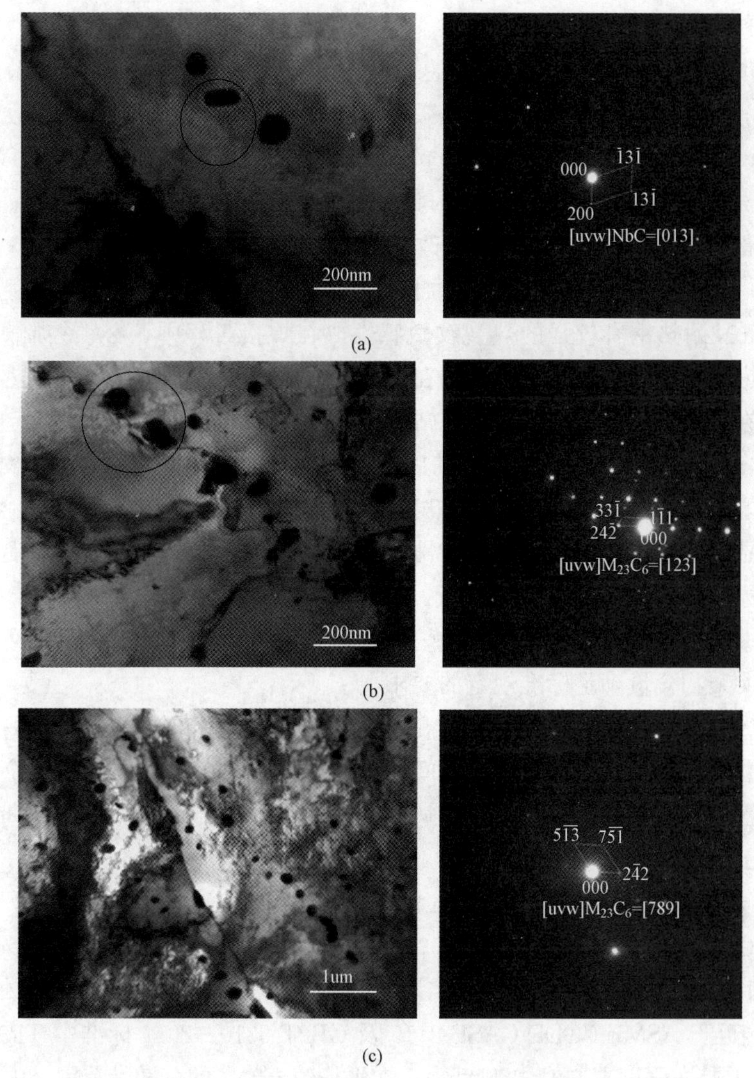

图 2-3　620℃/160MPa/11640.10h 持久断裂试样的 TEM 分析

(a) 晶内棒状 NbC 颗粒和对应的电子衍射花样；(b) 晶内 $M_{23}C_6$ 与位错缠绕和对应的电子衍射花样；(c) 晶界及附近 $M_{23}C_6$ 颗粒和对应的电子衍射花样

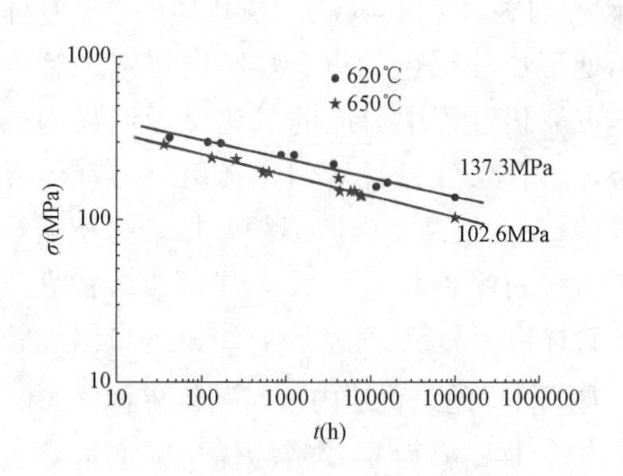

图 2-4　TP347HFG 锅炉管持久断裂试样的等温线外推试验结果

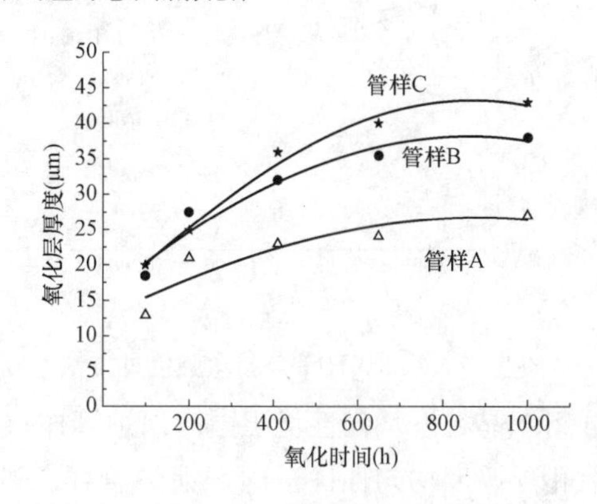

图 2-5　蒸汽氧化层厚度与氧化时间的关系

(九) TP310HNbN 组织性能

TP310HNbN 是 TP310 耐热钢的改良钢种，与普通的 TP310 钢化学成分的区别在于添加了质量分数为 0.20%～0.60%的强碳、氮化物形成元素 Nb 和质量分数为 0.15%～0.35%的 N；利用析出弥散分布、细小的 NbCrN 相和富 Nb 的碳、氮化物，以及 $M_{23}C_6$ 进行强化，600～750℃条件下 TP310HNbN 的蠕变断裂强度明显高于 TP347H、TP310 系列耐热钢；微量 N 对抑制 σ 相的形成、改善韧性起到作用。此外，由于高的 Cr 含量，TP310HNbN 高温抗蒸汽氧化和烟气腐蚀性能也极其优异，优于 18Cr-8Ni 系列不锈钢。但 TP310HNbN 耐热钢有较强的热裂纹敏感性，在焊接过程中，必须控制焊接线能量，防止过大的热输入诱导热裂纹的产生。在国内，TP310HNbN 作为末级过热器和屏式过热器管首次在我国的超超临界燃煤电站——华能玉环电厂得到应用，其规格分别为 ϕ57.1×10.4mm 和 ϕ63.5×9.0mm，随后成为国内超超临界机组的必选材料。

分别对国产和进口两种 TP310HNbN 锅炉管的化学成分、组织结构、力学性能、压扁性能和晶间腐蚀性能、高温时效特性进行对比研究，国产和进口两种锅炉管样的化学成分满足标准要求，各元素含量接近，除标准规定的元素外，还检测出 Mo、Co、B 等元素。与进口锅炉管样相比，国产锅炉管的组织晶粒度分布范围较宽。两种锅炉管样中的非金属夹杂物含量满足标准规定的要求。

两种锅炉管样的硬度、拉伸、冲击和压扁性能均满足标准要求。国产锅炉管样具有轻微晶间腐蚀倾向，进口锅炉管样无晶间腐蚀倾向。进口锅炉管样的高温拉伸塑性略优于国产锅炉管样，两者高温拉伸性能均达到标准要求。高温时效过程中，进口锅炉管样的脆化略大于国产锅炉管样。

根据拟合结果，外推 640℃/1×10^5h 持久断裂强度为 141.3MPa，如图 2-6 所示，达到了 ASME CODE CASE 2115 及 GB/T 5310—2017 标准中 640℃/1×10^5h 持久强度平均值大于或等于 116MPa 的要求。根据拟合结果外推得到 670℃/1×10^5h 下的持久断裂强度为 84.4MPa，接近于 ASME CODE CASE 2115 及 GB/T 5310—2017 标准中 TP310HNbN 的 670℃/1×10^5h 持久强度平均值（85MPa），在平均值±20%的分散带范围之内。

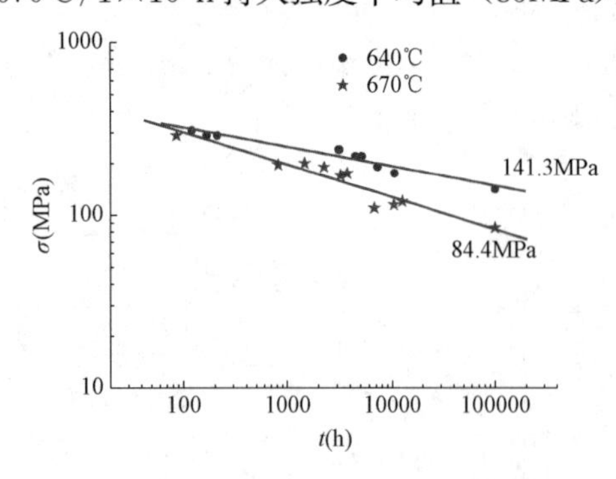

图 2-6 TP310HNbN 持久强度外推法

国产锅炉管样在蒸汽氧化过程中形成的氧化层分内外两层，内层富 Cr，外层为铁的氧化物（Fe_3O_4 和 Fe_2O_3），氧化层内层与基体界面处形成深褐色的愈合层。进口锅炉管样在蒸汽氧化过程中形成的氧化层无明显内外分层，愈合层致密且均匀，氧化层与基体界面处的 Cr 含量高于国产锅炉管样。国产锅炉管样组织晶粒度为 3～6 级，局部 1 级；进口锅炉管样组织晶粒度为 3～5 级；进口锅炉管样组织晶粒度均匀性优于国产锅炉管样，进口锅炉管样的氧化层内层与基体界面平整且氧化层厚度均匀性优于国产锅炉管样。进口锅炉管样的愈合层致密性优于国产锅炉管样，进口锅炉管样的氧化层厚度明显小于国产锅炉管样。

（十）Sanicro25 组织性能

Sanicro25 钢是欧洲某公司为 AD700 计划而研发生产的一种新型奥氏体耐热钢，主要应用于锅炉过热器和再热器。Sanicro25 钢在研发之初就确定了其定位，为了满足新一代超超临界机组的要求，必须具备高的持久强度、抗蒸汽氧化性能，以及良好的组织稳定性和加工性能。Sanicro25 是现有奥氏体钢中具有较好的抗蒸汽氧化及抗高温煤灰腐蚀性能的材料，对于延长 600～630℃锅炉寿命、提高安全性具有重要意义。但 Sanicro25 钢并没有非常广的应用业绩，主要原因是其与超超临界机组常用高端奥氏体耐热钢 HR3C 和 Super304H 相比，价格昂贵，其价格相当于 HR3C 的 1.5 倍左右，会增加锅炉的制造成本。

根据 ASME SA213 及 ASTM A312/A 312M 评估了 Sanicro25 锅炉管化学成分、力学性能、微观组织、硬度及压扁等性能。此外，还测试了样管的蒸汽氧化性能和烟气腐蚀性能，并进行了 GTAW 工艺的对接焊试验。Sanicro25 在 650℃和 700℃蒸汽中的抗氧化性能良好，达到完全抗氧化级；氧化层为两层结构，外层主要为富 Fe 氧化物，还含有部分 Ni 和 Cr，内层 Cr 含量很高，还含有少量 Fe、Mn、Co、Ni、Cu、W 等。Sanicro25 在 700℃模拟云贵地区六枝矿区烟煤腐蚀条件下的抗烟气腐蚀性能良好；腐蚀层为两层结构，外层以 Fe、O 为主，还含有少量 Ni 和 Cr，内层则存在 Cr 和 S 的富集。Sanicro25 管材在 650℃及 700℃下时效导致硬度升高、冲击功降低，700℃下的冲击功低于 650℃下的冲击功值，晶界析出相的增多是冲击功减小的原因。

（十一）SAVE25 组织性能

为了研究奥氏体耐热不锈钢 SAVE25 在 700℃高温时效性能，采用金相显微镜（OM）、扫描显微镜（SEM）和 X 射线衍射（XRD）分析了 SAVE25 时效后金相组织、冲击断口形貌，以及萃取后析出相的物相和晶体结构。结果表明，SAVE25 在 700℃时效后冲击韧性随时效时间的延长明显降低，超过 500h 后变化趋于平缓；SAVE25 奥氏体晶粒随时效时间的延长明显粗化，C 元素的扩散决定了晶粒的粗化速度；由于第二相粒子受界面能和应变能的影响，SAVE25 时效后晶界 $M_{23}C_6$ 随时效时间的延长由连续网状逐渐转变为沿晶界颗粒状分布，从而使 SAVE25 的高温性能优于 HR3C，替代 HR3C 具有广阔的应用前景。

第二节 常用材料简介

一、水冷壁常用材料

国内锅炉厂的水冷壁材料选择，按照强度由低到高分别 15CrMoG、12Cr1MoVG、T12、T22、T23、T24 等，当压力提高幅度较大时，一些锅炉厂甚至考虑采用 T91 作为水冷壁管。具体采用何种材料，与锅炉厂的设计传统（如炉型、水冷壁型式、水冷壁管径选择等）有关。

根据现有机组的经验，水冷壁材料选择除了满足强度要求外，还需要特别考虑两方面的问题，即焊接接头的可靠性，以及可能需要的现场焊接和热处理。

15CrMoG、T12等低合金Cr-Mo钢材料在水冷壁上有成熟的应用经验，可以在不进行焊前预热和焊后热处理的情况下安全运行，在满足强度要求的情况下应优先采用。

12Cr1MoVG相比15CrMoG和T12，强度较高，从强度的角度可提高水冷壁安全性，国内在石洞口二电厂等国产超临界机组和谏壁电厂国产超超临界锅炉水冷壁中已有应用业绩。绥中、南京等引进苏联机组的水冷壁采用12Cr1MoVG且运行时间较长的电厂，出现多次爆管现象，分析其原因与水冷壁设计不当导致鳍片温度过高有关。按照12Cr1MoVG成分分析，也可能有再热裂纹倾向，尽管其敏感性比T23低，但一些12Cr1MoVG集箱管接座角焊缝出现了再热裂纹，因此12Cr1MoVG用于水冷壁的长期运行安全可靠性还有待验证。如管子厚度超过7mm，12Cr1MoVG按照规程应进行焊后热处理。

日本住友金属公司开发的T23属于蠕变强度较高的新型低合金耐热钢，焊接冷裂纹敏感性低，但有较高的再热裂纹敏感性。T23用于国内一些超超临界锅炉的水冷壁，如外高桥三期和宁海电厂，在运行过程中出现了较严重的泄漏现象，目前国内的调研分析普遍归结为再热裂纹。

另一选择是欧洲V&M公司开发的T24。有研究表明其再热裂纹敏感性比T23低，但该材料国内目前还没有研究和使用经验，需要通过试验进一步确认。在欧洲共有13个电厂采用了T24，分别用于水冷壁、过热器、再热器管、内圈夹持管等。2010年3月，Walsum电站10号机组在启动中出现大面积泄漏使投运时间延迟；2011年4月再次启动中又发生泄漏；2010年10月Boxberg R电站投运几百小时后就被迫停机。经过调查分析并采取部分措施后，随后投产的BoA电站2号和3号机组没有出现类似情况。2011年投运的Datteln电站4号机组锅炉也未见报道水冷壁泄漏事故。

事实上，T23与T24性能非常接近，对用于水冷壁在运行中出现的开裂现象，尽管国内外都进行了一些调查和研究，但是原因可能很复杂，不是再热裂纹一种机理能够简单解释清楚的。对这两种材料，焊后热处理可以大幅度提高焊接接头的性能，因此对现场焊接接头采取焊后热处理可以降低开裂的风险。但是焊后热处理对现场组合安装及检修带来很大难度，应设法解决现场实施的工艺。焊材厂商认为焊缝硬度高是导致T24开裂的主要原因之一，因此专门开发了低硬度的免热处理焊接材料，但目前还未进入工程应用。

总之，采取610、620℃的再热蒸汽温度本身不会对水冷壁带来选材和运行上的风险；但如果主蒸汽提高运行参数或者某些特定炉型设计需要采用12Cr1MoVG、T23、T24等强度较高的水冷壁材料，此时会有一定的风险，需要对其失效原因和应对措施进行专项研究。表2-9所示为不同主蒸汽压力、材料牌号和规格的水冷壁管的最高允许壁温。

表2-9　　不同主蒸汽压力、材料牌号和规格的水冷壁管的最高允许壁温　　(℃)

主蒸汽压力		25MPa	27.2MPa	31MPa
T12	ϕ28.6×5.9mm	532	523	516
	ϕ38×6.3mm	516	500	467

续表

主蒸汽压力		25MPa	27.2MPa	31MPa
T22	ϕ28.6×5.9mm	540	536	528
	ϕ38×6.3mm	518	510	469
T23	ϕ28.6×5.9mm	605	600	590
	ϕ38×6.3mm	578	569	556
T24	ϕ28.6×5.9mm	589	585	579
	ϕ38×6.3mm	573	567	561

二、高温过热器/再热器常用材料

按照目前国内超超临界锅炉选材的实践，根据金属温度从低到高，过热器、再热器管依次可选用 T91、TP347H、Super304H、HR3C。

1. 蒸汽氧化问题

从国内目前的超临界和超超临界锅炉实际运行情况来看，高温过热器与再热器的蒸汽氧化问题是超（超）临界锅炉中应重点考虑的一个问题。目前国内普遍采用增加 HR3C 用量来防止蒸汽氧化问题，然而在国外的机组中，即使再热蒸汽温度达到 610℃，仍然有些机组没有采用 HR3C，而是仅采用了 Super304H，但运行情况一直较好。

因此，要防止出现蒸汽氧化问题，一方面应采用抗氧化性能良好的材料，另一方面锅炉的设计及避免运行超温也是非常重要的措施。

考虑国内锅炉设计和运行水平的实际情况，建议采取以下措施应对再热蒸汽温度提高所带来的蒸汽氧化问题的风险：

（1）在末级再热器增加 HR3C 的使用量。蒸汽温度提高后，可以在高温区域多采用 25%Cr 的 HR3C，如果蒸汽温度不超过 625℃，其抗氧化能力应该没有问题。

（2）采用细晶粒钢。将 TP347H 更换为 TP347HFG，尽管 TP347HFG 由于热加工工艺调整导致单位质量成本增加，但是由于许用应力的提高，实际的管屏制造成本差别不会太大。同时 Super304H 也应明确按照细晶粒的组织要求进行生产。

（3）18%Cr 材料全部进行喷丸处理，可以显著提高材料的抗蒸汽氧化性能，其成本增加有限。按照 TP347H 和 Super304H 的用量，一台机组的成本增加可控制在 200 万元人民币以内。BHE 公司研究了不同材料的蒸汽氧化对锅炉管寿命的影响，认为喷丸的 Super304H 具有最好的抗氧化能力，这也是 BHK 公司和 BHE 公司（两家公司同属巴布科克 - 日立公司）Super304H 用量大、HR3C 用量小的原因。

（4）增加温度监控措施。锅炉过热器和再热器温度偏差较大时，HR3C 也可能出现严重的氧化问题。因此，对于末级再热器，除采用 25%Cr 的材料外，应采取必要措施减小设计和运行中管屏及管子之间的壁温偏差，必要的情况下适当多安装一些温度监控测点，也可安装部分炉内壁温测点。

2. 强度问题

尽管 HR3C 抗氧化性能好，但其强度比 Super304H 等材料低，蒸汽参数的提高可能造成管子壁厚过大。

对过热器 HR3C 管子的最小壁厚进行计算，计算中假定末级过热器出口设计压力为汽轮机入口压力的 1.15 倍，末级过热器 HR3C 管的直径为 48.3mm。

图 2-7 所示为不同主蒸汽压力和温度下，末级过热器管子的最小壁厚计算结果。考虑壁温偏差等因素，主蒸汽温度能够提高的幅度是非常有限的；主蒸汽压力可以适当提高，但要提高到 35MPa 的水平，将导致 HR3C 管壁太厚。如果 HR3C 强度不够，可能需要采用 Sanicro25、NF709R、TempalloyAA-1 等其他 25%Cr 不锈钢，如图 2-8 所示。其中 Sanicro25 是一种较好的选择，但是这些材料在国内没有应用业绩，需要进行相应的评定，由专门组织评估。

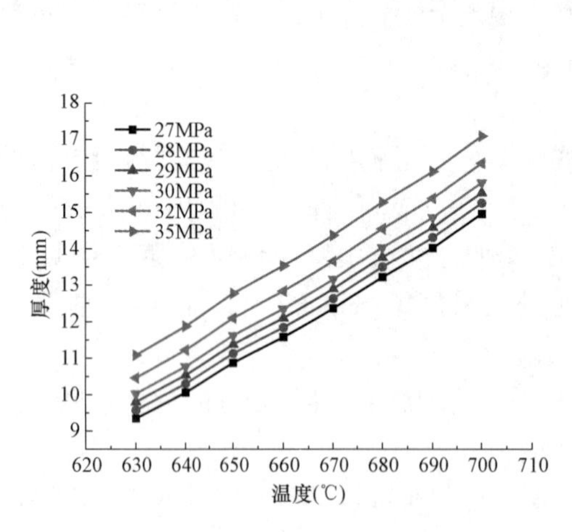

图 2-7　不同主蒸汽压力和温度下过热器 HR3C 壁厚计算结果

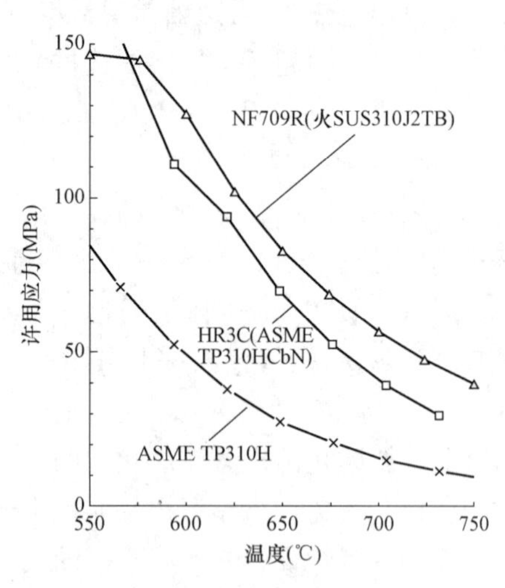

图 2-8　过热器与再热器材料在不同温度下的许用应力

同样对末级再热器 HR3C 管子的最小壁厚进行计算，假定末级再热器出口设计压力为汽轮机再热蒸汽入口压力的 1.15 倍，末级再热器 HR3C 管的外径为 60.3mm。图 2-9 所示为再热器壁厚计算结果，可见如仅从材料强度考虑，提高再热蒸汽温度对末级再热器的选材影响是有限的，HR3C 能够满足再热蒸汽温度为 620℃的末级再热器的强度要求。

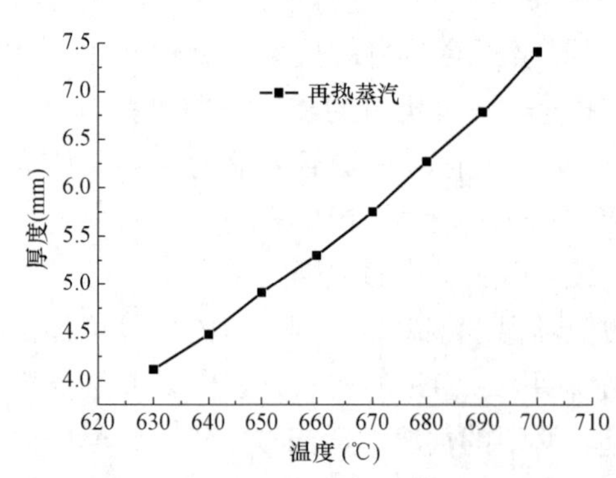

图 2-9　再热器 HR3C 壁厚计算结果

三、高温蒸汽集箱接管常用材料

对于集箱接管，由于锅炉热偏差和管内流量偏差的存在，过热器/再热器不同管子出口的蒸汽温度偏差一般情况下为 15～20℃左右（根据国内几台超临界、超超临界机组在不同负荷下稳定运行的统计结果）。当锅炉设计、管屏制造、燃料变化及运行水平较差时，偏差有可能更高。对于汽轮机入口温度为 T 的机组，末级过热器和再热器出口集箱部分接管的温度有可能达到 T+20℃以上，对材料的强度和蒸汽氧化能力能否满足要求需要仔细考虑。对于 620℃的蒸汽参数，部分接管温度有可能接近甚至超过 650℃，这超出了目前超超临界机组用 T92 的适用温度范围。

锅炉末级过热器和再热器可以采用 Super304H、HR3C 等奥氏体耐热钢，但考虑到管屏与集箱之间的管接座焊缝在启停和变负荷时的热疲劳问题，一般要求接管采用与集箱相同类型的材料，避免出现奥氏体/铁素体异种钢焊接接头，最好是采用与集箱同材质的锅炉管，可选择的材料包括 T92、T122、VM12 等。如图 2-10 所示，采用 T92 的优势是其强度较高，且与集箱筒体为同种材料焊接，工艺成熟。但是 T92 钢的最高 Cr 含量为 9.5%，通常情况下为 9.0%以下，用于 620℃以上时蒸汽侧的氧化性能已经无法满足要求。12Cr 钢抗氧化能力强，但强度偏低，持久强度在 600℃以下时接近或略超过 E911；但随着温度上升，其下降幅度更大，在 630℃以上甚至低于 T91。因此，需要进行强度计算，确定壁厚是否过大，以及是否存在超设计规范使用的问题。

由于主蒸汽温度仍然为 600℃，主蒸汽集箱接管仍然可以采用 T92，性能能够满足要求，与集箱之间采用同种材料（T92/P92）焊接。如果温度进一步提高，由于锅炉末级过热器出口不同管子间的蒸汽温度可能存在一定差异，部分管子的蒸汽温度超过 620℃，考虑到蒸汽氧化特性要求，所以需要采用 12%Cr 钢。

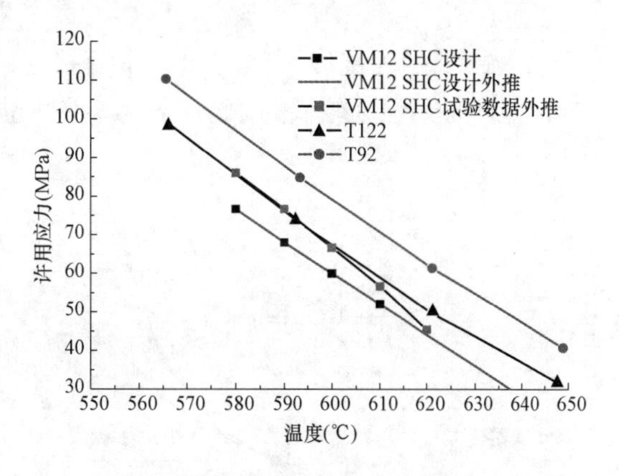

图 2-10 不同材料的许用应力对比

图 2-11 所示为末级过热器出口集箱接管壁厚计算结果，可见，无论是采用 9%Cr 还是 12%Cr 钢，主蒸汽压力提高到 30MPa 都有一定难度。然而，即使主蒸汽压力为 27MPa，主蒸汽温度提高仍将导致接管壁厚大幅度提高。

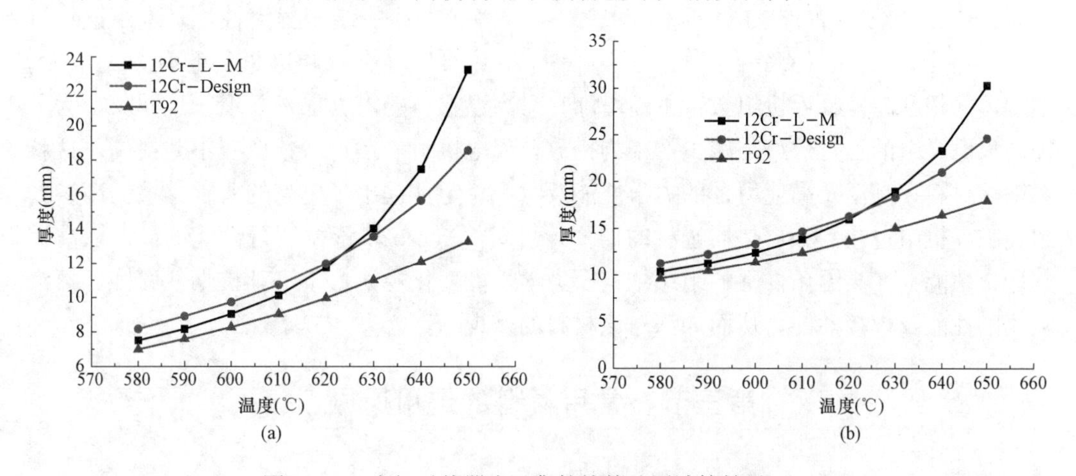

图 2-11 末级过热器出口集箱接管壁厚计算结果（一）

（a）主蒸汽压力为 27MPa；（b）主蒸汽压力为 30MPa

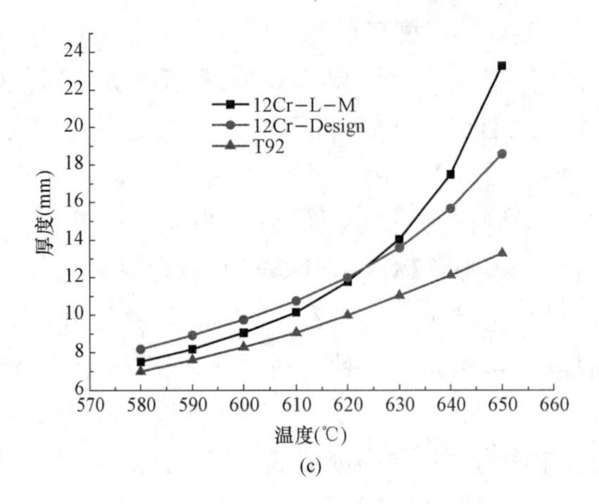

图 2-11 末级过热器出口集箱接管壁厚计算结果（二）

（c）主蒸汽压力为 35MPa

图 2-12 所示为末级再热器出口集箱接管的壁厚计算结果，再热蒸汽温度提高到 620℃，即使采用强度较低的 12%Cr 钢，壁厚也是可接受的。

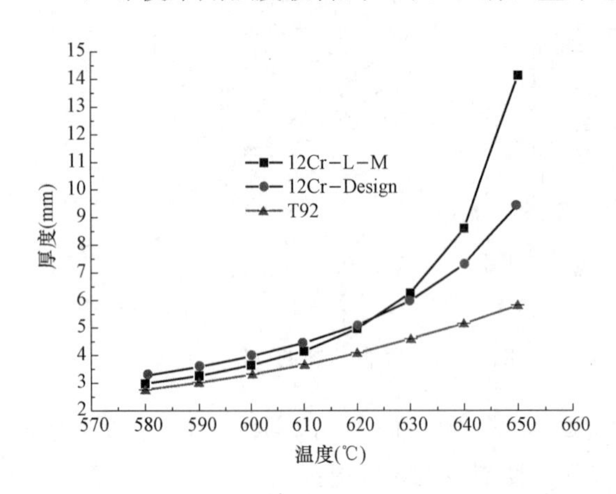

图 2-12 末级再热器出口集箱接管壁厚计算结果

因此，620℃机组再热器出口集箱接管采用 12%Cr 钢 VM12-SHC 替代 T92，从强度上来看是可行的，可以提高抗氧化能力；但 TUV 数据表对该材料仅给到了 620℃的许用应力，因此在更高温度使用时存在超规范设计的问题。

Sanicro25 具体组成成分为 22Cr-25Ni-W-Co-Cu，是一种奥氏体不锈钢，由于该材料在 700℃以下表现出较高的蠕变强度，同时具有较好的抗氧化性能与组织结构稳定性，是未来锅炉过热器与再热器候选材料的有力竞争者。随着国内超（超）临界机组数量不断增加，对高温材料的需求也日益增长。同时，为了提高火电机组的运行效率与减少污染物排放，火电机组的运行参数也在不断提高，这就对锅炉材料在高温及高应力下的力学性能及组织稳定性提出了更高的要求。根据高参数超超临界机组过热器和再热器选材的需要，可对 Sanicro25 管材进行性能测试，以掌握其理化性能、在高温条件下的组织结构及力学性能变化规律，了解其抗烟气腐蚀、蒸汽氧化的性能及焊接性能，从而加深对该材料的认识。

第三节 常用材料的选用原则

超超临界机组中，关键部件包括水冷壁、高温过热器/再热器及其出口集箱、主蒸汽和再热蒸汽管道等。接下来对锅炉部件材料选用原则进行介绍，因为这些部件选材是否合理对机组的可用率影响最大，国外已投运的超超临界机组中这些部件出现的材料问题相对较多。

一、水冷壁/省煤器选材

锅炉水冷壁/省煤器管用钢应具有以下性能：①合适的室温、中温拉伸强度；②良好的抗烟气腐蚀性能和抗汽水腐蚀性能；③良好的热疲劳性能；④良好的冷、热加工工艺性能和焊接性能。

亚临界锅炉水冷壁可选用20G、SA-210C；超临界锅炉水冷壁可选用15CrMoG/T12/T22；超超临界锅炉水冷壁低温段可选用15CrMoG/T12，较高温度区段可选12Cr1MoVG。亚临界以下锅炉省煤器可选用20G、SA-178C；超（超）临界锅炉省煤器可选用SA-210C。

在T22基础上开发的HCM2S（T23）和7CrMoVTiB10-10（T24）焊接性能都很好，焊后硬度低于360 HV，不需要进行焊前预热和焊后热处理，是主蒸汽温度620℃以下锅炉水冷壁的最佳候选材料。对于更高的蒸汽参数，三菱公司开发的HCM12是一种选择。

为了降低NO_x的排放，现代锅炉还采用分段燃烧技术，这对水冷壁是一个严峻的考验。因为考虑到成本和焊接性能，水冷壁材料的合金含量尤其是Cr质量含量并不太高，其抗腐蚀能力有限。在炉膛下部的还原性气氛将会导致严重的水冷壁管减薄（1～3mm/年），在使用高硫煤时必须考虑这一点，应采用Cr质量含量稍高的钢种，以及表面喷涂、堆焊处理甚至采用共挤复合管子。

二、过热器/再热器选材

锅炉过热器/再热器管用钢相对于高温蒸汽管道、高温集箱用钢，还应具有以下更高的要求：①优异的高温强度，特别是持久强度和良好的组织稳定性；②优异的抗高温氧化性能、良好的抗腐蚀性能；③良好的冷、热加工工艺性能和焊接性能；④对同一牌号的钢材，用于高温受热面管的允许最高服役温度一般可适当高于主蒸汽管道、高温再热蒸汽管道、高温集箱、高温管件及导汽管等部件的最高服役温度，但要在材料抗氧化温度允许范围内。

超超临界锅炉高温过热器、再热器可选TP310HNCbN、07Cr25Ni21NbN、HR3C、DMV310N，以及内壁喷丸的S30432/10Cr18Ni9NbCu3BN/Super304H/DMV304HCu；屏式过热器可选上述两种材料，以及TP347HFG、内壁喷丸18Cr-8Ni奥氏体耐热钢；620℃高效超超临界锅炉高温过热器、再热器管可选TP310HNCbN/07Cr25Ni21NbN/HR3C/DMV310N，以及内壁喷丸的S30432/10Cr18Ni9NbCu3BN/Super304H/DMV304HCu、Sanicro25/S31035、NF709R；低温过热器、再热器根据不同的温度区域，可选T92、T91、12Cr1MoVG、12Cr2MoG/T22、15CrMoG/T12、SA-210C、20G。

超临界锅炉高温过热器、再热器、屏式过热器温度较高的区段可选TP347HFG、内壁喷丸的18Cr-8Ni奥氏体耐热钢，温度较低的区段可选TP304H、TP347H、TP347HFG、TP321H、TP316H、T92、T91；低温过热器、再热器根据不同的温度区域，可选12Cr1MoVG、12Cr2MoG/T22、15CrMoG/T12、SA-210C、20G。

亚临界锅炉高温过热器、再热器管根据不同的温度区段，可选TP347H、TP304H、TP321H、TP316H、T91、12Cr1MoVG、12Cr2MoWVTiB；低温过热器、再热器根据不同的温度区域，可选15CrMoG/T12、12Cr2MoG/T22、12Cr1MoVG、SA-210C、20G。

600℃超超临界机组锅炉可选用T91、T92、TP347H、TP347HFG、Super304H、TP310HNbN小口径管制造过热器。过热器/再热器管在锅炉中是服役条件最复杂、恶劣的部件，需要同时满足蠕变强度、烟气侧抗腐蚀和飞灰冲蚀性能、蒸汽侧抗氧化性能等，同时还需有较好的加工性能和经济性。一般蒸汽温度566℃以上的过热器/再热器管要采用奥氏体耐热钢。常用的奥氏体不锈钢TP304H、TP32lH、TP316H和TP347H等，在蒸汽温度620℃以下的超超临界机组作为高温过热器/再热器抗烟气腐蚀性能足够，蠕变强度偏低但可以通过增加壁厚满足要求。早期欧洲一些蒸汽参数为580℃的超超临界机组就选用了TP321等常规不锈钢。但在超超临界机组的过热器/再热器选材中，蒸汽侧的氧化性能是一个至关重要的指标。常用的奥氏体不锈钢难以满足要求，上述欧洲机组在运行一段时间后即因氧化皮剥落造成机组停机，最后降低参数运行。过热器、再热器材料抗蒸汽侧的氧化上升为一个主要矛盾，管内壁镀Cr是一种有效控制蒸汽氧化的方法，对300系列不锈钢进行内表面喷涂处理也很有效，但工程上没有得到大量应用。新开发的TP347HFG、Super304、HR3C是目前主要的超超临界机组末级过热器/再热器材料。这三种材料都能满足蒸汽温度620℃以下的超超临界锅炉中过热器、再热器管的强度要求，对组织提出要求以保证良好的氧化性能。三种钢均已开发出相应的焊接材料。

T91钢替代TP304H、TP347H钢用于亚临界机组的锅炉过热器和再热器。T91钢的高温蠕变断裂强度在625℃时高于TP304H的高温强度，而它们的抗氧化性基本相同。根据高温蠕变断裂强度，T91钢能够在壁温为593℃的高温和蒸汽氧化环境中服役。当锅炉壁温达到600℃高温时，T91钢与102钢相比，前者具有相当大的优势，抗高温氧化腐蚀性能强，热强性高，并在高温工况不易产生爆管。

三、700℃超超临界机组选材

700℃超超临界燃煤发电技术（简称“700℃技术”）是指主蒸汽温度超过700℃、主蒸汽压力超过35MPa的先进火力发电技术。在不采用二次再热的条件下，该技术可将机组发电效率大幅提高到接近甚至超过50%，从而大幅降低燃煤消耗量，同时减少二氧化硫、氮氧化物、重金属等污染物排放，并实现二氧化碳的经济减排，因此具有十分重要的战略意义和实际应用价值。600℃等级超超临界发电技术研制成功以来，世界各国一直在积极发展更高参数、更大容量的火力发电技术。欧洲、日本一方面充分发掘现有成熟材料的潜力，将再热蒸汽温度提高到620℃，机组容量提高到1100MW，成功建成投运了德国Datteln电站4号机组、日本新矶子电站2号机组等一批先进火力发电机组；另一方面，在开发和利用新材料的基础上，对650℃等级火力发电技术进行了多年研究，如欧洲的COST522计划、KOMET650项目等。但是，目前可满足650℃蒸汽条件的铁素体耐热钢的研制工作尚未取得突破性进展。后期，欧洲逐渐将研发重点转移到700℃技术上，经过十余年的发展，相关研究取得大量的技术成果，其研发经验也进一步表明了700℃技术具有显著的经济、环境和社会效益。

1998年1月，欧洲启动“AD700”先进超超临界发电计划，其主要目标是研制适用于700℃锅炉高温段、主蒸汽管道和汽轮机的奥氏体钢及镍基合金材料，设计新型700℃超超临界锅炉及汽轮机，降低700℃机组的建造成本。最终建成35MPa/700℃/720℃等级的示范电站，实现机组效率达到50%（LHV）以上。“AD700”按计划应于2014年结束。该项目分为4个阶段：①高温材料研发；②材料的加工性能研究；③关键部件的实炉挂片试验；④700℃超超临界示范电站的建造及运行。目前，前3个阶段的研究任务已经基本完成。在第1阶段中筛选并确定了备选的高温材料，完成了相关测试工作。在不同温度区间，锅炉和汽轮机的备选材料包括HCM12、HCM2S、7CrMoVTiB1010、Alloy174、NF709、Super 304H、Alloy740、Alloy263、Alloy617、Alloy625、Alloy718、Waspalloy等。其中，核心高温材料为Alloy617及其改进型Alloy617B。另外，在该阶段还提出并确定了新型热力循环方案，完成了700℃先进超超临界燃煤机组的可行性研究。研究结果表明，即使考虑了中等价格的二氧化碳排放成本，700℃电站在技术经济上仍是可行的。在第2阶段中，主要设计、生产和测试了各种关键部件，对示范电站项目进行了详细的风险和经济性评估。在第3阶段中，建立了多个全尺寸高温部件长周期验证试验平台，其中具有代表性的有ESBJERG、COMTES 700、HWT GKM I&II及ENCIO试验平台。利用上述试验平台验证了水冷壁、过热器、管道集箱、高温阀门、汽轮机阀门等关键部件的材料性能及制造加工工艺。但遗憾的是，2009年COMTES700试验平台的集箱、喷水减温器等管道的焊接接口处发现裂纹，导致AD700项目被迫整体向后推迟3年。COMTES700试验结束后，欧洲又陆续建设了HWT GKM I&II，试图解决上述问题，并试验高温管道在交变负荷下的材料特性。据德国专家及生产厂商介绍，Alloy617B厚壁管开裂的问题已得到解决。但迄今仍未见到公开文献或信息报道。另外，ENCIO试验平台按计划应于2014年底建成。但根据目前掌握的信息，该计划由于经费问题已经被取消。HWT Ⅲ原计划依托GKM电站6号机组进行建设，具体进展情况尚不清楚。总之，由于大部分既定研发工作已经完成，同时受到欧洲能源政策及研发经费的影响，欧洲700℃研发计划的执行进度目前已经放缓。

美国A-USC计划由美国能源部和俄亥俄煤炭发展办公室共同资助，2001年开始执行。项目计划将主蒸汽参数提高到35MPa/760℃。美国A-USC项目分为锅炉材料研究及汽轮机材料研究2个阶段，研究内容包括：①机组概念设计、经济性分析及先进合金的性能试验等；②材料抗蒸汽氧化及烟气腐蚀特性研究；③汽轮机部件候选材料筛选及焊接转子的焊接试验；④焊接、机加工、涂层等制造工艺研究。美国A-USC项目在不同温度区间，锅炉和汽轮机的备选材料包括SAVE12、HR6W、Super304H、Haynes230、CCA617、INCONEL 740等。其中，核心高温材料为INCONEL 740，即欧洲进行验证的Alloy740。不同于固溶强化的Alloy617B合金，INCONEL 740属于时效强化合金，材料强度更高。此外，美国 Haynes 公司研发的 Haynes282 合金也是具有潜力的备选材料，但未在这一阶段进行验证。INCONEL 740 合金小管在欧洲试验平台上进行验证时，试验结果并不理想。为解决相关问题，对 INCONEL 740 合金进行了改性，并得到新的 INCONEL 740H 合金。据称，INCONEL 740H 合金已解决了相关问题，性能良好，但其未在国外进行过长周期实炉验证。Haynes282 合金在航空航天领域曾有过应用业绩，但尚未大规模在电站锅炉领域应用，也未在国外进行过长周期实炉验证，管道等的加工工艺还在发展过程中。此前，美国 EPRI、ALSTOM、BWE 等公司拟联合启动美国的 700℃机组研制项目，计划建设一套规模较大的高温材料试验平台 ComTest1400。该试验平台选择 INCONEL 740H 为核心验证材料，Haynes282 为辅助验证材料。

日本在 2000 年开展了 A - USC 计划的可行性技术研究。2006 年，日本能源综合工程研究所对以 700℃技术来改造现有机组的可行性进行了研究。2008 年 8 月，日本正式启动了“先进超超临界压力发电”项目，目标是使主蒸汽温度达到 700℃以上，净热效率达到 46%～48%。项目研究内容包括锅炉、汽轮机、阀门技术开发，以及材料及部件长周期性能试验等。按照计划，2015 年前应完成锅炉高温管道及管子试制、焊接及冷热加工工艺研究，完成汽轮机转子、螺栓的材料测试等，并于 2015 年开始部件的实炉验证试验。2015 年 5 月 15 日，蒸汽温度达到 700℃，并开始了 10000h 的服役材料评价。据了解，日本 A - USC 项目研究的材料以日本本国材料为主，包括 Alloy617、Haynes 230、Nimonic 263、Alloy740、HCM12A、HR6W、HR3C、HR35、TOS1X、LTES700R 等。需要关注的是，为验证汽轮机转子及汽缸的材料性能及加工工艺，日本建设了电加热汽轮机部件试验平台。

印度也提出了 700℃技术发展规划，其目标是研发相关技术，建立 31MPa/710℃/720℃级的示范机组。该项目于 2013 年底获批准，计划执行时间为 7 年，其中 2.5 年用于技术研发，4.5 年用于电站机组建设。该项目采用的核心材料为 Alloy617。目前项目尚未开展，缺少相关信息。

我国 700℃技术研究进展。2008 年，中国华能集团公司委托西安热工研究院有限公司对 700℃机组关键材料进行了预研究。主要内容有：调研国外 700℃等级超超临界发电技术的总体情况、国外几种关键镍基材料的研究进展及国内高温合金的开发和生产能力；对 IN740、Alloy617、Alloy263、Alloy783、Alloy718、Alloy625 等 6 种镍基高温合金进行试验研究；对关键高温材料的基础性能进行初步研究。2010 年，国家能源局设立了国家能源领域重点项目“700℃超超临界燃煤发电关键设备研发及应用示范”。该项目包括 700℃超超临界燃煤发电机组总体方案设计研究、关键材料技术研究、锅炉关键技术的研究、汽轮机关键技术的研究、关键部件验证试验平台的建立及运行、示范电站建设的工程可行性研究等 6 个子课题。课题参与单位包括中国华能集团清洁能源技术研究院有限公司（简称华能清能院）、西安热工研究院有限公司、上海电气集团股份有限公司、东方电气股份有限公司、哈尔滨电气集团公司及中国电力工程顾问集团公司。其中，作为“国家能源煤清洁低碳发电技术研发（试验）中心”的依托单位，华能清能院受国家能源局委托成为项目组织单位，同时承担我国首个关键部件验证试验平台的建立及运行工作。目前，国内700℃技术的研发正在按照计划稳步进行，部分课题研究已经取得阶段性进展。一方面，我国引进了国外研制的740H、617B、Haynes282、Sanicro25、Nimonic80A等镍基或铁镍基高温合金，西安热工研究院有限公司、上海发电设备成套设计研究院及哈尔滨锅炉厂有限责任公司（简称哈锅）等单位对上述材料的组织成分、力学及持久性能等进行了细致分析；另一方面，我国冶金企业及科研机构也积极研制国产的镍基高温材料并进行相关试验。目前，我国宝钢集团有限公司（简称宝钢）、太原钢铁集团有限公司（简称太钢）等冶金及制造企业已经试制出了镍基高温材料的小管和管道，并已具备一定生产能力。另外，中国科学院金属研究所于20世纪自主研制的GH984合金可用于制作700℃高参数舰船主锅炉过热器管材，是成本相对较低的铁镍基高温合金，有望在未来的700℃机组中得到应用。近年来，金属研究所在984合金的基础上，改进得到了984G合金。2013年底已经由宝钢试制出了984G管材，相关性能试验正在进行。除管材外，我国北冶、宝钢等企业试制出了高温镍基合金焊丝，可用于焊接试验研究。

过热器是700℃超超临界机组锅炉的关键部件，过热器材料需满足下列要求：高的高温持久强度、优良的抗烟气腐蚀和抗蒸汽氧化特性、良好的焊接性能和加工成形特性。

1996年，欧洲45家公司合作开发蒸汽参数为35MPa/700℃/720℃的超超临界机组，机组设计热效率是52%，CO_2排放降低15%。瑞典开发出了700℃超超临界机组锅炉过热器和再热器用Sanicro25更高强度奥氏体小口径钢管。与传统的奥氏体耐热钢相比，Sanicro25具有优异的高温持久强度、抗蒸汽氧化和抗烟气腐蚀性能，在600～700℃的持久强度比TP310HNbN高45%以上，在650℃和700℃蒸汽中的抗氧化性能良好，达到完全抗氧化级。欧洲公司为700℃超超临界机组锅炉高温受热面管子、集箱和管道开发了0.08C-22Cr-12Co-9Mo-1.0Al-0.4Ti-B（617mod）镍基合金小口径管和大口径管，其700℃/1×10^5h持久强度为119MPa、750℃/1×10^5h持久强度为69MPa。

2014年，我国完成700℃机组锅炉高温材料验证试验平台用水冷壁、过热器、集箱、减温器和管道的设计任务。目前，已经完成对Sanicro25、GH984G、617mod、740H等材料焊接工艺评定，验证试验平台用水冷壁、过热器、集箱、减温器和管道也已制造完成。2015年12月30日，我国700℃锅炉高温材料试验验证平台在南京电厂成功实现稳定运行，蒸汽温度为725℃，蒸汽流量为3kg/s，蒸汽压力为26.8MPa，与原320MW超临界机组一致。计划在700℃机组锅炉高温材料验证试验平台长期运行后，对管子和管道母材及焊接接头试样进行性能评定试验。

700℃超超临界机组锅炉过热器候选新材料是Sanicro25更高强度奥氏体钢小口径管、HR6W铁镍基合金小口径管、617mod和740H镍基合金小口径管，四种材料的屈服强度、拉伸强度及许用应力对比见图2-13～图2-15。

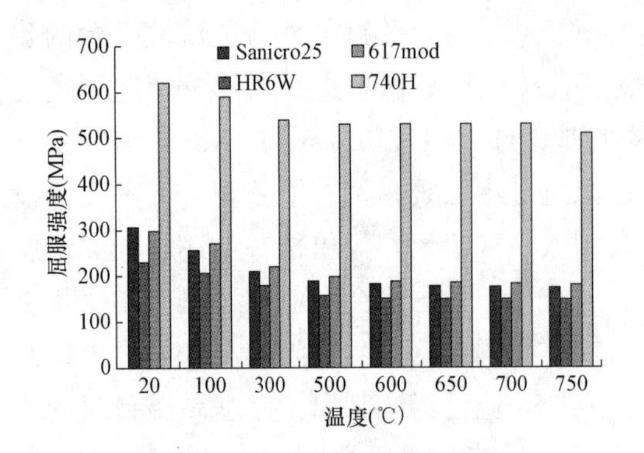

图 2-13 四种材料的屈服强度

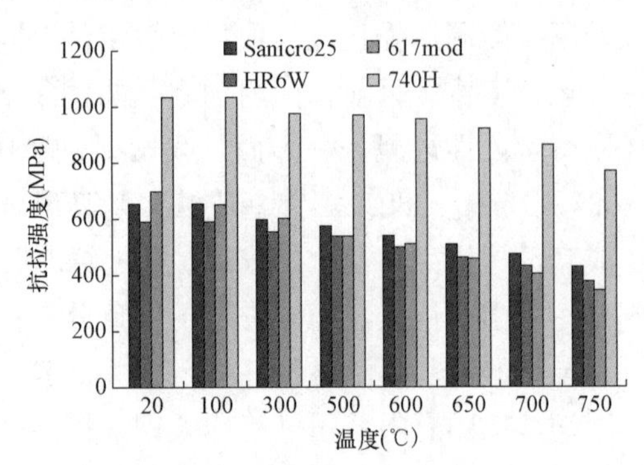

图 2-14 四种材料的拉伸强度

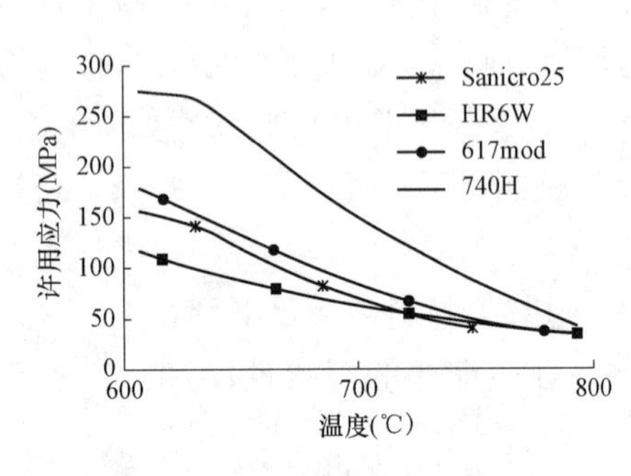

图 2-15 四种材料的许用应力

我国已经完成 Sanicro25、HR6W、617mod、740H 小口径管弯管试验及焊接工艺评定，并对这些材料的小口径管及其焊接接头进行了 10000 多小时的高温持久强度等性能试验，试验数据表明其性能满足 ASME 标准要求。700℃超超临界机组锅炉候选新材料 Sanicro25 更高强度奥氏体小口径管、HR6W 铁镍基合金小口径管、617mod 和 740H 镍基合金小口径管及焊接接头的性能满足 ASME 标准和有关标准要求；Sanicro25 更高强度奥氏体小口径管和 740H 镍基合金小口径管等新材料的高温持久强度满足 700℃超超临界机组锅炉过热器对新材料的性能要求。对于管子金属设计温度为 630～680℃的 700℃超超临界锅炉低温段过热器，可以选用 Sanicro25 更高强度奥氏体小口径管制造；对于管子金属段设计温度高于 680℃的 700℃超超临界锅炉高温段过热器，可以选用 740H 镍基合金小口径管制造。Sanicro25 更高强度奥氏体小口径管和 740H 镍基合金小口径管等新材料的焊接工艺评定及焊接接头高温持久强度已经满足 ASME 标准要求，并且有能力进行 Sanicro25 和 740H 等新材料小口径管的弯管成型加工制造。

第三章

锅炉受热面管失效模式及其机理

第一节　失效分析的意义及作用

锅炉受热面管的泄漏是造成电站锅炉非计划停运最普遍、最常见的失效形式，由于严重影响了机组的安全性和经济性，所以备受重视。要防止锅炉受热面管泄漏，首先要对受热面管泄漏事故进行系统、全面分析，抽丝剥茧，深刻了解受热面管失效的原因，普遍建立失效案例库与失效研究系统，使失效分析及预防技术从目前的分析定性或定量阶段逐步向动态优化和系统安全的方面发展。

锅炉受热面管失效分析的作用是通过研究受热面失效的特征、过程、机理等，查明四管泄漏的原因，有针对性地提出预防措施和对策，指导生产和运行人员持续改进，保证锅炉安全运行，提高经济效益。

通过失效分析，可以积累丰富的四管泄漏经验教训，可以发现受热面在设计、制造、安装、检修中存在的问题，也可以找出运行中金属部件材料老化、性能下降的规律，从中总结失败的教训，不断改进制造工艺，持续完善运行方式，从而减少机组非计划停运次数和时间，提高设备安全运行的可靠性，延长设备的使用寿命，有效将失效分析与金属监督紧密结合起来，防患于未然，达到失效分析的目的。

金属监督是建立在金属部件失效分析基础上，采用正确的检验检测方法防止部件再次出现事故的手段。从设计不佳、选材不当、加工不良、运行维护不到位而造成的失效案例中，总结分析典型失效形式和规律，找到防止同类失效的相应措施。只有失效分析到位，真正找到部件失效的原因，才能采取有效预防措施，达到金属监督的目的。

第二节　失效分析方法

在对受热面爆管长期的分析和研究中，总结归纳出了一系列行之有效的失效分析技术，大致可分为爆口宏观分析、资料背景收集、现场调查诊断、试验分析研究。综合分析数据后，进而判断或推断出最接近真实的失效机理及其产生原因的正确结论。

一、爆口宏观分析

在各种失效分析手段中，爆口宏观分析是最主要的工具，因为爆口记录了受热面管在高温高压环境下发生的不可逆变化，以及失效的全过程。爆口的形成，不仅与管材材质、组织及受热面布置有关，而且与管子在高温下的受力状态和腐蚀环境有关。爆口包含了管子失效过程中的大量信息，而且这些信息是可分析的，通过爆口宏观分析可以初步找到泄漏的原因及影响因素。因此，爆口宏观分析在受热面管失效分析中具有极其重要的作用，是泄漏失效分析的向导，可指导分析工作少走弯路。

爆口是受热面泄漏最主要的残骸，是失效分析的物证，也是唯一的物证。爆口记录了管子减薄、组织性能变化直至泄漏的全过程，是失效分析的关键证据。利用现代化的技术和方法，可以破译爆口包含的信息，爆口宏观分析可以获取失效的重要信息。

1. 第一爆口的判定

第一爆口的判定，即从众多的爆口中寻找最先泄漏的位置，这对于受热面失效分析是至关重要的，是失效诊断成功与否的关键。爆口分为第一爆口（最先泄漏位置），以及吹损减薄、变形冲击导致的其他爆口。其中第一爆口是自行爆开的，未受其他爆口影响，无吹损减薄、机械冲击痕迹，因此要从众多的爆口中寻找具有胀粗过热、腐蚀氧化、疲劳开裂等特征的第一爆口。只有准确找到第一爆口，才能正确开展失效分析工作，否则将会得出完全错误的结论。

例如某电厂亚临界锅炉水冷壁标高 39.8m 位置存在一处短时过热爆口，因检查不仔细，误将该爆口分析为第一爆口，怀疑管子内存在异物导致堵塞引起爆管。重新上水发现在标高 9m 位置冷灰斗密封板焊缝位置存在多处爆口，焊接质量不佳导致的泄漏才是第一爆口，多个漏点造成工质流量减少，上部高温区管子向火侧冷却条件恶化，引起过热爆管。

因此，第一爆口判定对于失效分析工作的正确性起着决定性的作用。

2. 爆口性质初步判断

爆口性质的分析是指对第一爆口性质的分析，确定材料失效模式。受热面失效模式主要包括六种，见表 3-1，基本涵盖锅炉受热面爆管的所有类型。

表 3-1　典型失效模式

失效模式	失效类型
蠕变与相变	过热（短时过热、长时过热等）
腐蚀与氧化	水侧腐蚀（氧腐蚀、氢腐蚀、应力腐蚀、晶间腐蚀、氧化等）
	烟侧腐蚀（高温腐蚀、低温腐蚀等）
疲劳	疲劳（热疲劳、腐蚀疲劳、应力疲劳、振动疲劳等）
磨损	磨损（机械磨损、飞灰磨损、吹灰器吹损等）
焊接缺陷	焊接缺陷（再热裂纹、焊接接头应力腐蚀、焊接接头疲劳裂纹、异种钢焊接接头失效、焊接接头蠕变裂纹等）
质量缺陷	缺陷（材质质量缺陷、维修焊接损伤等）

失效模式的诊断依据主要是爆口的形貌、颜色、爆口边缘情况和变形程度、腐蚀氧化产物、爆口与应力方向的关系，以及爆口与焊口、吹灰器位置的关系等。通过对爆口

的宏观检查，对比以往受热面管失效案例及爆口图谱，可确定材料的失效模式，为下一步失效分析及试验研究指明方向。

由于受热面管处于高温高压的恶劣环境中，所以失效分析的原因是繁杂多样的，现场爆口往往出现多个失效模式的特征。为了正确诊断失效的原因，必须了解各种失效模式、类型及其失效机理，着眼于它们各自特征判据的分析和识别，准确找到失效的主要原因，这是失效分析的基础。但是实际上失效模式和原因往往不是单一而是复合的，对于这些疑难失效模式的诊断，应加强现场调查研究和实验室分析，综合相关数据得出正确结论。

二、资料背景收集

爆口位置及失效模式确定后，就应当尽力收集有关事故的一切重要资料。

在进行失效分析之前，必须收集大量和丰富的失效背景材料，这是失效分析的基础。失效背景资料可分为两部分：一部分是按照失效分析普遍需要的常规资料，包括锅炉型号、制造厂家、投产及运行时间、受热面布置情况、材质分布情况、历次检修换管情况等；另一部分是针对该次特定失效模式应该收集的资料，包括类似失效模式的论文、案例，以及针对该次失效模式相关的信息资料。

（1）详细了解锅炉的型号、制造厂家、投产及运行时间，运行参数包括蒸汽出口压力温度，炉膛受热面布置形式、汽水流程、锅炉启停次数等全面的信息。

（2）查询爆管所在受热面的图纸，了解布置结构屏数、材质焊口分布、管子规格数量节距等信息（示例如图 3-1 所示），并且注意查询是否存在节流孔的设计。

（3）调查历次检修防磨防爆检查情况、发现的问题，以及受热面取样、割管、维修换管情况。询问运行、检修、维护专业人员，了解爆管发生前后机组运行情况、操作方式等。

（4）检索类似失效模式的论文、案例，借鉴比较泄漏发生的位置、爆口形貌、外表特征，评估相关分析方法是否具有可借鉴性。

（5）针对特定失效模式，还应了解与其相关的信息资料。例如失效模式是高温腐蚀，需要收集煤质情况、低氮燃烧、煤泥掺烧等信息；失效模式是蒸汽侧腐蚀，需要收集水质情况、加氧工况、节流孔、减温水投用、锅炉启停速率等信息。

在上述基础上，对收集的资料等进行加工、整理、分析和综合，使之上升为失效分析的依据或理论，揭示出失效的性质，并找出失效的规律。

三、现场调查诊断

在整个失效分析中，现场调查诊断是获取第一手资料的关键环节；对重要的材料，如第一爆口的取样、爆口方向、周围环境、是否存在烟气走廊等都需要在现场进行调查了解，掌握真实情况。失效分析工作者应该认识到，没有现场调查，结果往往是不真实的，信息传递会造成损耗和失真，也可能传递者忽视了对失效原因分析至关重要的细节；或者有关人员出于个人的利害得失考虑，而对事实进行故意歪曲，这对失效分析工作者的正确判断将会造成困难。

通常受热面失效分析现场调查诊断应根据爆口宏观分析确定的失效模式，借鉴资料

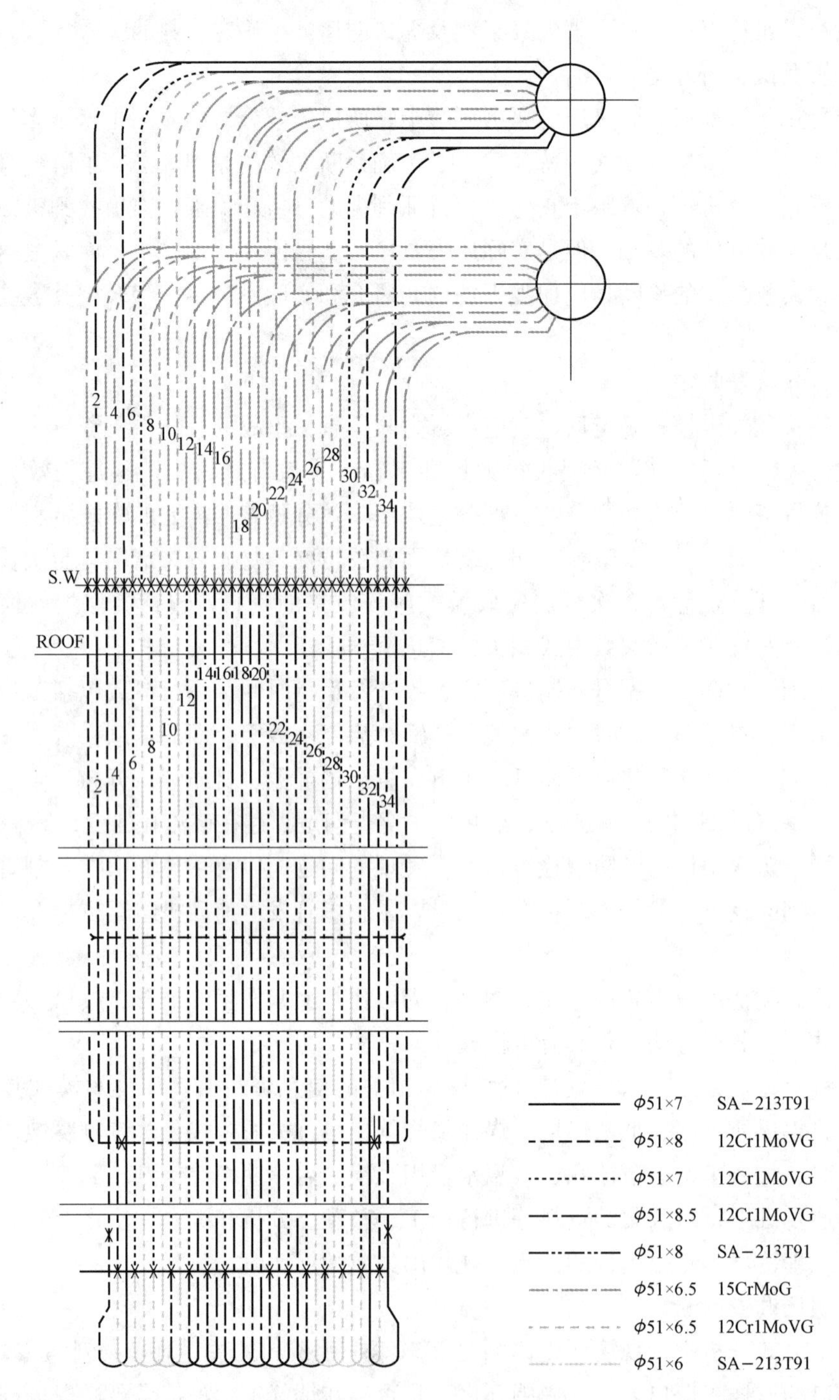

图 3-1　某受热面布置示意图

查询中得到的启示，有针对性地开展验证诊断工作。主要包括以下几个方面：

（1）现场推理泄漏过程，反复推敲爆口先后顺序和相对关系，反复验证第一爆口，现场测量、取证拍照，还原受热面爆管的事故经过。

（2）确定周围管子损伤程度，是否存在减薄、胀粗、氧化皮、裂纹等现象。

（3）需要取样进行实验室验证分析的，对于失效管样的起始部位应尽可能取全，取样过程应避免人为影响、机械损伤和火焰切割影响对失效原因的判断。需要对比分析取样的应有一定的代表性，取样要明确位置、数量，对于失效分析结果有明显指导、分辨作用。

（4）采用合金分析仪复核管材、焊口合金成分，判断管材、焊材是否正确，是否符合设计要求。

（5）针对不同的失效模式，可采用不同的检验检测方法进行验证。如内窥镜检查管子及集箱是否存在异物，磁粉检测爆口附近其他管子是否存在裂纹，射线检测下弯头及节流孔是否氧化皮堵塞等。逐项排查失效的原因，为失效分析寻找可靠的支持证据。所采用的现场调查诊断方法不限于以上几种，随着检验检测技术的不断发展，将会有更多的新技术、新方法应用在电站锅炉受热面检测中，但是需要根据失效模式的特征选择合适的诊断方法，对症下药，才能在失效分析中发挥作用。

四、试验分析研究

对于一些爆口特征比较明显、原因比较清楚的失效管件，通过现场调查诊断和资料对比分析可以得出结论性的意见，失效原因和过程经得起推敲，则不需要取样进行进一步的实验室分析研究。但是对于一些失效原因复杂、多种失效模式同时存在、现场调查证据不明显的失效样品，必须取样进行实验室分析研究，从微观组织、力学性能等多个方面进行分析论证，找出失效的原因。

1. 金相显微组织

显微组织研究是金属材料研究最基础、最有效的分析方法，在失效分析工作中，是非常重要和普遍采用的分析手段。通过金相显微镜观察，可以发现爆口周围金相组织变化，判断短时和长时过热；可以观察裂纹发生部位、扩展路径，还可以发现焊缝缺陷和异常组织，测量内壁氧化皮厚度。该方法是最有效、最常规的检测方法，大量运用于失效分析工作中。

2. 力学性能测定

力学性能检查项目包括室温及高温拉伸、冲击、硬度、持久性能等。由于常温力学性能试验较易操作，试验结果有相关标准可以参照，一般采用常温力学性能试验。受热面管进行力学性能试验是为了检查爆管所在管子在高温下运行后是否发生性能变化，强度及塑性、韧性指标是否仍然满足国家标准的规定，通常会同时取失效样和对比样进行比较。

通常情况下，如果材料在高温下长时过热，组织会发生劣化，强度会随之下降，甚至低于标准要求。但是不同钢材强化机理不同，某些材料虽然发生过热老化，但是常温性能没有明显降低，例如G102（12Cr2MoWVTiB）。因此，受热面失效分析中力学性能指标只能作为失效分析的佐证。

3. 爆口微观分析

通过体视显微镜、扫描电镜等设备对爆口断面进行微观观察和分析，借助于断面形貌、颜色和断裂表面成分分布的观察分析，研究爆口性质、失效原因及失效过程。

但是由于受热面处于高温高压的恶劣环境，发生爆管后，爆口往往由于高温吹损和氧化，微观形貌受到影响，所以爆口微观分析所能观察到的信息极为有限，一般极少采用。

4. 能谱分析

能谱仪是能量色散谱仪的简称，通常作为扫描电子显微镜附件用于分析材料的微区成分分析，可以用于钢中析出相、非金属夹杂物、氧化腐蚀产物等部位化学成分的全成分分析。这对于分析钢中析出的第二相或夹杂物的成分组成有一定借鉴意义；并且对于分析各种腐蚀产物，找到腐蚀失效的直接证据，能够发挥极为重要的作用。

除此之外，还有残余应力测定、X射线相结构分析、透射电镜研究等各种方法可以进一步深入研究分析。随着分析工作的开展，排除一些因素，逐渐发现一些证据，必要时可以进行模拟试验对推理过程进行验证，以得到最接近真实的结论。

受热面失效模式主要包括蠕变与相变、腐蚀与氧化、疲劳、磨损、焊接缺陷和质量缺陷，这些失效模式在事故中可能单独存在，也可能几种模式共同作用。导致爆管的原因不同，其失效模式的微观机制也各有所异。多年来，在对受热面爆管长期的失效分析中，对以上六种失效模式的主要表现形式、微观形态特征及失效机理进行了大量的调查试验研究，积累了丰富的理论和实践经验。在此基础上，根据对事故背景资料的收集、对现场进行必要的调查诊断，加上实验室分析结果，综合分析，进而判断或推断出爆管失效模式及其产生原因的正确结论。

第三节　蠕变与相变

蠕变与相变是受热面在材料过热后表现出的两种截然不同的失效模式，不过其失效的根本原因是材料在超温和应力作用下发生的过热失效，只是由于超温幅度的差异，造成失效模式的不同，分为长时过热（蠕变）和短时过热（相变）。

需要引起注意的是过热与超温是两个概念，超温是材料超过最高允许工作温度范围运行，过热主要是针对材料在高温下金相组织和力学性能发生的变化而言的；过热是超温运行的结果，超温是造成过热的原因。

超温分为三种情况：①运行人员操作不当，壁温控制不合理，炉膛受热面壁温偏差较大，为了保证蒸汽温度和锅炉负荷，有意造成的；②管内氧化皮等异物减小了工质流量，导致冷却不足，壁温升高；③对材料认识不到位，设计温度偏高，或者氧化皮增厚造成传热不良，导致受热面管壁温度增加。其中②、③是运行人员无意造成的。

一、蠕变（长时过热）

蠕变是指金属在一定温度和应力作用下，随着时间的推移缓慢地发生塑性变形的现象。蠕变现象的产生由三个方面的因素构成，即温度、应力和时间。发生蠕变的温度与材料的熔点有关，一般达到金属材料熔点的30%～70%时，就有发生蠕变的可能，温度越高、应力越大，蠕变速率越快。对于碳钢，当温度超过300～350℃时，对于合金钢，温度超过400℃，在应力作用下都会发生蠕变。受热面管在高温高压下运行，管材都会发生高温蠕变老化，当老化达到蠕变后期时，就会发生高温蠕变失效，亦可称为长时过热失效。

对于受热面管，在正常运行温度情况下，金属也会发生蠕变现象，出现微小的蠕变变形是允许的，设计时考虑了材料的蠕变速率和持久强度等因素，通常其设计寿命一般为 10 万～15 万 h 以上。因此受热面管即使在正常的温度与压力下运行，受到温度和应力的作用，材料会发生正常蠕变老化，当运行时间接近或者达到使用寿命时，就会发生蠕变失效。

但是，当受热面管壁温度长期处于材料最高允许工作温度以上、相变临界温度（A_{c1}）以下、超温幅度不是很大的情况下，假定管内压力恒定不变，随着温度的升高，蠕变应变速率会加快，如图 3-2 所示。这将导致材料加速蠕变以致开裂，发生长时过热爆管，换言之就是超温加速了高温蠕变速率，减少了管子寿命，提前发生蠕变失效。

蠕变失效爆口的宏观特征由其性质决定。由于是蠕变导致的失效，所以典型爆口特征是张口非常小，爆口边缘无明显减薄、变形现象，呈现脆性爆口特征，典型照片如图 3-3 所示。管径在长期蠕变作用下有一定的胀粗，但不明显；爆口周围存在较为严重的氧化皮，且在爆口附近有许多纵向开裂裂纹，形貌类似树皮纹，如图 3-4 所示。爆口一般位于热负荷较高的区域，同一圈管子上材质等级较低的位置。

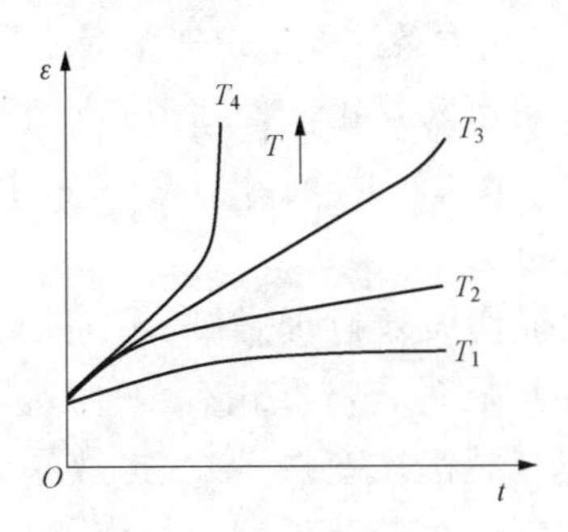

图 3-2　恒应力情况下蠕变应变速率与温度的关系

图 3-3　过热器蠕变失效典型爆口宏观形貌

图 3-4　蠕变失效引起的典型纵向裂纹

微观上爆口是典型的沿晶蠕变断裂，由于外壁温度较高，所以蠕变裂纹一般是从外壁向内壁扩展，裂纹内部充满氧化物，在主断口周围有许多平行的沿晶开裂小裂纹和蠕变孔洞，如图 3 - 5 所示。爆口位置内外壁均附着非常厚的氧化皮，如图 3 - 6 所示。

图 3 - 5　高温过热器（规格为 ϕ51×5mm、材质为 12Cr1MoVG）蠕变裂纹

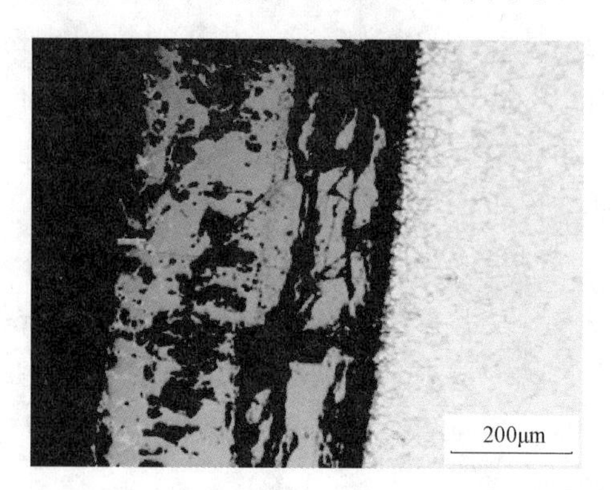

图 3 - 6　高温过热器（规格为 ϕ51×5mm、材质为 12Cr1MoVG）内壁氧化皮

材料在高温蠕变过程中的显微组织会发生明显劣化现象和蠕变损伤，例如碳钢石墨化、珠光体球化、碳化物析出、晶界有明显碳化物聚集和“双晶界”特征、蠕变孔洞扩散、马氏体位相消失，以及奥氏体中第二相粒子粗化等。图 3 - 7 所示为典型的碳化物析出、粗化，生成蠕变孔洞。不同材料在不同温度、应力条件下组织劣化特征是有所不同的，但耐热合金和耐热钢主要是通过第二相弥散析出来强化，第二相的尺寸、形态、间距、分布及密度的变化都会影响蠕变性能，降低了金属的晶间强度，在晶界上萌生孔洞和晶间裂纹，在应力作用下逐渐扩展直至形成宏观裂纹。

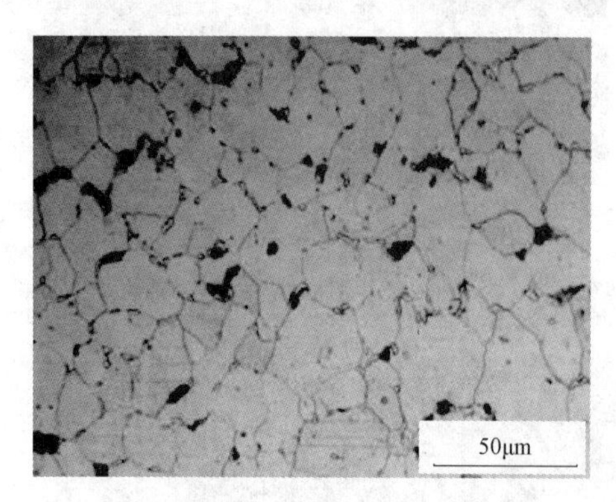

图 3 - 7　屏式过热器（规格为 ϕ42×5mm、材质为 12Cr1MoVG）蠕变损伤显微组织

蠕变损伤失效机理是蠕变孔洞或者裂纹的形成和扩展过程，形式有多种，包括位错蠕变机理（晶格蠕变机理）、扩散蠕变机理、晶界滑移蠕变，各种机理在蠕变过程中都是共存的。材料的化学成分和显微结构不同，所表现的机理也不同，多晶粒的交界处、各种碳氮化合物的聚集处、位错密集处等都是蠕变孔洞的形核点。蠕变条件下，空位向受拉晶界扩散、聚集而形成孔洞，一旦形成孔洞，继续在应力作用下，空位由晶内和沿晶界继续向孔洞处扩散，孔洞在晶界上形核和长大，并互相连接形成裂纹。随时间延长，裂纹不断扩展，达到临界值后，材料发生蠕变断裂。在低应力下孔洞呈球形或者近似球形，而在高应力下倾向于形成楔形微裂纹。

显微组织伴随着第二相、碳化物的析出，弱化了固溶强化和沉淀强化的作用；晶界碳化物聚集和蠕变孔洞的形成，降低了金属的晶间强度，贝氏体、马氏体位相的消失，降低了位错钉扎作用，综合反映到力学性能上，不论是高温强度还是常温强度，都会发生下降，甚至低于材料标准要求。因此失效分析时，强度的降低也是蠕变失效的特征。而细化晶粒是唯一可以同时提高材料常温强度、硬度和塑性、韧性的方法，但对于材料的高温力学性能，其影响则并非如此。高温下晶粒呈黏滞状态，在外力作用下易产生滑动，因而细晶强化在高温下无益。因此，部分晶粒度较大的材料，即使发生蠕变老化，其常温强度并没有明显的降低，常温力学性能降低的特征只能作为失效分析的佐证。

长时过热爆管主要发生在过热器、再热器管上，一般发生在高温集箱进出口位置、异物堵塞位置、热负荷最高的位置中材料等级最低的部位，以及错用材质的部位。导致蠕变失效的主要原因是烟气侧温度过高、管内蒸汽流量不足、氧化皮阻碍热传导，或者材料性能寿命无法满足实际工况的需要。发生长时过热爆口为粗糙的脆性断口，爆口较小、呈鼓包状，边缘粗钝，呈平整的钝边，整个爆破口张开的程度不大，具有典型的厚唇型爆破特征。

水冷壁有时因为传热恶化，也会发生蠕变失效。一般发生在热负荷较高区域，如超（超）临界锅炉垂直水冷壁段，主要原因是堵塞造成汽水流量减少，或者结垢导致传热不良，管子冷却不足，壁温升高，使管子发生蠕变失效。

二、相变（短时过热）

受热面管子在高温下运行，由于管内冷却条件恶化，管壁温度在短时间内达到钢材的奥氏体转变温度，材料的高温抗拉强度急剧下降。在管内压力作用下，温度最高的部位首先发生塑性形变，管径胀粗，管壁减薄，最终无法承受内部压力，发生剪切断裂爆管，即所谓的短时过热爆管。由于超温幅度较大，达到奥氏体转变温度，金相组织发生相变，由珠光体或马氏体转变为奥氏体，也称为相变失效。其断裂的机理就是应力超过高温下的抗拉强度发生的塑性断裂。

短时过热的宏观爆口特征一般有明显的塑性变形，爆口边缘呈刀刃状，管径明显胀粗，管壁减薄，爆口呈尖锐的喇叭口，具有韧性断裂特征。短时过热爆口的宏观特征与超温幅度有密切关系，同种材料超温幅度越高，爆口越大，减薄胀粗越明显。单纯的短时过热一般来不及生成氧化皮，管壁较为光洁。典型短时过热爆口如图 3-8 所示。

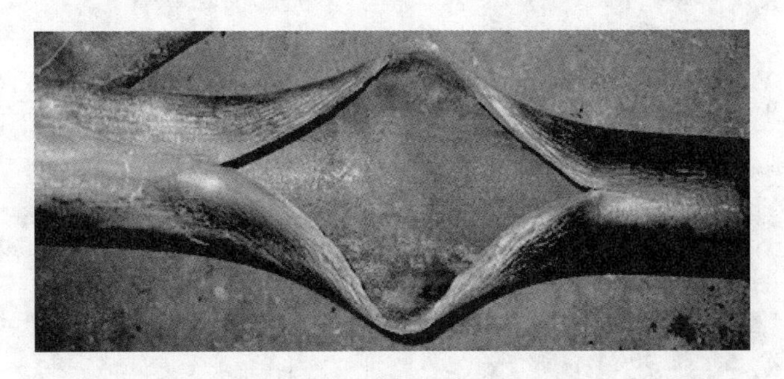

图 3-8　典型短时过热爆口

短时过热的爆口最终冷却下来后的显微组织与材料的过冷奥氏体连续转变曲线有关，取决于过热温度、介质冷却速度等。因为短时过热爆管温度一般高于奥氏体转变温度 A_{c1} 临界点，甚至有时达到或超过 A_{c3} 临界点，所以金相组织开始转变为奥氏体，或者全部转变为奥氏体。爆破后管子被管内介质迅速冷却下来，形成了不同的相变组织，相当于进行了不同程度的淬火热处理，最终冷却下来的显微组织取决于冷却速度，冷却速度与超温的幅度和喷射出来的汽水冷却能力有很大关系。

例如对于珠光体、贝氏体钢，当过热温度超过材料的 A_{c1} 临界点，甚至达到或超过 A_{c3} 临界点时，遇到水冷壁爆管喷射出来的温度较低的冷却介质，爆口处可得到马氏体组织、贝氏体等淬硬组织或者魏氏组织。遇到再热器、过热器爆管喷射出来的温度较高的冷却介质，爆口处可得到贝氏体，甚至仍然为珠光体和铁素体，但是组织形态会发生改变，并且由于变形严重，晶粒会出现明显的变形。某锅炉水冷壁短时过热不同显微组织与力学性能（管子规格 ϕ57×6.5mm、材质为 SA210C）见表 3-2。

表 3-2　某锅炉水冷壁短时过热不同显微组织与力学性能对照

序号	显微组织	力学性能	
1	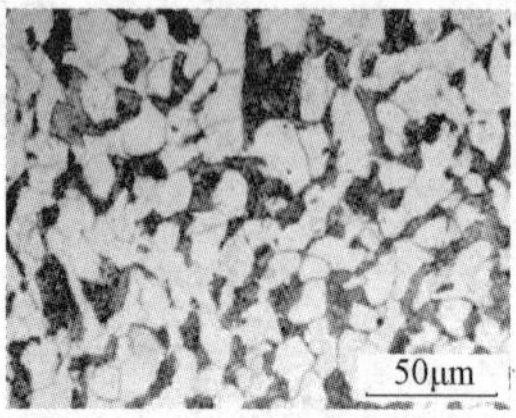 50μm 水冷壁背火侧组织，铁素体+珠光体	屈服强度（N/mm^2）	352
		抗拉强度（N/mm^2）	535
		断后伸长率（%）	31.0
		布氏硬度（HB）	149
2	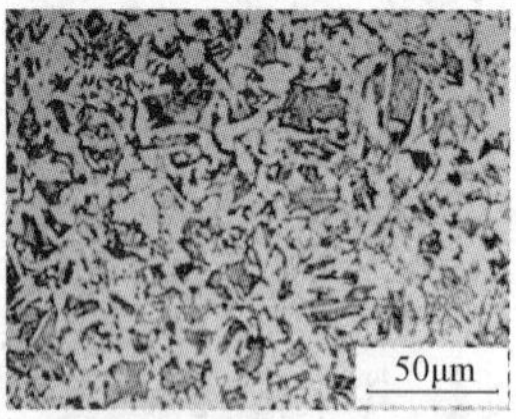 50μm 过热重新冷却后组织，铁素体+珠光体	屈服强度（N/mm^2）	452
		抗拉强度（N/mm^2）	620
		断后伸长率（%）	27.0
		布氏硬度（HB）	173
3	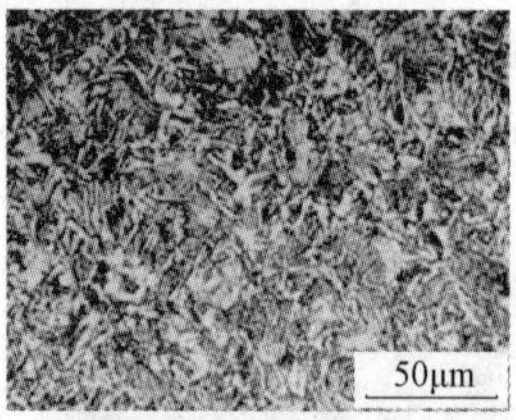 50μm 过热重新冷却后组织，铁素体+贝氏体	屈服强度（N/mm^2）	494
		抗拉强度（N/mm^2）	673
		断后伸长率（%）	22.0
		布氏硬度（HB）	215
4	 50μm 过热重新冷却后组织，网状铁素体+马氏体	屈服强度（N/mm^2）	无屈服现象
		抗拉强度（N/mm^2）	1095
		断后伸长率（%）	13.0
		布氏硬度（HB）	337

对于马氏体钢，过冷奥氏体相对的高温区转变应为铁素体转变，低温区相变产物是马氏体，不存在珠光体和贝氏体的中温转变。当冷却速度较低时，组织是完全的先共析

铁素体，随着冷却速度的增加，开始有马氏体生成，先共析铁素体逐渐减少，当冷却速度达到一定程度时，就不再有先共析相析出，组织为完全的马氏体。由于马氏体钢主要用于过热器和再热器系统，蒸汽温度相对较高，导致爆管后冷却速度较慢，造成马氏体钢在爆管后容易形成先共析铁素体，如图 3-9 所示。

对于奥氏体钢，其常温下本身就是奥氏体，因此不论奥氏体超温到多少摄氏度，冷却下来仍然是奥氏体，不会发生相变。但是由于冷却速度过慢，会导致合金元素从奥氏体中析出，在晶界生成第二相粒子，所以奥氏体不锈钢短时超温不会发生相变。

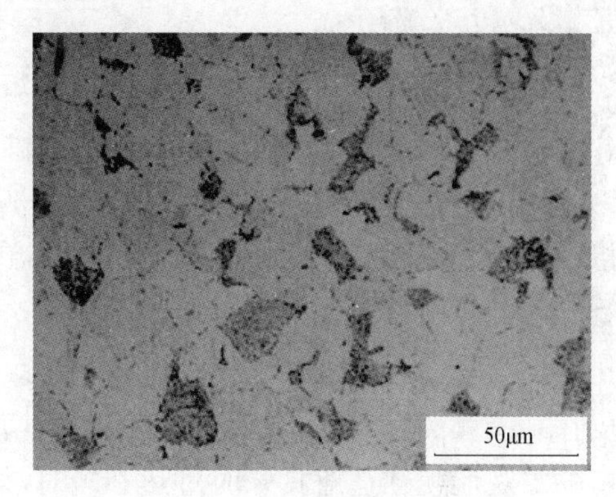

图 3-9　再热器短时超温爆管金相组织（T91）

总之，不同材料短时过热程度、过热时间、冷却条件的不同，会有不同的显微组织变化。不同的显微组织对应的力学性能不同，由于爆管是非正常的相变过程，所以力学性能的变化与产生相变的组织有密切关系，并无明显上升或者下降的规律。但是对于珠光体钢，表 3-2 所示的力学性能数据反映出冷却速度越快，依次得到珠光体、贝氏体和马氏体，爆口周围的管子强度和硬度明显升高，韧性下降。

短时过热爆管主要发生在水冷壁、过热器上，直接受热辐射的高热负荷部位，以及异物堵塞导致介质流通不畅的部位。由于超（超）临界锅炉的循环倍率为 1，相对于汽包炉较小，水冷壁的质量流速（$\rho\omega$）也相对较小，所以为了保证 $\rho\omega$ 不至于过低就必须采用小口径水冷壁管子，以防止水冷壁的水动力特性不稳定。同时，由于超（超）临界锅炉的压力均非常高，同时温度也有所提高，采用小口径管子可以减小管子壁厚、节省钢材、加快机组的启停速度等，故超（超）临界锅炉水冷壁管子管径相对亚临界锅炉小很多。如某锅炉厂生产的 600MW 亚临界锅炉水冷壁规格为 $\phi60\times6.5$mm，而超临界锅炉螺旋水冷壁管子规格为 $\phi35\times6.5$mm，垂直水冷壁管子规格为 $\phi32\times8$mm，过热器的管子规格为 $\phi38\times8$mm。有的超临界锅炉在汽水系统内为了根据热负荷调整汽水流量的分配，保证过热器系统的水动力特性稳定，减少管屏间的热偏差及管子的壁温偏差，还采用了节流孔圈设计，该设计增加了水冷壁、过热器管子堵塞的可能性。如果锅炉在制造、安装过程中控制不好，系统内存留杂物较多（见图 3-10），而这些杂物又在机组的冷热态冲洗、化学清洗和蒸汽吹管过程中不能从系统中清除，这些杂物将可能堵塞受热面管子，从而引起管内质量流量减小，由此引起管子超温过热而爆管。一

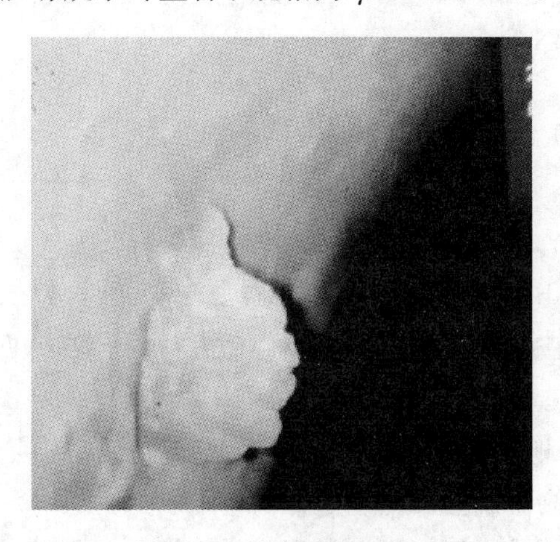
图 3-10　集箱内异物

般来说，在机组启动试运过程中出现爆管多为杂物堵塞管子而引起的。

虽然再热器管径较大，但是短时过热也会发生在再热器上，例如锅炉启动时发生水塞的部位和氧化皮脱落导致堵塞的部位。另外，再热器、过热器管屏有几十米的高度，相对于过热器，再热器的压力较小，汽流很难将氧化皮或异物带走，因此再热器的下弯头也会发生异物堵塞。

综上所述，不管发生在哪个部位的短时过热，其根本原因都是堵塞造成管子内部无介质冷却，温度快速升高，金属高温强度急剧降低，发生爆管。

不论是长时过热还是短时过热，都是由于管壁冷却不足、温度升高而导致的。需要指出的是，实际上过热爆管往往都不是单一的失效模式，通常在发生短时过热爆管前，管子已经经历过一段长时过热的过程，这个阶段会出现蠕变损伤的特征；并且伴随着氧化皮的增厚，会出现传热不良、冷却不足、超温过热、加速氧化的恶性循环。最终氧化皮在某些偶然因素的影响下发生脱落，堵塞管子，导致短时过热爆管。因此该类过热爆口的宏观形貌往往兼具长时过热和短时过热特征，爆口张口的大小与失效模式有关，还与超温的温度、材料的强度、脆性有关，不能简单定性为某种单一的失效模式。必须通过失效分析，最终确定哪种失效模式占主导作用，查清失效的原因，采取针对性的防范措施。

过热失效的原因是多方面的，如错用材质；炉内局部热负荷过高，如燃烧方式不合理，启动时火焰中心偏移；汽水循环不良，有异物堵塞管子，如焊瘤、焊渣、眼镜片、减温器套筒碎片或工具等；汽水分配不均匀，循环不正常，汽水流动不均匀，蒸汽流速低或水塞；内壁积垢或腐蚀产物过多，如锅水内带有氧化铁、氧化铜和其他杂质，会在水冷壁的蒸发段沉积，进入过热器的饱和蒸汽中带有水，造成结垢，内壁结垢影响传热性，使管壁温度明显升高；温度控制、温度调节不准确等，以致受热面管子发生过热爆管。

值得注意的是，本节中所提到的“过热”与热处理中的概念完全不同。管壁在高温烟气中受热，如果得不到可靠的冷却，其壁温超过钢材最高允许工作温度，就称“过热”。而热处理中的“过热”概念，是指温度超过 A_{c3} 线，材料已经发生充分相变，使奥氏体晶粒迅速长大，以致零件力学性能显著下降。

第四节　腐蚀与氧化

腐蚀与氧化都是受热面管子与外部介质发生化学反应，产生裂纹、减薄、氧化皮、脱碳等危害，导致管子强度不足而发生爆管。其中氧化皮的生成不仅会导致管壁减薄，更严重的是氧化皮的脱落会导致管子堵塞，造成过热爆管，因此腐蚀和氧化有时不会直接导致爆管，但会诱发其他的失效模式。

按腐蚀发生的部位，可分为水侧腐蚀和烟侧腐蚀。水侧腐蚀包括氧腐蚀、氢腐蚀、应力腐蚀、晶间腐蚀与氧化等；烟侧腐蚀包括高温腐蚀和低温腐蚀。

水侧腐蚀爆管的原因是多方面的，但无论哪种水侧腐蚀，机理都是腐蚀介质先破坏管子内壁一层致密的钝化膜，使腐蚀介质与金属基体发生反应，生成腐蚀产物。正常情况下腐蚀产物应该被锅水带走，不会与钢继续反应，但是当水质变差、运行时间较长、产生的腐蚀产物较多时，就会附着在管壁形成垢。由于金属基体的温度很高，腐蚀介质在垢下浓缩，会形成垢下腐蚀，进一步加剧金属腐蚀。因此受热面的腐蚀初期通常都伴随碱性腐蚀、酸性腐蚀和垢下腐蚀的机理，会破坏内壁钝化膜和形成高浓度腐蚀环境，使某些局部区域满足持续腐蚀的条件，诱发氧腐蚀、氢腐蚀、应力腐蚀等各种腐蚀，最终发生腐蚀爆管。

烟侧腐蚀的原因主要是燃料中含有大量腐蚀性介质，在外部高温烟气的作用下，渗入金属表面发生化学、电化学反应，导致高温腐蚀、低温腐蚀引起管壁减薄，最终强度不足发生爆管。烟侧腐蚀失效都是减薄失效。

一、氧腐蚀

氧腐蚀是一种电化学腐蚀，其原理是受热面管内壁的氧化铁保护膜因水质恶化和热加工等原因被部分破坏，露出的铁与水中的氧形成腐蚀电池，铁的电极电位总是比氧中的电极电位低，铁从阳极溶解析出铁离子与溶解氧反应，生成 $Fe(OH)_2$。其腐蚀机理如下：

阳极反应　　$Fe \rightarrow Fe^{2+} + 2e$

阴极反应　　$O_2 + H_2O + 4e \rightarrow 4OH^-$

二次反应　　$Fe^{2+} + 2OH^- \rightarrow Fe(OH)_2$

$Fe(OH)_2$不稳定，使反应继续进行，最终产物主要是 Fe_3O_4。腐蚀产物堆积在阳极上，形成氧化铁垢，在高温下沉积物内的氧浓度不断提高，形成垢下腐蚀，导致管内壁的铁被逐步溶解，加剧了金属表面的腐蚀，导致管壁减薄，强度不足导致爆管。爆口特征与减薄爆口类似，减薄主要发生在管子内壁。

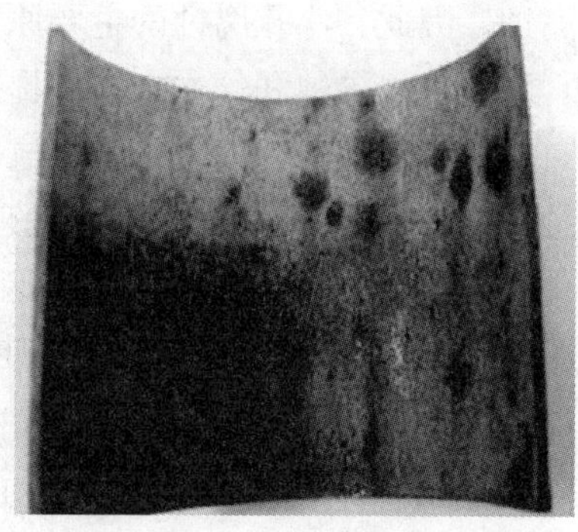

图 3-11　氧腐蚀宏观形貌

氧腐蚀宏观形貌为溃疡型均匀腐蚀或小孔型局部腐蚀，如图 3-11 所示，其腐蚀产物主要是铁的氧化物，可采用扫描电镜检测，如图 3-12 和图 3-13 所示。氧腐蚀不会对材料的金相组织和力学性能产生影响。

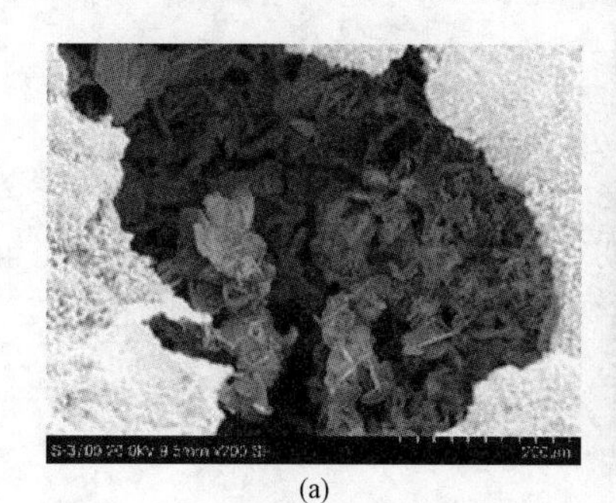

(a)

(b)

图 3-12　氧腐蚀产物的扫描电镜图

(a) 低倍；(b) 高倍

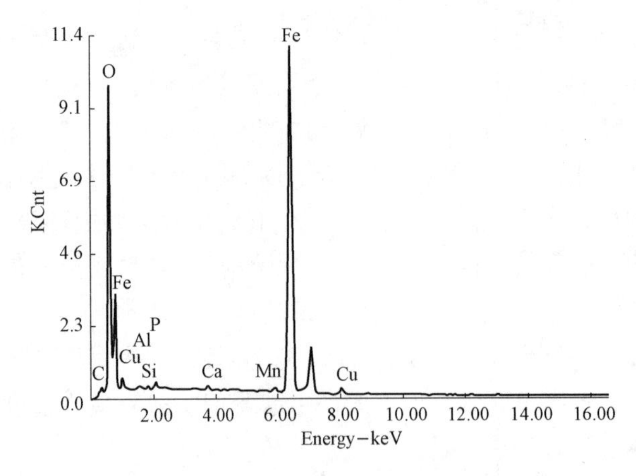

图 3-13 氧腐蚀产物的能谱分析谱图

影响氧腐蚀的因素有溶解氧、pH 值、水温、水质、热负荷、水流速度，其中溶解氧、pH 值是两个重要的影响因素。溶解氧浓度的增加，会加快金属腐蚀速率；pH 值呈酸性或者碱性时，会导致钝化膜的破坏，加速金属基体与 H、O 反应，加剧腐蚀速度。

氧腐蚀主要发生在省煤器、水冷壁上，水流速度较低的位置易发生溃疡型均匀腐蚀。如省煤器入口集箱附近，水流较快的位置易发生小孔型局部腐蚀，氧腐蚀则发生在孔洞内。氧腐蚀在停运和运行期间均可发生，停炉期间水不流动，会加剧均匀腐蚀。氧腐蚀会导致金属管壁变薄，结生水垢，高温高压环境下沉积的水垢层下的锅水会急剧蒸发，形成高浓度的酸性或碱性环境，加剧氧腐蚀。水流较快时，水垢不易沉积，但是活性阴离子在某些点上首先破坏了氧化膜，造成局部金属表面发生阳极溶解，形成小孔；腐蚀介质在小孔内继续浓缩、富集，使孔内溶液浓度增加，由于压力作用进一步向纵深发展，形成小孔局部腐蚀。因此，小孔腐蚀的主要原因也是氧腐蚀。

随着机组参数和给水水质的提高，给水处理工艺也在不断发展和完善。需要注意的是，目前采用加氧处理是否会造成氧腐蚀的加剧。发生氧腐蚀的原因是氧与基体铁直接接触发生电化学反应，锅炉给水处理的目的是要保护铁在水溶液中不受腐蚀，就要把水溶液中铁的形态由腐蚀区移到稳定区或钝化区，如图 3-14 所示。加氧处理［OT、AVT(O)］的方式是使铁进入钝化区，使铁基体不能接触到水中的氧，这是一种阳极保护法。

二、氢腐蚀

酸性条件下与金属反应产生的氢，在锅炉受热面高温高压的环境下，渗入金属内部与钢中的碳化物发生化学反应，使钢脱碳，力学性能下降；生成甲烷，在钢内部集聚形成巨大的局部压力，使材料开裂或者鼓包。

氢腐蚀是一种氢损伤模式。氢损伤分为两个阶段。第一阶段在一定的温度压力下，原子态的氢进入钢中（对于碳钢，温度大于 250℃，氢分压大于 2MPa），使晶格应变增大，降低韧性，引起脆化，称为“氢脆”。该阶段氢还未与碳化物发生反应，没有改变钢材的组织状态，是一种物理

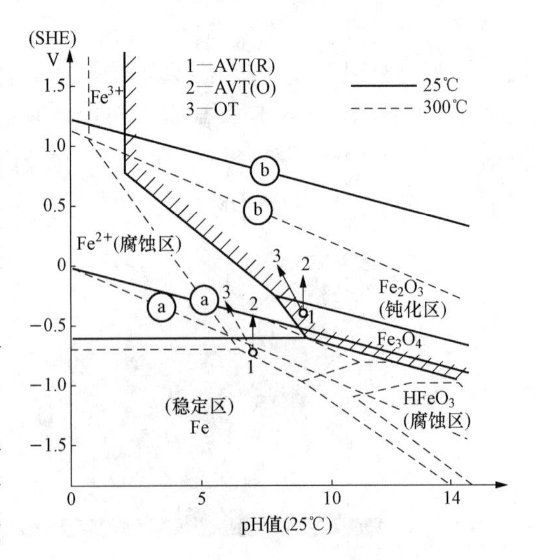

图 3-14 不同温度下铁-水体系电位-pH 值平衡图

损伤。

第二阶段，原子态的氢与钢中的碳化物发生化学反应，即

$$M_xC_y + H \rightarrow M + CH_4\uparrow$$

该化学反应使管子内壁组织发生脱碳，不稳定的碳化物分解，生成的甲烷气体（CH_4）在晶界间积累形成很大的应力，使晶界沿晶开裂，形成沿晶裂纹，使钢力学性能急剧下降，该阶段称为“氢腐蚀”。

无论在第一阶段还是第二阶段，氢分子或甲烷气体扩散到钢内空穴，由于不能在钢中扩散，就会积累形成巨大内压，都会引起钢材表面鼓包，称为“氢鼓包”。

氢腐蚀一般发生在水冷壁内壁、向火侧高负荷区域、燃烧器附近、折焰角以下区域等；爆口呈天窗型，爆口边缘粗钝，无明显减薄，无明显塑性变形和胀粗现象，呈脆性断裂特征，如图 3－15 所示；管壁内表面有明显腐蚀区域，可见附着有腐蚀产物、腐蚀坑，以及金属剥落、分层现象，有时爆口附近内表面会出现长度和深度不一的开裂现象。

氢腐蚀微观特征为背火侧金相组织无异常，向火侧金相组织存在分层，内壁侧金相组织脱碳严重，未见黑色片层状珠光体组织，脱碳的铁素体晶间存在大量微裂纹，呈网状分布，沿晶扩展。如图 3－16 所示，从内壁向外壁微裂纹逐渐减少，珠光体逐渐增多，根据腐蚀程度的不同，有时外壁附近会出现正常的铁素体＋珠光体组织。氢腐蚀微裂纹内部无氧化物也是重要特征。

图 3－15　氢腐蚀爆口典型宏观形貌

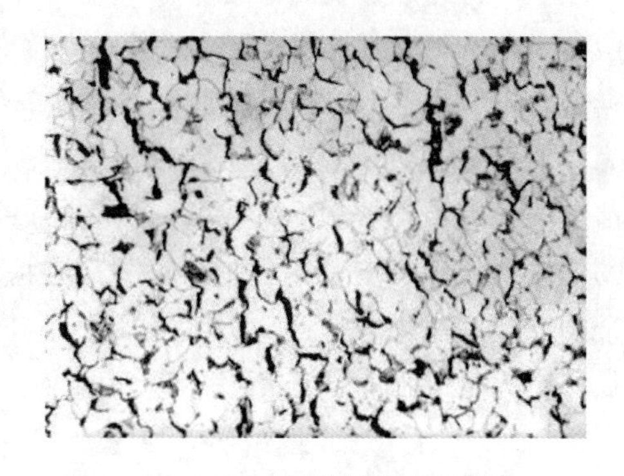

图 3－16　氢腐蚀微观组织

由于产生脱碳和微裂纹，材料的强度和塑性（断后伸长率）均出现明显的下降，低于背火侧力学性能，甚至低于材料标准要求。

锅炉受热面，特别是水冷壁一旦产生氢腐蚀，被腐蚀的水冷壁管往往是大量的，而不是局限在某单一的管段。在以后的运行中，被腐蚀的水冷壁管就会随机发生爆管，严重影响电站锅炉的安全运行，一般发生氢腐蚀后的水冷壁管都需要进行大面积换管，以彻底消除安全隐患。

发生氢腐蚀的原因主要是不合格的水质。造成水质劣化的原因是多方面的，如水处理不到位、机组运行不稳定、机组检修期间水汽系统腐蚀、启动冲洗不彻底、凝汽器泄漏、精处理旁路门不严等。为避免发生氢腐蚀，首先应全面开展汽水品质监测，保证水质良好。

三、应力腐蚀

金属敏感材料在特定腐蚀介质和恒定拉应力（工作应力和内应力）同时作用下发生的脆性断裂现象，英文简称 SCC，常在设计压力范围内发生，无明显的预兆，是一种危险的失效形式。应力腐蚀必须满足三个条件，即敏感材料、特定的腐蚀介质、拉应力。

1. 敏感材料

几乎所有材料在特定的腐蚀介质条件下都有应力腐蚀敏感性。对于受热面材料，碳钢和低合金钢的应力腐蚀介质包括氢氧化钠、三氯化铁溶液、海水等腐蚀，因此对于碳钢和低合金钢制造的受热面（主要是水冷壁）来说，在某些可能出现碱浓缩的部位会发生“碱脆”，这是一种应力腐蚀开裂形式。奥氏体不锈钢的应力腐蚀介质包括氯化物溶液、高温高压含氧高纯水、海水、H_2S 水溶液等，因此对于奥氏体不锈钢在含氯的溶液中，会发生应力腐蚀脆性开裂，也称“氯脆”。这也是超（超）临界锅炉在水压试验时对氯离子的含量有严格要求的原因，过热器、再热器溢出液中的氯离子含量应小于 0.2mg/L。

2. 特定的腐蚀介质

产生应力腐蚀的介质一般都是特定的，也就是说，每种材料只对某些腐蚀介质敏感，只有特定的腐蚀介质才能引起该材料发生应力腐蚀，而这种腐蚀介质对其他材料可能没有明显作用。要想发生应力腐蚀，材料和腐蚀介质要特殊匹配。

3. 拉应力

发生应力腐蚀必须要有拉应力，拉应力可以是材料承受外加载荷造成的应力，也可以是残余应力、热应力或相变应力。其中焊接残余应力导致的应力腐蚀较多。应力腐蚀可以在极低的应力下产生，如材料屈服强度的 5%甚至更小，拉应力越小，断裂时间越长。

应力腐蚀失效过程分为裂纹形成和裂纹扩展两个阶段，在金属表面无裂纹、无缺陷的情况下，裂纹形成较为缓慢，一般占总失效时间的 90%。裂纹一旦形成，在腐蚀介质的作用下快速扩展，达到临界尺寸后在应力作用下失稳，瞬间断裂。整个时间取决于合金的性能、腐蚀环境及应力大小，短则几分钟，长可达若干年；应力降低，失效时间延长，应力足够低时甚至不发生应力腐蚀。

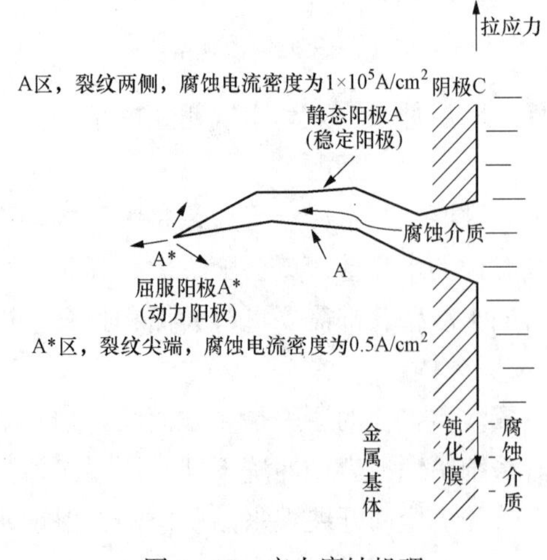

图 3-17　应力腐蚀机理

关于应力腐蚀失效的机理有多种理论，它们虽然都能解释应力腐蚀的某些现象，但没有一种理论可以解释所有应力腐蚀断裂的现象。对于锅炉受热面，应力腐蚀机理更接近保护膜破裂机理，如图 3-17 所示。金属表面由钝化膜覆盖，并不直接与腐蚀介质接触，在应力较高的部位，腐蚀介质（Cl 离子或者 NaOH 等碱性物质）使局部保护膜破裂，与基体金属发生接触反应。该处的电极电位比保护膜完整的区域低，发生阳极快速溶解，腐蚀到一定程度又形成新的保护膜，但在拉应力的作用下又可能重新破坏，发生新的阳极溶解。这种保护膜形成-破裂的反复过程，就会使腐蚀向纵深发展，最后形成裂纹。

如果管内壁由于其他腐蚀导致已经出现点蚀坑，说明钝化膜已经破坏，腐蚀介质会在坑内浓缩，加速腐蚀，因此点蚀坑会大大缩短应力腐蚀裂纹形成的时间。

应力腐蚀爆口的宏观特征是脆性爆口，管子内表面有多条裂纹，主裂纹为横向并有分支，一般垂直于主应力方向，剖开管子发现内壁有未裂透的小裂纹，裂纹从内壁向外壁扩展；其他位置无明显变形，无减薄，表面无明显腐蚀产物。外表面也可能发生应力腐蚀，这与腐蚀介质有关。微观特征是金相组织无明显变化，基体可见腐蚀坑，坑底可见大量裂纹穿透管壁，裂纹一般呈树枝状，有穿晶、沿晶和混合型。裂纹内部有腐蚀产物，可通过扫描电镜能谱探查到氯元素或其他腐蚀元素。应力腐蚀主要是产生裂纹导致开裂，有裂纹位置力学性能急剧下降，临近位置未发生应力腐蚀位置的力学性能无明显变化。

四、晶间腐蚀

晶间腐蚀是奥氏体不锈钢材料在特定的腐蚀介质中沿着晶界发生的一种局部腐蚀。这种腐蚀在管子宏观上无任何变化的情况下，破坏了晶粒间的结合强度，沿晶开裂，导致管子强度不足、突然失效，是一种危险的破坏方式。

奥氏体不锈钢晶间腐蚀的机理被广泛接受和证明的理论是晶间贫铬理论：奥氏体不锈钢具有耐腐蚀特性的必要条件是铬含量必须大于10%～12%。在室温时碳在奥氏体中的溶解度很小，约为0.02%～0.03%，而一般奥氏体不锈钢中的含碳量均超过该值，因此奥氏体不锈钢必须经过固溶处理，将碳固溶在奥氏体中。但是在450～800℃（敏化温度）之间加热时，或者缓慢冷却通过该温度区间时，含碳量超过0.03%的不稳定碳就不断向晶界扩散，并与铬化合，在晶间形成碳化铬的化合物，如$M_{23}C_6$等。由于铬的扩散速度远小于碳的扩散速度，晶界处的铬得不到及时补充，使晶界形成贫铬区，如图3-18所示。当铬含量达不到耐腐蚀特性的必要条件时，晶界就失去抗腐蚀能力，造成晶间腐蚀。

受热面管发生晶间腐蚀的原因如下：

（1）腐蚀介质。使用环境中存在腐蚀性离子，如氯、氧、硫等离子。对于电站锅炉来说，汽水品质得到严格控制，单纯腐蚀介质的原因可能性较低。

（2）材料原因。不锈钢未经固溶处理或稳定化处理，以及不锈钢材料成分中缺少钛、铌等元素。

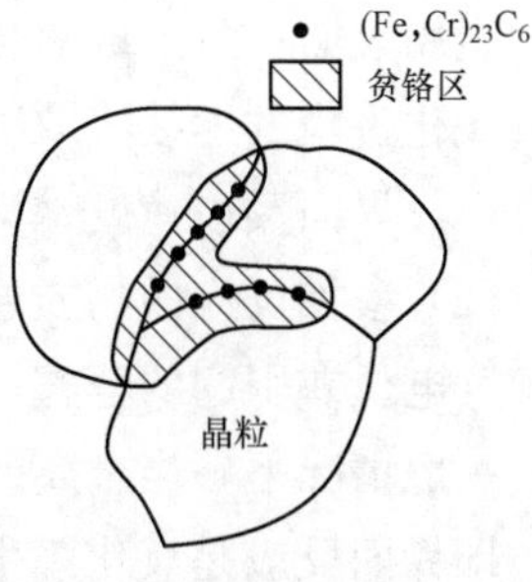

图3-18　晶界贫铬区示意图

另外需要注意的是，受热面管运行温度区间恰好在理论上的敏感温度内，没有普遍发生晶间腐蚀的原因是受热面用的奥氏体不锈钢中采用了尽可能低的碳含量，以及加入了钛、铌等稳定化元素，并进行了固溶处理和稳定化处理，大大改善了材料的抗晶间腐蚀能力。

晶间腐蚀主要发生在奥氏体不锈钢材料的受热面上，管子接触到或者曾经接触到特定的腐蚀介质，特别是氯离子。例如海边电厂受热面管有可能接触到含有氯离子的海水，使用后发生晶间腐蚀。晶闸腐蚀还可能发生在奥氏体不锈钢材料的焊接部位，由于焊接过程加热会导致材料组织变化，如在晶界上析出碳化物或其他相，导致不锈钢不稳定。

晶间腐蚀爆口的宏观特征是管子出现裂纹，主裂纹旁边可见小裂纹，严重时不同位置会发生频繁泄漏。裂纹产生位置与腐蚀介质有关，有可能在外表面，也有可能在内表面。除裂纹外宏观上没有变化，管子无变形，无胀粗，表面无氧化皮。微观特征是裂纹沿晶扩展，主裂纹旁有很多沿晶小裂纹，有的裂纹与外界不连通，金相组织为奥氏体，与基体组织一样，扫描电镜观察爆口，呈现沿晶脆性断裂特征，隐约可见冰糖状花样。

五、高温氧化

蒸汽侧高温氧化主要是围绕电站锅炉目前影响较大的受热面蒸汽侧内壁氧化皮问题进行分析。严格来说，金属的氧化不是一种失效模式，而是金属和氧化性介质发生化学反应生成氧化物的过程，是一种正常的自然现象，几乎所有的金属都会被氧化，是不可避免的。在常温下，金属氧化反应比较缓慢，例如铁生锈，一种很常见的氧化形式。但在高温下，温度提高了金属和氧化介质的活性，使得受热面管与内部高温高压水蒸气更容易发生反应，氧化反应剧烈以致有了破坏性，诱发管壁减薄、传热恶化、氧化皮脱落等问题，导致材料出现蠕变损伤，发生过热爆管，严重影响锅炉安全运行。

一般认为，金属氧化是指金属与氧原子发生反应，金属包括铁以及钢中的铬、镍、钼等元素，氧原子包括氧分子或者氧离子，在管壁外是烟气（氧分子），在管壁内是水蒸气氧离子。因此，管子内外壁发生的金属氧化机理是不同的，即

$$M+O \rightarrow M_xO_y$$

对于超超临界机组，汽水品质得到严格控制，受热面内主要是水蒸气，在450～750℃，水是强氧化剂，内壁氧化皮的生成主要是在高温条件下金属与水蒸气的氧化反应。高温氧化的实质是水蒸气中的含氧离子与金属离子反应生成氧化铁膜，对于火电机组，氧化皮的生成是不可避免的。化学反应式为

$$3Fe+4H_2O \rightarrow Fe_3O_4+4H_2\uparrow$$

金属表面一旦形成氧化膜，由于氧化膜是既能电子导电又能离子导电的半导体，所以其氧化过程的继续将取决于以下两个因素：

（1）界面反应速度。即金属/氧化物界面及氧化物/气体界面上的反应速度。

（2）参加反应的物质通过氧化膜的扩散速度。包括浓度梯度化学位引起的扩散和电位梯度电位差引起的迁移扩散。

一般情况下，当金属的表面与氧开始反应生成极薄的氧化膜时，界面反应起主导作用，即界面反应是氧化膜生长的控制因素。但随着氧化膜的生长增厚，扩散过程起主要作用，继续控制氧化膜生长。

同时氧化膜保护性的好坏取决于氧化物的高温稳定性、氧化膜的完整性、致密性、氧化膜的组织结构和厚度、膜与基体的相对热膨胀系数，以及氧化膜的生长应力等因素。这些因素中氧化膜的完整性和致密性是至关重要的，而这两个因素又与氧化膜的组织结构和高温稳定性有关。

单纯的高温氧化难以引起失效爆管，本身不会引起金相组织的改变和力学性能的劣化，但是会诱发管壁减薄、传热恶化、氧化皮脱落等问题，继而引起其他失效形式的爆管。高温氧化的危害分为下列两个阶段：

（1）第一阶段是氧化皮的生成。影响因素是材料的抗氧化性、温度和时间。不同的材料抗氧化性区别很大，在相同温度下奥氏体钢（包括镍基合金）的抗氧化性强于马氏体钢，强于贝氏体、珠光体钢；材料的晶粒度越大，抗氧化性越好，原因是细小的晶粒提高了 Cr 的扩散路径，有利于保护性 Cr_2O_3 氧化层的生成，抑制进一步的氧化。而影响氧化皮厚度的关键取决于氧化温度，同一种材料温度越高，不论是金属还是介质活性都在提高，氧化速度就越快。因此受热面管子长时过热会急剧加速氧化皮的形成，600、650℃和 700℃情况下的氧化皮随时间的增长曲线如图 3 - 19 所示，氧化厚度随温度和时间的增加，生长速度会越来越快。因此要控制氧化皮生成，需要选用抗氧化性好的材料，严格控制受热面温度不超温。

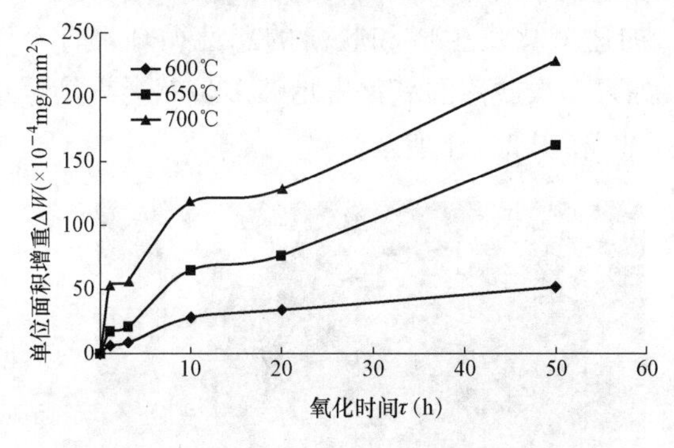

图 3 - 19　氧化皮不同温度下随时间的增长曲线

高温氧化是金属与氧化介质的反应，使金属转变为其氧化物，氧化皮强度低、脆性大，对于承载管内介质压力无益，导致管壁缓慢减薄，提前爆管。

氧化皮的存在使传热性能变差，运行中为了维持蒸汽参数，势必增加壁面热负荷，引起管壁平均温度升高，造成氧化 - 升温 - 加速氧化 - 过热的恶性循环，导致氧化皮增速加快。同时由于管壁超温，引起材料长时过热，蠕变失效。

对于给水加氧处理中的氧气是否会加剧氧化皮的生成，目前有两种观点：一种观点认为加氧处理不会加剧氧化皮的生成。原因是在 450～700℃的温度范围内水的氧化能力大于氧气的氧化能力，由于水分子是偶极子，具有很强的化学吸附能力，所以即使在同等分压条件下，分子氧也很难有机会吸附在金属表面。而在水蒸气中分子氧的分压远低于水蒸气的氧分压，分子氧将不会影响氧化膜的性质。另一种观点认为加氧处理会破坏原有的氧化皮所处环境，促进生成气体的挥发过程，使氧化皮内外层界面上形成空穴，造成外层氧化皮结合强度降低，进而导致氧化皮剥落，引发堵塞爆管。

（2）第二阶段是氧化皮的脱落。影响因素包括氧化皮结构、氧化皮厚度及运行参数变化（膨胀系数）。通常氧化皮按结构分为比较致密的内层（晶石结构不易脱落），以及较疏松、存在孔洞、容易开裂的外层。奥氏体不锈钢通常剥离的氧化物仅仅是磁性 Fe_3O_4，内层的铁铬晶石不易脱落。对于铬钼钢，内外层氧化皮均是磁性 Fe_3O_4，通常一起脱落。在锅炉正常运行中，受热面的温度变化相对较小，不会大量剥落，由于受热面管内的蒸汽流速较高，少量剥落的氧化皮容易被汽流破碎带走，不会对锅炉的运行产生危害。但是当机组启停或温度大幅波动所产生的温差导致金属和氧化皮同时收缩时，氧化皮的膨胀系数与基体钢材差别很大，尤其是与奥氏体材料差异更大，加上氧化皮硬而脆、无塑性，导致氧化皮发生剥落。常见钢材与氧化皮600℃的膨胀系数见表3-3。对于T23等低合金钢，由于氧化皮的膨胀系数与基体接近，所以同等情况下一般不易剥落，但是当氧化皮厚度达到0.5mm以上时，仍然具有脱落的风险。T91材料在内壁氧化皮厚度不超过0.15mm时，其氧化皮与钢管基体结合紧密，而多孔的外氧化皮厚度不高时是不易剥落的。而不锈钢氧化皮很容易剥落，主要是由于氧化皮的膨胀系数与基体差异较大，氧化皮的厚度达到0.05mm就有大量脱落的风险。

表3-3　　常见钢材与氧化皮600℃的膨胀系数

材料	T23	T91	TP304	TP347H	Fe_3O_4	Fe_2O_3	FeO
线膨胀系数（$\times10^{-6}$m/℃）	13.9	12.6	19.1	18.9	9.1	14.9	12.2

氧化皮的脱落最直接的危害就是堵塞管子，脱落的氧化皮沉积在受热面下弯头，导致流通不畅，减少蒸汽流量，冷却不足，加速氧化皮生成和脱落的恶性循环，直至爆管。过热程度取决于氧化皮的脱落情况，如果一次脱落的氧化皮足够多，就会直接导致管子被堵死，造成短时过热爆管，如图3-20和图3-21所示。

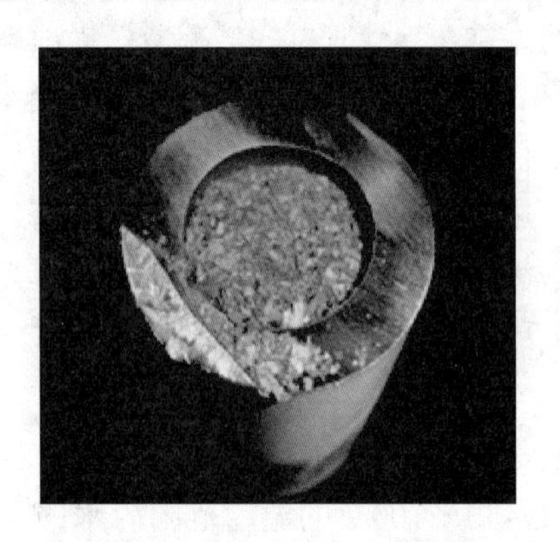

图3-20　脱落的氧化皮堵塞管子

图3-21　脱落取出的氧化皮

受热面高温氧化皮的形成和剥落机理较为复杂，在高温高压作用下，高温段受热面管内氧化皮形成和剥落是不可避免的。但是通过以下措施可以减缓氧化皮的生成，及时消除堵塞的隐患：

（1）合理调整燃烧工况，加强对锅炉主、再热汽温及锅炉各受热面壁温的控制及调整，严格控制管壁温度，防止超温，加速氧化皮的生成。

（2）更换Cr含量高的管材提高金属抗氧化能力，采用细晶不锈钢及内壁喷丸技术，减缓氧化皮的生成。

（3）尽量减少主、再热汽温及锅炉各受热面壁温的大幅度波动，谨慎投用减温水，严格控制锅炉启停方式，防止氧化皮因温度频繁、快速变化而脱落。

（4）利用检修、停炉机会，检查确认下弯头部位是否有氧化皮的堆积，及时清理；测量受热面管外径胀粗判断是否存在超温情况，做到早发现、早处理，防止氧化皮堆积造成的爆管。

（5）谨慎采用给水加氧处理方式，避免氧浓度的提高加速氧化皮的生成与剥落。

（6）监测管内壁氧化皮生成状态，达到临界脱落厚度时，采用化学清洗方式及时清除氧化皮。

六、高温腐蚀

烟气侧的高温腐蚀主要是金属外壁与高温烟气中的腐蚀介质发生复杂的化学反应，腐蚀介质主要是煤中硫化物，所以也称为高温硫腐蚀，主要发生在水冷壁的高温区域。近年来燃煤机组由于环保因素和经济因素的影响，低氮燃烧改造和掺烧高硫煤，使得水冷壁的高温腐蚀现象越来越严重，必须引起重视。

燃煤锅炉的高温腐蚀通常有两种类型，即硫酸盐型高温腐蚀和硫化物型高温腐蚀。

硫酸盐型高温腐蚀机理为：燃烧时煤中含有的黄铁矿（即硫化铁 FeS_2）及硫化物与煤中的碱金属氧化物 Na_2O、K_2O 在高温下发生反应，反应式为

$$4FeS_2+11O_2 \rightarrow 2Fe_2O_3+8SO_2$$

$$S（有机硫化物）+O_2 \rightarrow SO_2$$

$$2SO_2+O_2 \rightarrow 2SO_3$$

$$Na_2O（K_2O）+SO_3 \rightarrow Na_2SO_4（K_2SO_4）$$

碱性硫酸盐、氧化铁与 SO_3 反应形成复合硫酸盐 $2K_3Fe(SO_4)_3$、$2Na_3Fe(SO_4)_3$，在高温条件下，处于熔融状态的复合硫酸盐与管子金属发生反应。这些复合硫酸盐在550～750℃范围内以熔化状态贴附在管壁上，并随着烟气的流动而被带走，造成管壁表面粗糙，并且重复上述的腐蚀反应，周而复始，会发生减薄爆管。由于硫酸盐型高温腐蚀发生在550～710℃的温度范围内，所以过热器和再热器上主要发生硫酸盐型高温腐蚀。

多年的研究表明，大型锅炉水冷壁高温腐蚀大多属于硫化物型高温腐蚀。硫化物型高温腐蚀机理如下：

煤粉中含有的黄铁矿（FeS_2）粉末，随未燃尽的煤粉在水冷壁附近热分解释放出游离态的原子硫及硫化亚铁；当水冷壁管附近有一定浓度的 H_2S 和 SO_2 时，当炉膛内有大量还原性气氛 CO 时，也可以生成游离态原子硫，反应式为

$$FeS_2 \rightarrow FeS+S（原子）$$

$$2H_2S+SO_2 \rightarrow 2H_2O+3S（原子）$$

$$2CO+SO_2 \rightarrow 2CO_2+S（原子）$$

在还原性气氛中，游离态原子硫在管壁温度达到350℃以上时就会与铁发生腐蚀反应，生成的 FeS 还会缓慢氧化而生成 Fe_3O_4，反应式为

$$Fe+S（原子）\rightarrow FeS$$

$$3FeS+5O_2 \rightarrow Fe_3O_4+3SO_2$$

而生成的 SO_2 在飞灰中催化剂的催化作用下，反应生成 SO_3，使烟气中 SO_3 气体的含量增加，引发硫酸盐型高温腐蚀。

H_2S 还会与生成的氧化铁 Fe_3O_4（即 $Fe_2O_3 \cdot FeO$）中的 FeO 反应，破坏致密的氧化膜，加剧腐蚀，反应式为

$$FeO+H_2S \rightarrow FeS+H_2O$$

同时，如果煤粉中存在氯化物，还会伴随着氯化物型高温腐蚀现象出现，生成 HCl、H_2S 气体，并与水蒸气形成腐蚀性较强的酸性气体，与管壁金属氧化膜发生腐蚀反应，从而使金属表面的保护膜遭到破坏，加速对管壁的腐蚀。

从上述高温腐蚀机理认为影响水冷壁高温腐蚀的主要原因为入炉煤硫含量高、高温区形成还原性气氛、未燃尽煤粉冲刷剥落腐蚀层、水冷壁管的壁温高等。

（1）劣质煤的大量使用，煤质含硫量大。水冷壁高温硫腐蚀的重要条件就是高温下生成游离态的原子硫，因此高温腐蚀与燃煤腐蚀性介质呈正相关关系，特别是煤中的硫含量，燃煤硫分越高，高温腐蚀也越强。相关文献及资料显示（煤的收到基硫分含量以收到状态的煤为基准，测定的全硫分含量称为煤的收到基硫分含量，用 S_{ar} 表示，单位为%）：燃煤中 $S_{ar}>1.2\%$ 时，目前燃烧方式下，所有锅炉都会发生较严重的高温腐蚀；燃煤中 $S_{ar}\leqslant 0.6\%$，基本都不会发生高温腐蚀；燃煤中 $S_{ar}\leqslant 0.8\%$ 时，一般不会发生高温腐蚀；燃煤中 $S_{ar}\leqslant 1.0\%$ 时，高温腐蚀一般并不严重，但需排除掺烧高硫煤且掺烧并不均匀；如果低氮燃烧系统效果不好，只能靠减少主燃烧器区域二次风时，高温腐蚀相对也会较严重；在 $1.0\%\leqslant S_{ar}\leqslant 1.2\%$ 时，只有低氮燃烧系统效果较好且主燃烧器区域二次风合适时，才不会发生严重高温腐蚀。

（2）高温区形成还原性气氛。由于分级燃烧，着火延迟，所以未燃尽的煤粉在高温区发生化学不完全燃烧，形成缺氧区。由于缺氧，碳、硫的完全燃烧和 SO_2、CO_2 的形成变得困难，使炉膛壁面附近产生大量还原性气体（CO、H_2S），易发生还原反应，生成更多的游离态原子硫和腐蚀性气体（H_2S、HCl），与金属发生化学反应，引起管壁高温腐蚀。

研究表明，水冷壁向火侧是否存在高温腐蚀的风险，可根据如下标准进行判断：

1）当水冷壁附近气氛中 $O_2>2\%$ 时，可判定基本不会发生高温腐蚀。

2）水冷壁附近 $H_2S<0.02\%$ 时，可判定基本不会发生高温腐蚀。

3）当水冷壁附近气氛中 $O_2<2\%$ 且 $CO>3\%$ 时，或 $H_2S>0.02\%$ 时，则可判定存在发生高温腐蚀的风险，且随着 CO 和 H_2S 浓度越高或 O_2 浓度越低，发生高温腐蚀的风险越高。烟气 CO 浓度在 1%以下的基本不发生高温腐蚀。

当锅炉负荷发生变化时，若运行调整不当，就容易引起燃烧不稳定，产生还原性气氛，或造成烟气冲墙，继而发生高温腐蚀。因此，运行调整不当是引起高温腐蚀的一个主要因素。

另外，采用不易引燃的无烟煤或贫煤，使燃烧过程延长，容易在水冷壁附近形成还原性气氛，加速高温腐蚀。

随着低氮燃烧改造的普及，深度分级配风导致燃烧器附近壁面的烟气成分及管壁温度的明显改变，导致锅炉高温腐蚀的出现也越来越普遍。低氮燃烧技术是根据 NO_x 的生成机理采取低氧燃烧、空气分级燃烧、燃料分级燃烧等，该技术的主要机理就是将燃烧器通过纵向布置形成氧化还原、主还原、燃尽三区，从而实现燃料与配风在炉膛内分区、分级、低温、低氧燃烧，降低煤粉燃烧过程中 NO_x 的生成量。因为增加了高位燃尽风，所以在总风量不变的情况下，二次风量减小，导致煤粉缺氧燃烧，一次风与二次风掺混时间都发生推迟，使得炉内煤粉燃烧过程拉长，炉膛火焰中心上移。未能燃尽的成分随气流上升到上部区域与燃尽风等强烈混合，在该区域开始剧烈燃烧，造成该区域温度高，容易引起过热器超温、结焦和积灰。这个机理恰好造成燃烧器区域产生大量的还原性气体 CO、H_2S 和低的氧量，形成了高温腐蚀的条件，因此降低 NO_x 的低氮燃烧必然导致高温腐蚀加剧。

（3）未燃尽煤粉冲刷剥落腐蚀层。未燃尽的煤粉颗粒随烟气冲刷水冷壁管时，磨损将加速水冷壁管上保护膜的破坏，烟气冲蚀磨损加剧高温腐蚀。

锅炉水冷壁高温腐蚀现象在对冲燃烧和 W 火焰燃烧锅炉上较为突出。原因是靠近两侧的旋流燃烧器出口煤粉易偏向两侧墙，造成煤粉刷墙冲蚀金属氧化膜，并且两侧墙氧量偏低，从而导致煤粉的不完全燃烧，易在燃烧器区两侧墙水冷壁形成较强的还原性气氛 CO、H_2S 和腐蚀性气体，导致两侧墙出现高温腐蚀。目前普遍采取的措施是在两侧墙加装贴壁风，减缓煤粉刷墙，改善壁面还原性气氛，消除高温腐蚀发生条件。

四角切圆燃烧锅炉因燃烧调整不当，造成炉内切圆的偏斜易导致火焰贴墙，直接冲蚀水冷壁，造成冲刷减薄，加剧高温腐蚀。

煤质差导致燃煤粒度增加，煤粉粒度越大，灰分较多的劣质煤对壁面的冲蚀加重，破坏了水冷壁管外氧化保护膜，使烟气中腐蚀介质直接与管壁金属发生反应，使腐蚀加剧。

针对有明显冲刷磨损导致的高温腐蚀，在选择治理措施和喷涂材料时，要区别于单纯的高温腐蚀导致的水冷壁减薄，采用耐磨喷涂材料为主，兼顾防腐材料。

（4）水冷壁管的壁温高。过高的水冷壁管壁温度促进水冷壁高温腐蚀的发生，研究表明，电站锅炉水冷壁的壁温一般在 300～500℃范围内，H_2S 等腐蚀性介质的腐蚀性在 300℃以上逐步增强，管壁外表面温度每升高 50℃，腐蚀程度则增加 1 倍。同时，管子局部壁面温度过高，易使具有腐蚀性的低熔点化合物黏附在金属表面，促进管壁高温腐蚀的发生。因此，水冷壁高温腐蚀部位多在热负荷较高、管壁温度较高的区域，如燃烧器附近。

水冷壁高温腐蚀主要发生在燃烧器区域附近，局部热负荷较高、管壁温度也较高的区域；高温腐蚀爆管特征是减薄爆口，爆口大小根据管径、减薄面积不同，区别较大，呈韧性破坏特征，爆口边缘严重减薄，呈刀刃状，如图 3-22 所示。高温腐蚀是均匀腐蚀，因此除爆口所在管子向火侧严重减薄外，其他水冷壁管向火侧壁厚均出现大面积严重减薄，如图 3-23 所示。外表面有一层很厚的腐蚀产物，呈灰黑或灰绿色，如图 3-24 所示，扫描电镜能谱分析可探查到明显 S 元素，如图 3-25 所示。管子表面无过热、鼓包特征；管子内壁完好，无腐蚀现象；金相组织和力学性

图 3-22　高温腐蚀爆口宏观形貌

能无明显变化。

图 3-23　高温腐蚀向火侧腐蚀形貌

图 3-24　高温腐蚀表面形貌

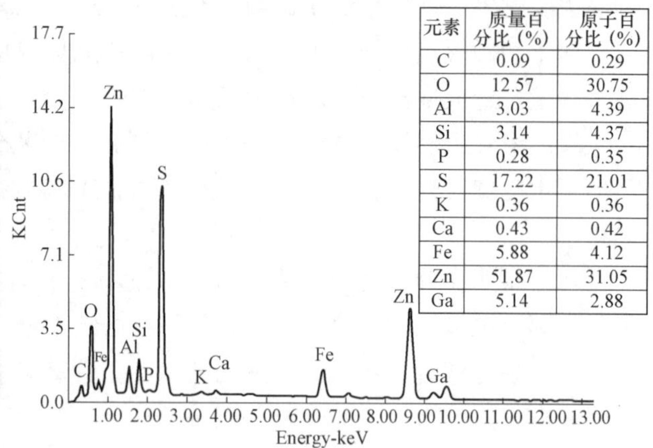

元素	质量百分比（%）	原子百分比（%）
C	0.09	0.29
O	12.57	30.75
Al	3.03	4.39
Si	3.14	4.37
P	0.28	0.35
S	17.22	21.01
K	0.36	0.36
Ca	0.43	0.42
Fe	5.88	4.12
Zn	51.87	31.05
Ga	5.14	2.88

图 3-25　高温腐蚀表面扫描电镜分析

近几年，由于燃煤价格波动，导致电厂成本上升，为了提升经济效益而掺烧劣质煤、高硫煤，以及因环保压力而采用低氮燃烧，都从某种程度上导致高温腐蚀加剧，水冷壁减薄速率加快，引起爆管“非停”事故。因此不从根本上解决煤质和分级燃烧问题，则高温腐蚀的发生就是必然的，目前采用喷涂保护的方法只能减缓高温腐蚀速率，无法从根本上避免。水冷壁高温腐蚀是一个极其复杂的物理化学过程，应综合平衡影响高温腐蚀的各种因素，深入研究其产生原因，加强燃烧调整，合理配风，才是防止水冷壁高温腐蚀的有效措施。

七、低温腐蚀

烟气侧低温腐蚀是指烟气中的硫酸蒸汽在冷却过程中，凝结在受热面的管壁上，形成浓硫酸，腐蚀管子外壁。这类腐蚀温度较低，故称为低温腐蚀。

低温腐蚀的机理为：燃煤中的硫主要以 FeS_2 的形式存在，高温下燃烧生成 SO_2，然后与氧气反应生成 SO_3。随着烟气从炉膛流经过热器、再热器、省煤器和尾部烟道，进入空气预热器，温度逐步降低，烟气中的水蒸气逐渐增加，SO_3 与烟气中的水蒸气反应生成硫酸（H_2SO_4）蒸汽。在进一步冷却过程中，当烟气遇到温度低于某一临界温度的管壁时，烟气中硫酸蒸汽和水蒸气就会在管壁上凝结成液体。由于液态硫酸的蒸发温度高于液态水的蒸发温度，所以硫酸蒸汽比水蒸气先液化，这样就促进了硫酸溶液的浓缩，形成高浓度的硫酸，从而导致强烈的酸腐蚀。该临界温度即为烟气酸露点，所以也称为酸露点腐蚀，反应式为

$$4FeS_2+11O_2 \rightarrow 2Fe_2O_3+8SO_2\uparrow$$

$$2SO_2+O_2 \rightarrow 2SO_3\uparrow$$

$$SO_3+H_2O \rightarrow H_2SO_4\uparrow$$

如果燃料中还含有 NO_x、HCl、HF 等腐蚀性气体，则冷却过程中 HCl 与水生成盐酸蒸汽，NO_x 与水生成硝酸蒸汽，都属于低温腐蚀。

烟气酸露点是指烟气中酸性物质（如硫酸蒸汽等）开始凝结时的温度，烟气露点远高于烟气中水蒸气的露点，并且露点是根据烟气中所含的酸性物质和水蒸气的含量不同而变化的，并不是一个固定不变的温度。资料显示：电站燃煤锅炉的尾部烟道烟气酸露点温度通常在 70～160℃之间，水蒸气的露点低达 50℃，一般不会在受热面上发生结露。省煤器的壁温在 200～400℃之间，壁温常高于烟气露点，通常不会发生低温腐蚀；空气预热器的壁温在 100～300℃，壁温有可能低于烟气酸露点，局部位置可能发生低温露点腐蚀。

从低温腐蚀的机理分析，影响低温腐蚀的主要因素是受热面的壁温和烟气中的三氧化硫含量。低温腐蚀发生的条件是受热面的壁温低于腐蚀介质的酸露点，硫酸等蒸汽才能在金属表面凝结成液态；而腐蚀介质的酸露点并不是一个固定的温度，烟气中三氧化硫含量增加，硫酸蒸汽的含量也相应增加，会使烟气中酸露点明显提高。因此要预防低温腐蚀，即需要提高受热面的壁温和降低烟气中三氧化硫含量。

提高受热面的壁温，使受热面的最低壁温高于酸露点，则硫酸蒸汽不会凝结在受热面上发生腐蚀。但是提高受热面壁温必然导致排烟温度升高，这与降低排烟温度、提高锅炉热效率是背道而驰的，因此采用提高壁温的方法防止低温腐蚀，将会导致锅炉热效率降低。

降低烟气中三氧化硫含量，可采取的措施包括燃用低硫煤，但是由于低硫煤价格高，会增加运行成本；采用低氧燃烧，减少烟气中的过量氧，阻止和减少 SO_2 转变为 SO_3，但是低氧燃烧会加剧水冷壁高温腐蚀；在烟气中加入添加剂，中和 SO_3，阻止硫酸蒸汽的产生，但是会增加运行成本，还要清除中和生成的产物。

因此，从低温腐蚀的机理上，无法采取切实可行的措施防止受热面低温腐蚀，只能从材料上选择耐硫酸低温露点腐蚀钢材。目前认为最理想的材料是 ND 钢（09CrCuSb），其主要的考核指标（70℃、50% H_2SO_4 溶液中浸泡 24h）腐蚀速率不大于 14mg/（cm・h），明显优于其他同类钢种，见表 3-4。

表 3-4　不同钢种主要的考核指标（70℃、50% H_2SO_4 溶液中浸泡 24h）　[mg/（cm・h）]

钢种	ND	CRIR（日本）	1Cr18Ni9	Corten	20G
腐蚀速率	7.30	13.40	21.70	63.00	103.50

但是需要注意的是，ND钢是耐硫酸低温露点腐蚀钢材，不是针对所有类型的腐蚀都有效。低温腐蚀是高温烟气遇到低温受热面，烟气中硫酸蒸汽凝结成高浓度的硫酸。因此，ND钢主要是针对高浓度的硫酸有良好的抗腐蚀性能，而在低浓度的硫酸溶液中，ND钢的腐蚀速率仍然比较高。这主要是因为硫酸在低浓度时表现为酸性，产生氢去极化作用，加剧了腐蚀；而硫酸在高浓度时表现为氧化性，使得金属表面发生钝化，抑制了腐蚀速率。因此，超低排放改造中将ND钢用在烟气再热器（将烟气从50℃加热到80℃）的高温段，此时烟气温度仅为50～80℃，管壁温度为70～100℃；另外，该位置的烟气为饱和湿烟气，带有大量水蒸气，极易凝结成水，在管壁形成稀硫酸的腐蚀环境，与低温腐蚀的机理不同，使用ND钢将导致腐蚀严重。

低温腐蚀主要发生在省煤器之后的空气预热器、低低温省煤器上，但是当燃料含硫量较高，以致烟气中SO_3含量较多、露点较高、且给水温度较低时，省煤器管也有可能发生低温腐蚀。另外，在燃烧腐蚀性燃料的垃圾电站锅炉上，尾部烟道也会发生低温腐蚀。低温腐蚀爆管特征是减薄爆口，爆口大小根据管径、减薄面积不同，区别较大，呈韧性破坏特征，爆口边缘严重减薄，呈刀刃状，如图3-26所示。低温腐蚀是均匀腐蚀，因此除爆口所在管子严重减薄外，其他位置壁厚均出现大面积严重减薄，外表面有一层很厚的白色腐蚀产物，如图3-27所示。

图3-26　低温腐蚀宏观形貌

图3-27　低温腐蚀外壁表面形貌

低温腐蚀不仅会造成受热面减薄泄漏，还会进一步与烟气中的飞灰颗粒和金属受热面腐蚀剥落的铁锈结合引起积灰硬化堵塞烟道，造成负压维持困难，甚至可能导致炉内燃烧恶化或者无法运行的问题。

电站锅炉受热面所处的环境极其恶劣，管外承受近千摄氏度的火焰高温，管内承受600℃左右的温度和超临界压力，以及各类腐蚀性介质，温度和压力增强了金属材料和腐蚀性介质的活性，使得多种腐蚀和氧化机理可能同时发生，还可能相互促进或互为因果，不同腐蚀和氧化的防范措施还可能相互矛盾。只有充分理解这些腐蚀机理，找到主要原因，同时兼顾锅炉经济效率和环保污染等多方面因素，综合考虑，对症下药，才能采取正确的防范措施，避免锅炉爆管等引起的机组非正常停机。

第五节　疲　　劳

金属材料在循环载荷或交变应力长时间的作用下发生的失效，称为疲劳失效，简称为疲劳。对于锅炉受热面在正常工况下运行，疲劳并不是主要的失效形式，因此在设计时，并没有过多考虑疲劳强度。但是随着机组调峰要求的日益苛刻，机组启停速度加快、启停次数增多、参数频繁波动等，导致锅炉部件承受的应力变化次数和幅度增加，会引发疲劳破坏。

疲劳破坏所受的交变应力一般较小，在远小于材料静强度极限的情况下破坏就可能发生，但一般要经历一段时间甚至很长时间，这与所受应力大小和应力循环次数有关。因此通过了解疲劳失效机理可能发生的部位，有可能在疲劳裂纹的萌生阶段，未泄漏前通过检验检测手段，提前发现疲劳导致的微裂纹，及时处理，避免发生锅炉泄漏。

按照应力类型的不同，受热面主要发生的疲劳失效可分为热疲劳、应力疲劳、振动疲劳。

一、热疲劳

锅炉受热面在高温高压下运行，温度随着机组运行调整会经常性变化，材料会根据温度交替循环变化而发生膨胀和收缩。受到约束时，在零件内部就会产生热应力（又称温差应力），温度反复变化，热应力也随之反复变化，从而使材料受到疲劳损伤，称为热疲劳。热疲劳的本质是应变疲劳。热疲劳主要是温度变化导致的循环应变所引起的疲劳，它主要取决于温度的变化幅度、频率，以及金属材料的膨胀系数、弹性模量等因素。热应力大小的计算式为

$$\sigma = \alpha E \Delta T$$

式中　α——材料的热膨胀系数；

E——材料的弹性模量；

ΔT——温度变化的范围。

由该计算式可知，影响热疲劳的因素包括：温度变化的幅度，频率直接影响热应力的大小和疲劳断裂的时间；负荷变化、锅炉启停、壁温波动、吹灰导致的急冷都会造成温度急剧变化，产生长期的交变应力；热疲劳还与材料本身有一定关系，塑性差、强度低的材料热膨胀系数和弹性模量都低，易发生热疲劳。

热疲劳裂纹通常发生在拘束度较大的水冷壁管上、外壁直接受火焰加热的区域、燃烧器附近等，有时与高温腐蚀分布区域高度重合，其他受热面也可能产生该类裂纹，例如高温过热器弯头、省煤器进口集箱附近等。导致水冷壁存在热应力的原因，还有炉膛局部负荷高或受热面冷却不足引起壁温高、炉膛局部结焦与高温腐蚀、蒸汽吹灰带水及吹扫引起的壁温骤降等。当温度骤降时，金属应立即收缩，但受仍处于高温状态的管子限制，金属收缩受阻，此时管子表面形成高拉应力；当管壁温度平衡后，拉应力随之消失，冷热循环冲击往复作用，就会在管子外壁有缺陷、应力集中等薄弱处引发表面裂

纹。然后随着冷热循环冲击的继续，裂纹就会向内壁发展。

该类热疲劳失效泄漏的宏观特征是裂纹均在向火侧，面积较大，裂纹从外壁向内壁扩展，最终贯穿管壁，沿管子横向开裂，爆口附近有大量与主裂纹平行的未裂透的横向丛状裂纹，如图 3-28 所示。裂纹走向以穿晶为主，如图 3-29 所示。爆口及爆口附近无明显变形、胀粗、减薄现象，呈脆性开裂特征。裂纹周围金相组织无变化，但是由于裂纹的存在，管子的力学性能显著降低。

图 3-28　水冷壁热疲劳裂纹典型形貌

值得注意的是，在超临界机组中，螺旋水冷壁的吹灰器孔偏下位置、鳍片终端、应力集中部位，管子长度和弯曲情况不同，造成不同管子的收缩和伸长率也不尽相同，易产生热应力。另外，螺旋水冷壁管子中间的鳍片还有承重下部水冷壁的作用，而吹灰器孔弯管区域的水冷壁管中间没有焊接鳍片，致使鳍片的末端成为应力集中点。应力导致的开裂往往易发生在有应力集中的部位，热疲劳也不例外。该位置的热疲劳裂纹会加速扩展，导致先于其他位置的裂纹开裂，如图 3-30 所示，其纵剖面微观形貌如图 3-31 所示。

图 3-29　水冷壁热疲劳裂纹微观形貌

(a)

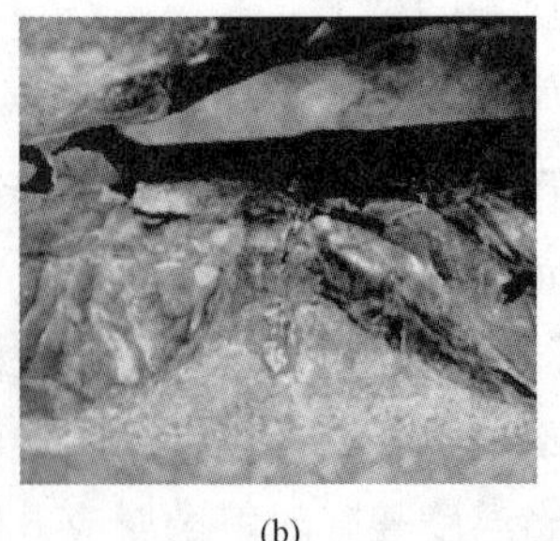

(b)

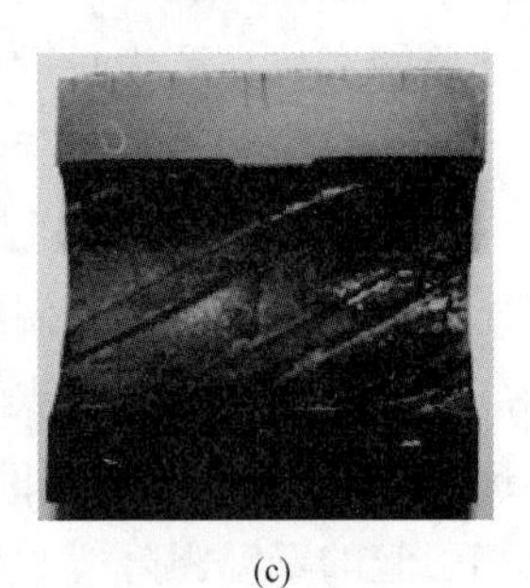

(c)

图 3-30　吹灰器孔下部管子疲劳裂纹形貌

(a) 裂纹位置；(b) 裂纹放大形貌；(c) 裂纹内壁形貌

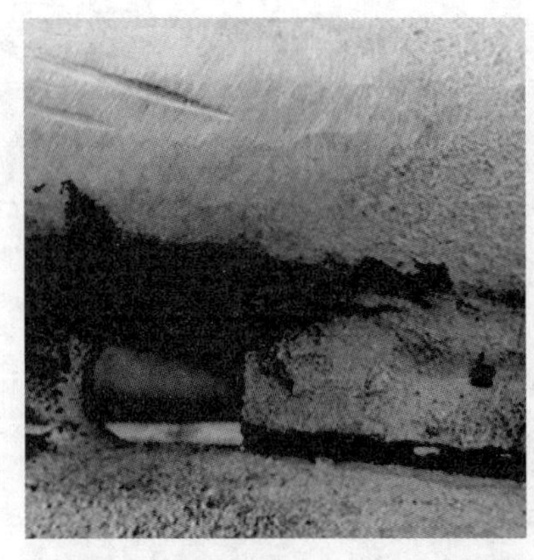
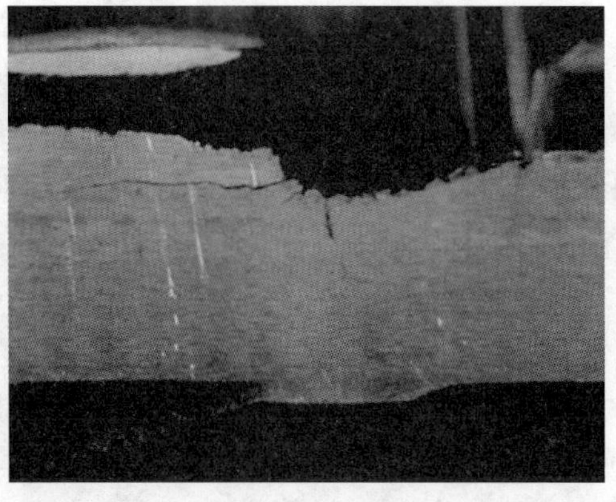

图 3-31　吹灰器孔附近鳍片末端疲劳裂纹及其纵剖面

受热面发生热疲劳通常都伴随着腐蚀疲劳现象。受热面因为所处恶劣环境易受到腐蚀介质的作用，高温烟气中含有大量的硫和其他腐蚀介质，腐蚀介质与外壁金属发生反应，造成腐蚀，易于成为应力集中点和裂纹源。在热疲劳扩展过程中，腐蚀介质渗入裂纹内，导致金属的疲劳强度降低，加速热疲劳裂纹的扩展。由图 3-32 所示裂纹的金相照片可以发现，由外壁向内壁扩展，裂纹平直呈楔形，根部较宽，尖端圆钝，裂纹走向以穿晶为主，也有沿晶扩展，导致裂纹产生分支。裂纹内部沉积大量腐蚀产物，通过电镜面扫描发现裂纹内充斥着大量含有 S、O 的腐蚀产物（如图 3-33 所示），证明了存在腐蚀疲劳的现象。因此，在锅炉受热面的失效模式中，往往不是某种单一的失效模式，应力、腐蚀、疲劳总是相互促进、共同作用导致的结果。当应力不大、腐蚀作用为主时，裂纹尖端圆钝，失效以腐蚀疲劳为主；当应力较大、腐蚀作用较轻时，裂纹尖端尖锐，失效以热疲劳为主。

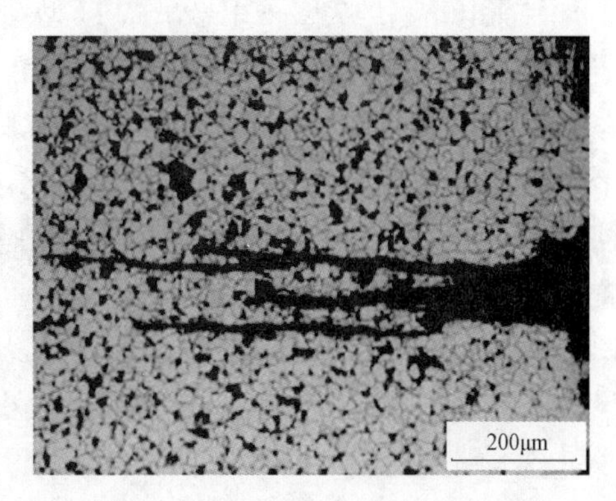

图 3-32　热疲劳裂纹内充斥着腐蚀产物

(a)

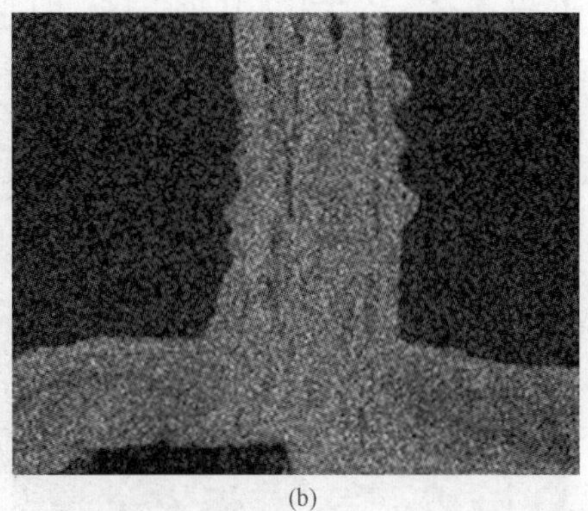

(b)

图 3-33　裂纹处腐蚀产物的能谱面扫描结果

（a）硫的面扫描结果；（b）氧的面扫描结果

另外还有一种网状热疲劳裂纹，与横向热疲劳裂纹不同之处在于材料在各个方向的膨胀和收缩都是一样的，因此不论是横向还是纵向，都会在冷热交替的温差应力下产生热疲劳裂纹。但是对受热面管子的应变来说，纵向比横向应变大，产生的纵向应力就大，因此管子产生热疲劳一般都是横向裂纹，垂直于管子轴向。网状热疲劳裂纹只是形态上有所区别，热疲劳的本质没有变化，但是在受热面上比较少见。

二、应力疲劳

由于管子不间断、频繁地受到外力或者内应力作用，导致受热面在应力集中部位被撕裂的现象，称为应力疲劳。产生应力的原因主要是受热面管膨胀受阻、膨胀不一致，这种应力如果得不到释放，在应力集中部位被放大，往往会产生很大的破坏作用。

应力疲劳断裂因素主要取决于应力大小，膨胀受阻严重时，所产生的应力较大，可能超过材料的屈服强度，也称为应力撕裂，在数次、数百次的交变应力作用下就会发生低周疲劳破坏。当膨胀引起的位移较小时，应力也较小，往往需要几年甚至更长时间，才会导致应力疲劳开裂。锅炉正常运行中温度变化不大，一般产生内应力的频率很小，但是锅炉频繁启停和调峰会大大增加应力交变的频率，加速疲劳破坏。

目前电站锅炉大多采用悬吊式Π型结构，锅炉受热面在启停过程中，由于温度变化需要自由膨胀和收缩，为了不使膨胀受阻，导致在承压部件内产生过大的内应力，设计者总是采取各种各样的热膨胀补偿措施消除膨胀应力的影响。对于悬吊式锅炉，通常都有一个膨胀中心，锅炉启动后，根据温度变化，各个部件开始自由膨胀，但是在设计过程中往往忽视了自由膨胀的重要性，安装时存在较大的随意性，将很多本应使其自由膨胀的位置进行焊接固定，使锅炉受热面在实际运行中出现了较多的应力疲劳开裂造成的泄漏。

例如水冷壁管通过鳍片连接在一起，并且为了保证水冷壁炉膛的刚度，每隔几层还设计有刚性梁固定，使其可弯曲范围较小，但是膨胀量较大，本身补偿膨胀的能力较小，故下端是应该可以自由膨胀的。理想状态下根据温度和材质及高度计算出水冷壁向下的膨胀量应该是一样的。但是实际升温过程中，水冷壁向下膨胀的情况极为复杂，可能出现向下膨胀受阻，或水冷壁受热不均使膨胀不一致，或是管子长度不同使膨胀量不一致，或是刚性梁限制水冷壁的膨胀，种种因素将会在水冷壁管内产生过大的内应力，导致水冷壁撕裂。这种情况在机组投产的前几年会时有发生，运行一段时间后通过维修改造，消除限制膨胀的结构，使应力被释放，会有一定的好转。但是有些设计结构的因素仍然不可避免，例如炉膛四角和燃烧器处的水冷壁管、包覆管等，因受密封板、固定筋板、槽钢的限制和煤粉管道外推力的影响不能自由膨胀；水冷壁下部集箱附近，水冷壁膨胀的末端，弯管结构复杂，存在多方向应力，焊接鳍片限制了膨胀，易在鳍片与管子的应力集中位置发生开裂，如图3-34所示；另外，超超临界

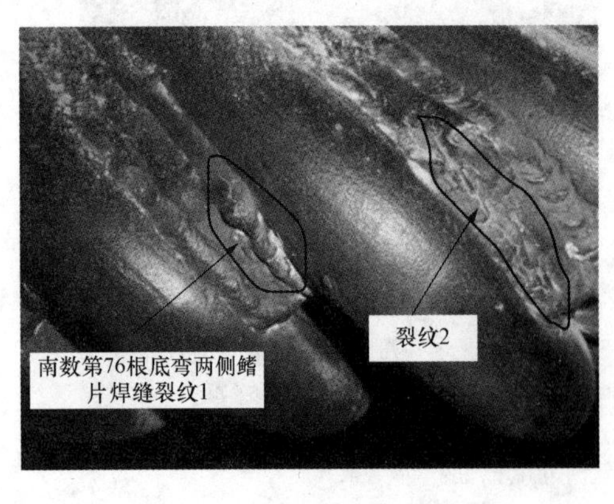

图3-34　应力集中位置

机组为了水冷壁受热均匀，下部采用了螺旋水冷壁，进一步增加了膨胀的不确定性，使其在燃烧器、吹灰器等管子形状复杂的位置易发生应力疲劳。

另外，对于单根的受热面管在炉内是自由膨胀的，每根管子的实际膨胀会根据管子的长度、方向，约束点的位置，温度的差异而不尽相同。但是由于锅炉燃烧工况的复杂性和设计、安装、检修等方面诸多不确定因素的影响，会造成管子受热、变形和膨胀不一致。如果两根自由膨胀的管子被强行焊接在一起，使之不能发生自由位移，就会引起膨胀受阻，产生内应力，在应力集中的薄弱位置出现应力疲劳撕裂。这种现象主要发生在悬吊受热面过热器、再热器管的夹持装置、定位装置、支撑装置等部位，如图 3 - 35 所示。

(a)

(b)

图 3 - 35　低温再热器定位板限制自由膨胀导致应力疲劳

（a）低温再热器定位板结构型式；（b）应力疲劳裂纹产生位置

应力疲劳一般发生在管子连接件焊缝上，在焊缝熔合线位置开裂。无明显的塑性变形，沿焊缝向管子内壁扩展，类似于焊接缺陷导致的开裂。因为焊接连接件时，不均匀的加热必然会引起局部剧烈的温度变化和组织变化，从而在焊接接头中形成一定的残余应力，并产生应力集中；此外，焊缝边缘还易造成咬边、未熔合、未焊透缺陷，热影响区还会产生晶粒粗化，这些原因都会成为管子的薄弱环节。而熔合线及热影响区又是焊接接头最薄弱的区域，如果因为膨胀不畅导致较大的应力，则产生裂纹的部位必然就在焊缝的熔合线上。裂纹沿焊缝粗晶区沿晶扩展，如图 3 - 36 所示，裂纹周边的金相组织不会发生变化，力学性能无变化。

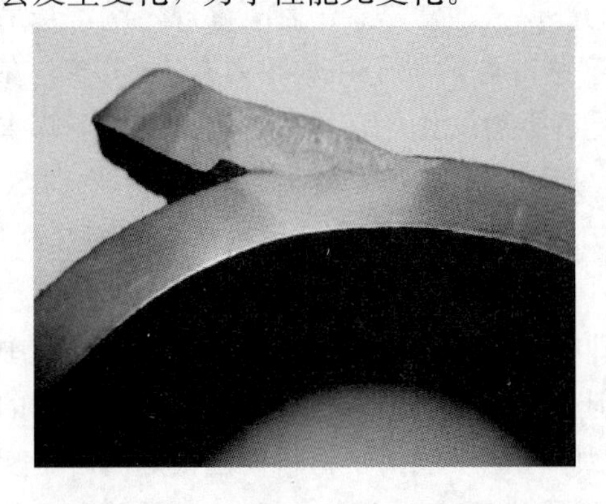

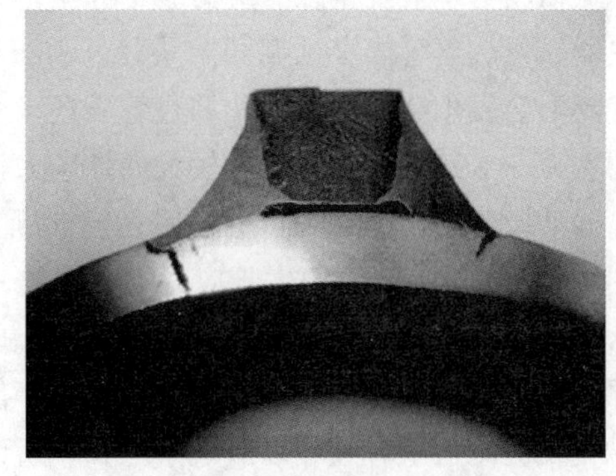

图 3 - 36　膨胀受阻引发应力疲劳导致焊缝开裂宏观特征

消除膨胀受阻的方法是割开约束装置，改为可自由膨胀的固定装置，割开鳍片释放应力，在鳍片上打止裂孔，防止裂纹向管子上延伸。管子与管子之间的固定，切忌采用焊接方式直接连接，要考虑膨胀变形不一致的工况，采用合理的定位装置加以固定，使之能相对位移。只有这样才能降低因膨胀受阻、膨胀不均而产生的附加应力及应力集中，消除应力疲劳撕裂的隐患。

三、振动疲劳

受热面管在运行中由于频繁振动引起的振动载荷作用下，产生了具有不可逆且累积性的损伤和破坏，称为振动疲劳失效。疲劳破坏的时间取决于振动应力的大小和频率。对于受热面来说，产生振动的原因主要包括支吊失效或布置不合理、定位装置松脱、夹持不当、烟气流动和吹灰器吹灰、管子之间相互撞击等，频繁振动导致在管子根部、末端应力集中部位产生疲劳应力，一般应力不大，不会超过管子的屈服强度，但是在应力集中部位会被放大，造成疲劳破坏。频率对疲劳的影响较为复杂，一般来说，频率对振动疲劳影响较大，在一定的频率范围内，疲劳裂纹扩展速率的变化与频率成正比，频率越高，易引发高周疲劳破坏，如果引发共振，疲劳断裂的时间将会大大缩短。

电站锅炉目前均采用悬吊结构，受热面管在炉膛内是自由活动的，在烟气扰动下，会发生摆动、振动，导致振动疲劳失效；锅炉设计者也注意到振动疲劳给受热面带来的隐患，因此采用支吊架、定位装置、夹持装置等，对活动的受热面进行固定，避免受热面在运行中产生振动，导致疲劳失效，效果是显著的，大多数因振动疲劳导致的泄漏情况已经得到有效控制。但是，仍有少部分易发生振动疲劳的因素没有被考虑，导致振动疲劳的发生。

影响振动疲劳的因素主要是振动和应力集中。振动是主动因素，不消除振动载荷，即使通过圆滑过渡减轻应力集中的影响，也只是延长了疲劳失效的时间，最终仍然会发生泄漏。因此必须找到振动的原因，改进受热面设计，采用活动管夹、定位装置或夹持管等设计方案减轻或避免受热面产生振动。当然，由于悬吊锅炉结构的原因及烟气扰动因素的存在，振动因素可能无法完全消除，通过圆滑过渡，减少应力集中的影响，也是延长疲劳失效时间的方法之一。如果最终无法消除两种因素的影响，只能通过加强检查、提前发现、及时处理的方式，避免振动疲劳导致的泄漏隐患。

振动疲劳一般发生在有应力集中和振动的部位，通常是悬吊管下部规定端，悬吊的过热器、再热器管屏穿顶棚固定块处。由于这些部位的管子在炉膛内有10多米，在烟气扰动下会发生摆动和振动，并且管子还承受着重力的作用，悬吊管则承受着下部水冷壁的重力，本身管子也承受着较大的拉应力，所以会发生振动疲劳，如图3-37所示。

振动疲劳断口的宏观特征一般是横向断口，无明显的塑性变形，常出现突然断裂，如图3-38所示。裂纹萌生于应力集中部位、变截面位置等局部应力较高的部位，通常是从外壁向内壁扩展，有疲劳断口的特征，即有疲劳源、疲劳扩展区、瞬断区，其中疲劳源和疲劳扩展区可能观察到贝壳状花纹。但是由于受高温氧化和泄漏后蒸汽吹扫的影响，花纹被覆盖或者破坏以致观察不到，所以瞬断区可能由于材料韧性很好而产生塑性变形。由于通常是应力集中部位开裂，只会在应力最大的部位产生，一般只有一条裂

(a)

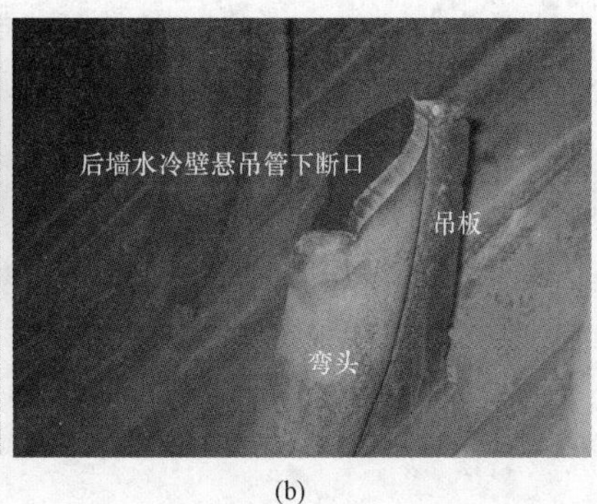

(b)

图 3-37　水冷壁悬吊管振动疲劳断裂

(a) 振动疲劳裂纹产生位置；(b) 断口宏观形貌

纹，以金相显微镜观察，裂纹主要为穿晶扩展，但是如果应力集中部位有焊缝组织，在高温下由于晶间强度弱化，裂纹也可能沿着薄弱的粗晶区扩展导致沿晶扩展形式。裂纹周边的金相组织不会发生变化，力学性能无变化。

热疲劳、应力疲劳、振动疲劳是三种常见的受热面失效形式，不同之处是产生疲劳的应力不同。热疲劳的交变应力来自温差应力；应力疲劳的应力来自膨胀受阻，通常是静载荷和内应力；振动疲劳的循环载荷则来自振动。要预防疲劳破坏，应首先设法消除疲劳应力的来源，但因设备固有特性无法消除时，还可以通过减少应力集中的影响和循环载荷的频率，延长部件的疲劳寿命。

图 3-38　末级过热器管屏穿顶棚固定块下部振动疲劳断裂

疲劳失效通常表现为爆前先漏模式，一般在泄漏初期可能由于漏点不大，不易察觉，蒸汽长时间泄漏后相互吹损减薄，造成较多漏点，也破坏了管子的疲劳特征，不易发现疲劳破坏的宏观特征。另外，应力集中部位通常就是焊接部位，往往将疲劳开裂导致泄漏的原因归咎于焊缝质量不良、原材料质量缺陷或蒸汽吹损减薄等，从而导致误判，忽略了设备存在的疲劳失效模式，制定错误的处理措施。

第六节　磨　　损

磨损是受热面管最常见的一种失效模式，是两种物质相互接触、摩擦、损耗，导致受热面管局部减薄的失效模式，严重时会无法满足强度要求，导致锅炉受热面爆管。按照导致磨损的物质不同，受热面磨损失效主要分为机械磨损、飞灰磨损、吹灰器吹损等。

无论哪种形式的磨损，导致的失效特征都是一样的，即受热面减薄，无法承载内部介质压力时会发生爆管。爆口的宏观特征是减薄爆口特征，爆口边缘严重减薄，尖锐呈刀刃状，为韧性破坏特征，爆口大小根据管径、减薄面积不同而区别较大。磨损一般都是外壁磨损，因此减薄基本发生在外壁，是非常直观可见的失效模式，特征明显易于辨别，很少需要采取更细致深入的检测方法，金相组织和力学性能不会因为磨损而发生变化。与腐蚀不同的是，磨损部位没有腐蚀产物，表面有明显磨损痕迹或者冲刷得比较光滑。

一、机械磨损

机械磨损是指管子与管子之间或者管子与定位连接装置之间的磨损，是金属与金属之间发生的磨损。锅炉燃烧运行中，受热面是要吸热膨胀的，上一节应力疲劳中提到过，为了管子与管子之间能够自由膨胀，管子之间的固定和夹持不能采用焊接方式限制管子的膨胀位移，以避免出现应力疲劳拉裂。因此，为了保证受热面管屏的整齐、平整，防止出现较大的变形，只能采用管夹、垫块、固定板等定位连接装置或者夹持管进行固定和限位，确保受热面管之间可以出现膨胀位移。但是，该方法却会导致管子与管子之间或者管子与定位连接装置之间在运行中出现相对位移，导致磨损的可能性，如图 3-39～图 3-41 所示。

图 3-39　垂直再热器管与固定管箍之间的磨损

图 3-40　高温过热器与定位装置之间的磨损

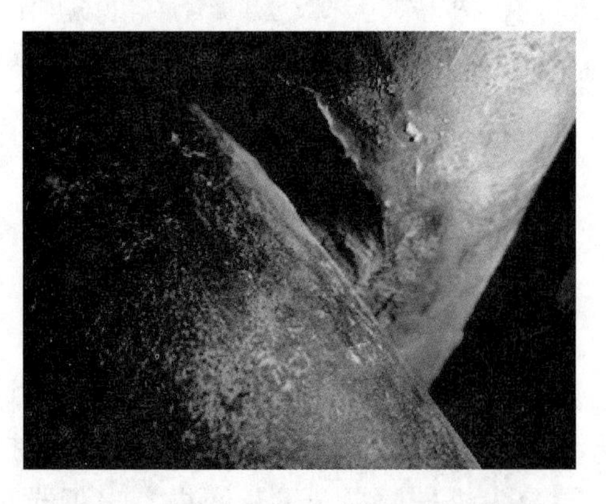

图 3-41　省煤器与悬吊管之间的磨损

由于过热器、再热器、省煤器都采用悬吊结构，管子之间的固定、限位都是依靠管子自身和定位连接装置，数量非常多，因此这种磨损也是十分普遍的，加之运行中管排之间膨胀、晃动的方向、幅度、频率不一致，以及燃烧的不稳定，都会引起相邻金属之间发生位移，产生磨损。一般情况都是材质等级越低、硬度越低的一侧磨损更严重。通常定位连接装置没有工质冷却，设计材料等级较高，一般为 18Cr-8Ni 系列的不锈钢或者更高等级，因此发生磨损时，受伤的往往是受热面管。

机械磨损是发生在两个金属材料表面相对运动的一个复杂的过程。两个金属在外力作用下，金属表面的弹性形变和塑性流动具有极其复杂的物理变化，用下列计算式表征磨损量，发现影响磨损的因素是金属之间的压力和软方材料的硬度：

$$Q = k\frac{NL}{H}$$

式中　Q——磨损量；

k——磨损系数，与接触产生的概率、摩擦副的几何性质、表面膜的破损程度等因素有关；

N——作用于表面的法向力；

L——磨损对象相对移动距离；

H——软方材料硬度。

也就是说，材料硬度越低，两根管子之间压力越大，磨损量越大。高温下金属的强度降低，金属变软，磨损速度加快。管子之间的压应力越大，磨损速度越快，有时3～4年即可磨损2～3mm，甚至更多。通过及时检查，可以发现和及时更换磨损的管子，因此需要加强防磨防爆检查的力度，及时检查管子之间不正常的接触，防止机械磨损导致的减薄泄漏。

机械磨损主要发生在悬吊受热面夹持管与管屏之间、最内圈夹持弯管、悬吊管与受热面之间，以及各种定位连接装置与管子之间的接触点。有经验的检验人员常常可以准确、迅速地发现机械磨损部位，但是有一些不常见的机械磨损仍然会被忽视，需要引起重视。

二、飞灰磨损

燃料燃烧，特别是固体燃料的燃烧，会产生大量固体颗粒，包括未燃烧的煤粉和非金属颗粒 SiO_2、Fe_2O_3 和 Al_2O_3 灰分。一部分固体颗粒被高速流动的烟气携带，频繁、快速地冲击经过的每根受热面管，硬的颗粒以一定的速度和角度对管子外壁进行撞击和切削，使管子外壁发生磨损的过程，称为冲刷磨损；另一部分较大固体颗粒因重力作用直接落入水冷壁冷灰斗斜坡区域，硬的颗粒在与水冷壁管相互撞击、摩擦过程中，使材料表面发生损耗的过程，称为磨粒磨损。管壁由于长期磨损而变薄，强度降低，从而引起泄漏事故。

飞灰冲刷磨损的磨损机理是一部分颗粒正向直接撞击管子外壁，使其产生微小塑性变形和显微裂纹，反复撞击下逐渐导致塑性变形层脱落；一部分颗粒切向冲刷管子外壁，切削掉少量表面金属。综合作用导致飞灰冲刷磨损，两种磨损叠加，冲击角度在30°～40°范围内的金属管壁磨损最为严重。

影响飞灰冲刷磨损的主要因素包括灰粒特性、烟气速度、烟气温度、冲刷的角度等。

（1）灰粒特性。灰粒尺寸越大、浓度越高、硬度越大、棱角越尖锐，对受热面管的磨损越大。灰粒特性取决于燃料特性，包括煤粉细度、燃烧方式、燃烧条件，以及煤粉的掺烧。尤其是劣质燃煤锅炉和掺烧煤矸石的循环流化床锅炉，飞灰中带有坚硬颗粒和SiO_2颗粒的数量很高，含灰量较多，造成飞灰浓度很大，因此飞灰冲刷磨损也就非常严重。灰粒特性是锅炉燃烧的固有特性，一般不易改变。

（2）烟气速度。锅炉烟道中受热面管壁的磨损程度，与飞灰颗粒的动能和飞灰撞击的频率成正比。而灰粒的动能与灰粒速度成平方关系，撞击频率与灰粒速度成正比。因此，管壁的磨损量与飞灰颗粒冲击速度成3次方关系。灰粒的速度取决于烟气的速度，烟气流动速度越高，磨损越重。当烟气速度达到30～40m/s时，磨损会非常严重，几千小时以内就会把管子磨穿。另外，尾部烟道布置的低温再热器、省煤器管屏数量较多，排列较为紧密，加上省煤器容易积灰，导致烟道的流通面积减少，加快了烟气的流动速度；而两侧墙及后墙空隙较大、流阻较小，容易在形成烟气“走廊”，会加重飞灰冲刷磨损。要减轻磨损，降低烟速是有利的，但烟速降低会引起积灰，使对流传热效果变差。因此，烟速的确定，要综合考虑磨损、积灰和传热方面的因素。目前部分锅炉采用膜式省煤器和螺旋肋片式省煤器，采用较大的横向节距，使烟气流通截面增大、烟气流速下降，从而较大程度地减轻磨损，并且提高传热表面积。

（3）烟气温度。烟气温度影响管壁的温度和灰粒的温度。高温区域受热面会产生高温氧化，表面覆有一层坚硬的氧化皮，而灰粒的硬度较小甚至变软，冲击黏附在管壁上，失去了磨损的作用。但是在尾部烟道，温度降低到450℃以下，灰粒的硬度升高，加上流速加快，因此更加重了尾部烟道低温受热面的磨损。

（4）冲刷的角度。当烟气横向冲刷管束时，对于错列布置的管束，第二排的磨损量比第一排要大2倍左右。这是因为第二排的每根管子正对第一排管的两管之间，烟气进入管束后，流通截面变小，而烟气流速加大，使磨损加重。以后各排的磨损量也均大于第一排，但小于第二排。对于顺列布置的管束，第一排磨损较为严重，而后面各排因受第一排遮挡，磨损相对较轻。灰粒对管壁圆周各处的冲击磨损是不同的，对于顺列或错列布置的第一排管，最大磨损位置在迎风面两侧圆心角45°～60°之间。对错列布置的第二排管，最大磨损位置在30°～45°之间。当气流纵向冲刷管束时，磨损情况则较轻，一般只在进口处150～200mm处磨损较为严重。因为此处气流不稳定，气流经过收缩和膨胀，灰粒多次撞击受热面，以后气流稳定后磨损就较轻。对于水冷壁区域的冲刷磨损，不论是四角切圆还是前后墙对冲燃烧方式，未燃烧的煤粉主要以切向冲刷水冷壁，正向直接撞击的煤粉颗粒较少，因此水冷壁管最大磨损位置在30°～40°范围。

飞灰冲刷磨损与烟气侧腐蚀总是伴生的，磨损导致腐蚀层被灰粒磨损掉，暴露的金属再次发生腐蚀，形成腐蚀与磨损交替循环。因此，高温腐蚀和低温腐蚀会导致管子在飞灰冲刷磨损中加速减薄。

飞灰冲刷磨损主要发生在尾部烟道低温受热面区域，特别是存在烟气走廊的位置和水冷壁燃烧器区域，与高温腐蚀区域重合。循环流化床锅炉飞灰冲刷磨损整体上比燃煤锅炉严重，特别是下部卫燃带附近区域的水冷壁，物料颗粒度较大、浓度较高并且扰动强烈；过热器和省煤器也可能存在严重的磨损，因为积灰等因素会形成烟气走廊磨损较严重，如图3-42所示。

图 3-42　烟气走廊导致低温再热器管飞灰冲刷磨损

飞灰磨粒磨损主要发生在超（超）临界机组下部螺旋水冷壁冷灰斗的特殊结构中。在冷灰斗的前墙和后墙区域管束的方向发生了改变，形成一个“变向带”，而该“变向带”的存在会引起特殊的磨粒磨损。磨损机理是较大固体颗粒因重力作用落在水冷壁冷灰斗斜坡位置，当灰粒顺前后墙沿鳍片下滑到“变向带”时，会直接对转弯处的管子进行撞击，导致飞灰颗粒流动方向改变，流动速度增快，与水冷壁管等金属表面发生频繁撞击和摩擦，使水冷壁管在落渣口弯曲区产生很严重的磨损。

飞灰磨粒磨损的影响因素与飞灰冲刷磨损类似，灰粒尺寸越大、浓度越高、棱角越尖锐，磨损越严重。由于水冷壁冷灰斗位置温度低，使灰粒硬度升高，加剧了磨损。

在排渣口转弯区及与侧墙交界处，灰渣产生变向时，相当于飞灰颗粒撞击管壁，在摩擦力和撞击力的共同作用下冲击、磨损管壁，速度越快的颗粒对管子的磨损越大，通常磨损率与灰粒滑动速率的 3 次方成正比。因此，倾斜角度越大的区域，撞击速度越大，磨损越严重，处于排渣口附近的转弯区磨损程度一般比冷灰斗上部的转弯区严重。

从影响因素上分析，飞灰磨损不易从飞灰特性和燃烧方式上进行改进，通常采用被动防范的措施进行防治。一般常用的方法是在易发生磨损的部位进行防磨喷涂、加装防磨瓦、铺设耐磨耐火浇注料，保护受热面管，避免飞灰颗粒直接磨损受热面管；加装导向板、折流板，改变冲刷方向，降低颗粒速度，减轻磨损，效果较好。

三、吹灰器吹损

锅炉因燃烧固定燃料极易产生灰渣在高温下附着于受热面上，堵塞烟道，影响传热，产生垢下腐蚀等问题，严重时会形成大的结焦，影响锅炉安全。因此，为防止受热面积灰，常采用蒸汽吹灰，即利用高速喷射的蒸汽直接冲刷受热面管，从而使受热面上附着的灰渣脱落，达到吹灰的效果。但是频繁吹灰的同时，高压蒸汽会直接冲刷受热面管，有时因蒸汽带水，会加重冲刷力度，造成受热面管严重减薄。同时，吹灰器吹出的蒸汽或水，会夹带着飞灰冲击管子外壁，加速飞灰磨损。

一般来说，吹灰器的蒸汽取自过热器，经减温减压后，温度为 350～450℃，压力为 1～3MPa。短程吹灰器启动后，喷头向前运动到达水冷壁管规定位置的同时打开阀门，侧向喷头按规定的角度旋转规定的圈数后，中断蒸汽供应，喷头退回到初始位置。长程吹灰器略有不同，喷头进入烟道不久就会打开阀门，喷嘴做螺旋运动，边进边旋转并喷射蒸汽，到达指定位置后再退回到初始位置，期间一直有蒸汽吹灰。

吹灰器吹损的机理与飞灰冲刷磨损类似，不同的是冲刷介质主要以高温高压水蒸气为主，夹带一定量的飞灰，有时因疏水不到位，还会有水冲刷受热面。从冲刷介质的特性和能力认为，水蒸气＜水＜灰粒，同时吹灰器增加介质的冲击速度，从而提高了冲击的动能。因此，即使是灰粒，其磨损能力也比飞灰磨损强，另外由于水蒸气的降温，灰粒的硬度也得到了提高。水的动能很大，蒸汽带水对受热面管子的吹损非常迅速，因此必须保证疏水的畅通，从而提高吹灰蒸汽的过热度。

吹灰器吹损导致爆管失效的原因是吹灰器不正常的工作。例如吹灰器卡涩、喷头不旋转、吹灰器断裂等都会使吹灰器集中朝着某个位置的受热面进行冲刷，增加吹损的频率和力度，造成吹损减薄加剧；吹灰蒸汽带水或压力过高增加介质的冲击动能；防护措施不到位，防磨瓦缺失，造成吹灰器直接吹损管壁。该类失效一般与吹灰器维修不良、运行操作不到位、防磨防爆检查不仔细有关，最终失效是薄唇式塑性断裂特征，如图 3-43 所示。爆口周围有明显吹灰器吹损痕迹，吹损痕迹根据冲刷介质不同略有区别，但是都较容易分辨。

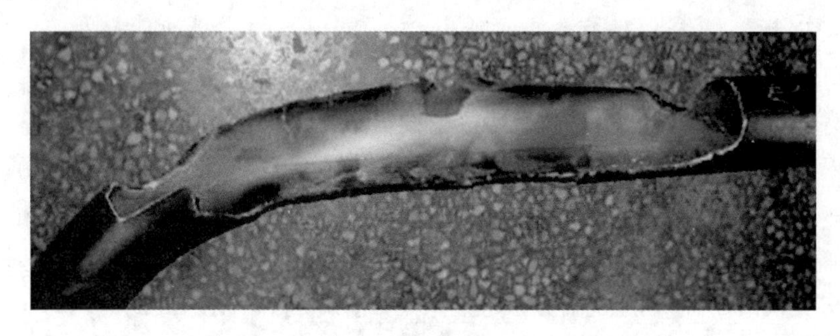

图 3-43　长程吹灰器吹损高温再热器下弯头典型形貌

吹灰器吹损主要发生在吹灰器路径周围的受热面可能被吹损的位置，特别要注意受热面弯头及有吹损痕迹的部位。吹灰器正常吹灰，受热面有防磨瓦保护，不会出现吹灰器吹损导致减薄爆管。

第七节　焊　接　缺　陷

锅炉制造、安装、维修的过程中，焊接是重要的关键工序。所有承压部件的连接都是通过焊接来实现的，但是焊接过程无法实现材料本身的加工工艺，达不到母材的性能，因此焊接接头成为承压部件的薄弱环节。如果焊接质量得不到控制，更易引发各种焊接缺陷，导致承压部件在焊缝位置先行开裂、爆管，影响机组安全运行。

焊接是一个不均匀的加热和冷却过程，必然造成不均匀的化学成分、组织和力学性能，产生复杂的应力，从而引发各种焊接缺陷，导致锅炉爆管。为了减少焊接缺陷导致的设备事故，专业人员在焊接监督过程中应加强过程控制，采用各种无损检验检测手段进行100%检查，能够事先避免和发现很多焊接缺陷，例如错用焊材、咬边、气孔、夹渣、未熔合、未焊透、热裂纹、冷裂纹等。此外，还应不断改进焊接工艺，加强焊接监督。实际运行中因焊缝质量问题引起的锅炉爆管已经得到有效控制，取得了良好的效果。

但是锅炉在高温高压和腐蚀介质中长期运行后，仍然会出现一些因焊接原因导致的受热面爆管“非停”事故。这些事故中有些是不易被发现的，有些则是在运行中产生和扩展的，主要包括再热裂纹、焊接接头应力腐蚀、焊接接头疲劳裂纹、异种钢焊接接头失效、焊接接头蠕变裂纹等。

一、再热裂纹

再热裂纹产生机理分为晶界弱化和晶内强化。晶界弱化是由于钢中含有的杂质元素S、P、As、Sn和微合金化元素B等容易在晶界析出和偏聚而致使晶界弱化，降低晶界强度；杂质越多，再热裂纹的敏感性越大。晶内强化是由于钢中含有Cr、Mo、V、Ti、B等易形成碳化物、氮化物元素的钢和有Ni_3（Al，Ti）相时效强化的不锈钢，在焊接加热过程中固溶强化，冷却时速度较快，来不及析出形成过饱和的固溶体。再加热时，这些碳化物会在晶内析出，弥散分布，沉淀使晶内得到强化，晶内的强化使晶界处于弱势，出现应力时，晶界首先发生弱化。不论是晶界弱化因素还是晶内强化因素，其作用都是促使晶界的临界断裂抗力低于晶内，致使在外力的作用下裂纹优先在晶界处萌生和扩展。要使晶界萌生裂纹，则需要有应力作用在晶界上，只有达到临界断裂应力的部位才优先产生开裂，应力的大小取决于应力的方向和应力集中。

产生再热裂纹的条件是钢材具有再热裂纹敏感性，具有沉淀强化的铬钼钒钢和奥氏体不锈钢较为多见；有大的残余应力，多见于拘束度大的部件的应力集中部位。焊接后重新加热到易产生再热裂纹的敏感温度区间，对于低合金钢为500～700℃，对于奥氏体不锈钢为700～900℃，不同材料不尽相同。

产生再热裂纹的影响因素如下：

（1）材料的影响。每种材料的再热裂纹敏感性都不一样，即使同种材料，化学成分略有区别，也会导致不同批次的材料再热裂纹敏感性不一样。

（2）晶粒度越大，更容易产生再热裂纹。原因是晶粒度越大，晶粒越粗，晶界总面积越小，在应力不变的情况下，会使单位面积晶界所承载力增大，所需要的临界断裂应力就越小，越容易产生再热裂纹。因此，焊缝热影响区的粗晶区最易出现再热裂纹。

（3）拘束度越大，内应力越大，有应力集中部位，越容易引发再热裂纹。焊接过程中强行对口，会造成较大的拘束应力。

（4）焊接热输入越大，将会增大粗晶区，使再热裂纹倾向增大。

（5）预热及后热处理是防止再热裂纹的有效措施之一，但防止再热裂纹比防止冷裂纹需要更高的预热温度或配合后热才有效。

（6）焊后热处理的影响。再热裂纹在焊后热处理过程中并不是必然出现的，焊接热处理后的焊接接头在运行过程中再次施加应力并再次受热的情况下，也会出现。也就是说，焊接热处理后检验没有发现裂纹，不能说明该焊接接头不会产生再热裂纹。在运行过程中还有可能再次出现，符合再热裂纹特征的裂纹仍然是再热裂纹。增加焊后热处理时间可以减轻在运行过程中产生再热裂纹的影响，因为热处理时间延长可以提高碳化物的析出率，减小晶内强化，提高变形能力，但热处理时间太长也会降低材料的强度。

再热裂纹断口特征为：横向断口沿焊缝熔合线开裂，断口平齐，无明显塑性变形，典型的脆性断裂如图3-44所示。金相显微镜观察裂纹开始于热影响区粗晶区，沿晶开

图 3-44　再热裂纹断口宏观形貌

裂；粗晶区组织粗大，具有明显的奥氏体晶界及沿晶微裂纹，裂纹不一定是连续的，萌生于外表面应力集中部位，如图 3-45 所示。通常发生再热裂纹的焊缝硬度较高，焊缝金相组织及管子力学性能无变化。

再热裂纹主要发生在拘束度大的受热面焊缝熔合线上，从集箱出来第 1、2 道焊口、较为复杂的弯管两侧焊缝，以及管壁较薄的再热器管更易出现再热裂纹。原因是相同拘束应力下，管壁越薄，作用于单位面积的应力越大，越容易出现再热裂纹。

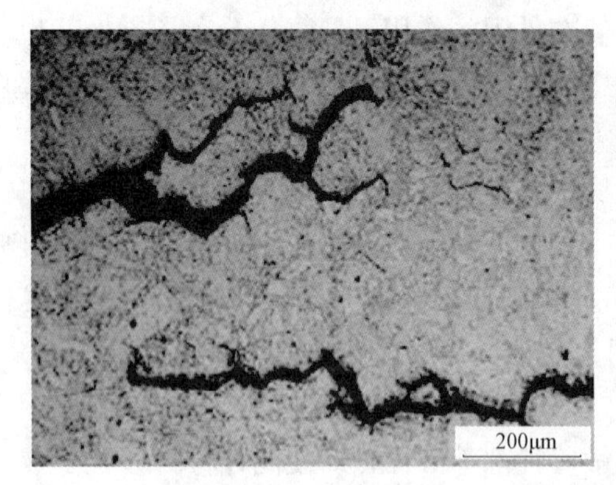

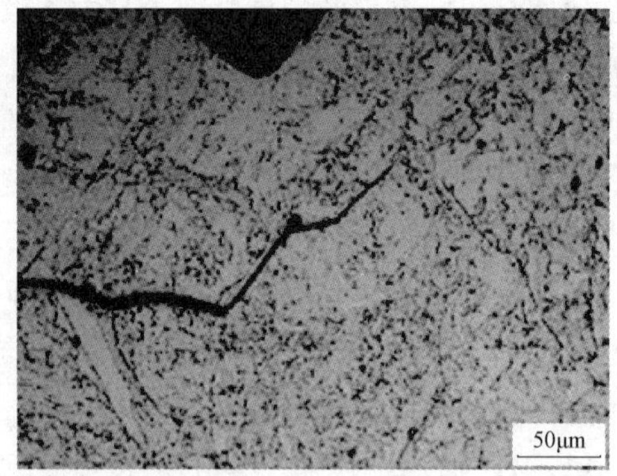

图 3-45　再热裂纹断口微观形貌

再热裂纹并不是产生于安装焊接阶段，焊口即使检验合格，但由于运行温度处于低合金钢再热裂纹敏感温度范围内，在运行中，只要满足产生再热裂纹的条件，就可能产生再热裂纹。要防止再热裂纹，只能从焊接工艺上进行改进，避免强力对口，采用焊前预热、氩弧多道焊工艺，严格控制焊接热输入，避免热影响区组织粗大和因冷却过快而造成焊缝晶界弱化现象；焊后应进行焊后热处理，经过高温回火后，使热影响区碳化物完全沉淀，改善焊缝及热影响区组织结构，提高焊缝韧性，消除焊接残余应力，细化焊缝及粗晶区组织，减少界面应力集中程度，避免再热裂纹产生。

二、焊接接头应力腐蚀

焊接接头应力腐蚀的机理与一般应力腐蚀相同，需要满足特定腐蚀介质和恒定拉应力的条件，焊接接头由于加热温度高，加热、冷却的瞬时性和局部性温度梯度大的特点，常导致组织的不均匀和晶粒粗大等缺陷，以及产生焊接残余应力。因此，对于焊接接头来说，即使在无载荷的条件下，只要存在特定腐蚀介质，就可能产生应力腐蚀裂纹。由于成分和组织状态不可能达到与母材完全一致，造成微观电化学不均匀性，焊接接头的腐蚀电位低于母材，使得焊缝优先于母材发生腐蚀；另外，焊缝位置容易形成应力集中，使局部应力增大，这些都导致焊接接头的抗应力腐蚀能力远低于母材。

焊接接头应力腐蚀多以横向裂纹出现，其他特征与一般应力腐蚀特征一样。

影响焊接接头应力腐蚀的主要因素为焊接产生的残余应力和组织不均匀性导致的材料敏感性增加。预防方式除减少腐蚀介质的影响外，可采用焊接时避免强行对口、优化焊接工艺、焊后热处理消除应力等方式，尽量降低焊接接头的应力水平和组织不均匀性，减少产生应力腐蚀的可能条件。

三、焊接接头疲劳裂纹

焊接接头的疲劳断裂机理与一般疲劳并无本质区别，在焊接接头位置出现疲劳的外因是一样的，都是在交变应力的循环作用下发生的。不同之处是，由于焊接接头存在残余应力、应力集中，热影响区组织差别大，以及焊接缺陷等因素的影响，使得焊接接头成为整个结构中的薄弱环节，导致焊缝处疲劳性能的下降，比其他位置更容易发生疲劳失效。

影响焊接接头疲劳强度的因素包括以下几方面：

（1）应力集中的影响。应力集中主要体现在不同的接头结构应力集中不同。对接接头焊缝与母材尺寸差别小，焊接应力最小，接头余高与母材过渡角越大，过渡越圆滑，应力集中越小。

（2）焊缝金属组织性能变化的影响。材料的疲劳寿命与组织有关，一般细晶疲劳寿命高于粗晶，小线能量实现的焊接接头疲劳强度高于大线能量的焊接接头疲劳强度。

（3）近缝区金属的影响。焊接热影响区内由于组织不同及常温强度不同，通常在热影响区粗晶区有一个强度下降区域，说明该区的弱化对疲劳强度有影响，但应力集中的影响较热影响区的弱化更严重。因此对于疲劳载荷来说，热影响区弱化影响不是主要的影响因素，但对于蠕变来讲热影响区是接头的薄弱区。

（4）热处理及残余应力的影响。焊后热处理可以提高材料的性能，减小残余应力，对疲劳强度是有益的。焊接残余应力一般表现为拉应力，减小残余应力会提高疲劳强度。但是焊后热处理降低了焊缝及热影响区的硬度，同时也降低了材料的室温抗拉强度，而室温抗拉强度与疲劳强度相对应。疲劳强度也会降低，但不会低于母材。因此整体上讲，焊后热处理对提高焊接接头的疲劳强度是有益的。

（5）焊接缺陷的影响。焊接缺陷是疲劳破坏的源，缺陷越大，越靠近表面，危害性越大。对于不同的材料，缺口敏感性不同，缺陷的影响程度也不相同。垂直于疲劳载荷方向的咬边、夹渣、未熔合、裂纹等缺陷对疲劳强度的影响更大。

（6）温度的影响。焊接接头在不同的温度下疲劳寿命是不同的，对P91钢管焊缝和母材来说，温度对疲劳寿命的影响有相同趋势，即温度升高则疲劳寿命下降。但温度对母材的影响更大。

焊接接头疲劳裂纹主要发生在残余应力大的焊缝应力集中部位，通常是热影响区粗晶区，从外表面或次表面开始形成，有咬边、裂纹等缺陷时，从缺陷位置开始扩展；由于焊接残余应力是沿管子轴向的，疲劳断口垂直于应力方向，因此一般断口是横向开裂的，断口平齐，无明显塑性变形，是典型的脆性断裂；瞬断区可能存在塑性变形，裂纹沿焊缝粗晶区沿晶扩展，裂纹周边的金相组织不会发生变化，力学性能无变化。

由于室温抗拉强度和疲劳强度相对应，一般情况焊缝的常温强度高于母材，热影响区强度也只是略低于母材，因此焊接接头的疲劳强度并不比母材低。在焊接接头位置出现疲劳失效的原因主要是应力集中和焊接缺陷的影响。因此，要提高焊接件疲劳性能，只能尽量做到缺陷少，缺口打磨光滑，必要时可以做焊后热处理消除应力，这样能提高焊接结构的疲劳强度。

四、异种钢焊接接头失效

电站锅炉受热面高温段正越来越多地选用奥氏体铬镍不锈钢和马氏体耐热钢，从经济角度考虑，其低温段仍然沿用珠光体、贝氏体型铁素体低合金铬钼耐热钢。因此，随着各个部位工作温度的不同，火力发电机组各部件相应地使用各种不同化学成分和组织结构的钢材，必然会遇到异种钢的焊接问题。在电站锅炉中，常见的异种钢焊接接头有两种类型：一种是奥氏体不锈钢与铁素体铬钼型耐热钢的异种钢接头；另一种是不同化学成分、组织的铁素体铬钼型耐热钢之间的异种钢接头。

焊接后，随着焊后热处理和后续高温运行，碳扩散和迁移会持续进行，温度越高，碳扩散越快。碳迁移经常发生在铬（碳化物形成元素）含量不同的焊接接头中，碳从含铬（碳化物形成元素）量低的一侧向含铬量高的一侧迁移。低合金钢碳化物形成元素少于高合金钢，则在低合金钢侧产生脱碳层，在高合金钢侧产生增碳层。碳在奥氏体中稳定性较铁素体中好，扩散速度慢。镍元素是石墨化元素，能够抑制碳扩散和迁移。碳扩散使得组织薄弱，线膨胀系数的差别又在温度变化的情况下在接头内部产生较大的温差应力，在应力和组织缺陷的共同影响下异种钢接头容易发生早期破坏，其运行寿命与运行温度和应力水平等综合因素有关。

异种钢焊接接头失效的机理包含以下几类：

（1）碳扩散和迁移导致蠕变损伤。在低合金侧的脱碳带上，由于脱碳形成一个软化带，蠕变强度降低，在长期运行过程中，蠕变变形量相对较大，容易形成蠕变孔洞，然后形成蠕变裂纹扩展。随着碳化物的聚集长大（增碳），在碳化物的周围先期产生蠕变孔洞并使材料脆化，有害元素的偏析也会促使孔洞的形成和脆化。脱碳和增碳机理相比，增碳导致蠕变损伤是主要的，因为在长期运行过程中，有些材料的脱碳带会由于母材的碳扩散而减弱或消失。镍基异种钢接头运行长期的失效情况，也是沿着熔合线附近的碳化物相和熔合线附近的原始奥氏体晶界处发生断裂，但比用普通奥氏体填充材料形成的焊接接头寿命要长得多。

（2）热疲劳失效。焊接接头各部位的热膨胀系数差别导致在温度变化时焊接接头各界面产生较大的热应力，易引起疲劳破坏。

（3）蠕变断裂强度不匹配造成开裂。即两侧的母材和焊缝金属的蠕变断裂强度不同，运行过程中各部位的蠕变量不同，接头处形成复杂的应力分部，形成早期的蠕变破坏。

碳迁移是影响异种钢焊接接头寿命的一个重要因素。采用镍基填充金属虽然可有效地抑制碳迁移，但也同样存在着碳迁移现象；碳迁移在焊后热处理温度和运行温度下均会产生。热疲劳失效主要表现在奥氏体不锈钢和其他铁素体钢的异种钢焊接接头上，膨胀系数差异的影响是消灭不掉的，对于碳迁移不十分明显的焊接接头来说，蠕变断裂强度的差别导致的断裂就较为明显。这三种机理都是存在的，在不同的情况下由不同机理起主导作用。

影响异种钢焊接接头失效的主要原因包括：由于碳迁移在低合金钢侧热影响区产生脱碳带，在高合金侧产生增碳层，材料之间的热膨胀系数差别太大导致的疲劳；材料之间的蠕变不匹配；热影响区碳化物的析出；铁素体钢焊缝界面附近奥氏体贫铬导致焊缝晶间腐蚀；残余应力大。

异种钢焊接接头失效的宏观特征是沿低合金侧熔合线开裂，横向断口，断口平整，无明显塑性变形，是典型的脆性断裂，如图 3-46 所示。金相显微镜观察可见裂纹沿晶开裂，低合金侧有脱碳现象，焊缝侧晶界有碳化物析出、聚集、增宽，检测焊接接头显微硬度可发现焊缝硬度因组织差异、脱碳、增碳而有所变化。

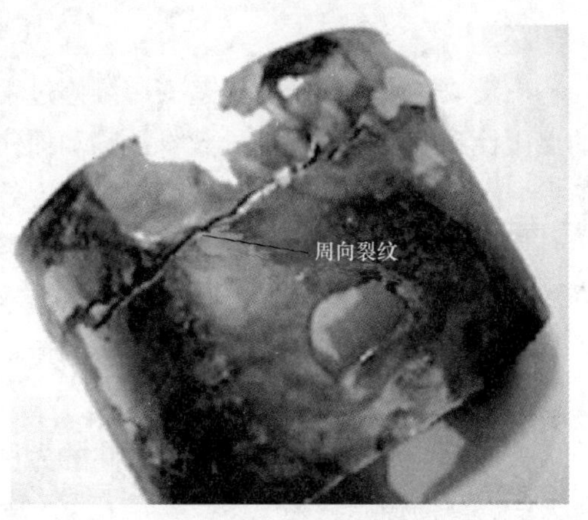

图 3-46　异种钢焊接接头熔合线开裂宏观特征

五、焊接接头蠕变裂纹

焊接接头的蠕变损伤机理与一般蠕变机理是一样的，材料内存在大量空穴缺陷，在应力和温度的共同作用下，空穴发生扩散，聚集在一起形成较大的孔洞，孔洞相连形成微观裂纹，然后形成主裂纹，主裂纹再连成宏观裂纹。区别在于熔敷金属、两侧热影响区及母材所组成的焊接接头化学成分、金相组织不均匀性，使得焊接接头在高温运行中存在较严重的碳扩散和迁移，导致晶界弱化，组织性能劣化；残余应力的存在，使得焊接接头承载的蠕变应力增加，焊缝中的气孔、夹渣缺陷可能成为裂纹源，种种原因都导致焊接接头的蠕变损伤加速。这与异种钢焊接接头中碳扩散和迁移导致蠕变损伤的机理是一样的。

受热面管常见的焊接接头形式为环焊缝，蠕变失效在焊缝外表面表现为孔洞、裂纹，该类焊接接头蠕变裂纹按裂纹出现位置分为四类，如图 3-47 所示。

该类焊缝中发现有环向或纵向的裂纹，热影响区也有这样的裂纹。纵向裂纹的产生与母材蠕变的机理一样，是管内压力造成管子膨胀，环向应力大于轴向应力所致；环向裂纹是由管子承受的外应力、弯曲应力或残余应力导致的。

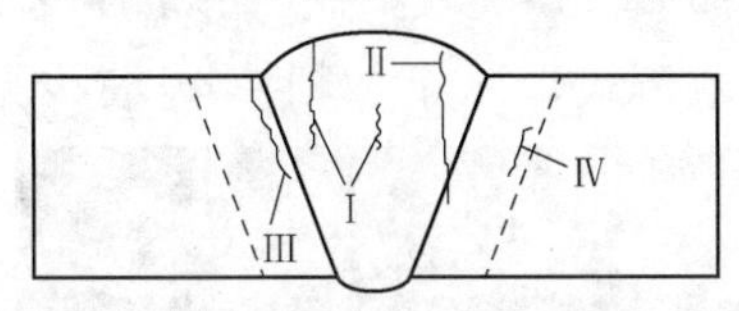

图 3-47　蠕变裂纹分类示意图

Ⅰ型蠕变裂纹：发生在焊缝中，呈纵向或横向；Ⅱ型蠕变裂纹：发生在焊缝中，向焊接热影响区扩展，呈纵向或横向；Ⅲ型蠕变裂纹：发生在热影响区粗晶区；Ⅳ型蠕变裂纹：发生在热影响区细晶粒软化区

运行中焊接接头蠕变损伤的特征是焊缝产生蠕变裂纹，逐渐扩展导致蠕变开裂失效，脆性断口，沿晶断裂，晶界分布有蠕变孔洞，晶面上有大量韧窝，蠕变裂纹多处形核，然后连贯，在主裂纹附近及前端有断续细小裂纹。

本节所介绍的焊接接头失效模式是针对受热面在高温高压下运行，由于焊接接头本身存在的不均匀性、残余应力等原因，易于在焊接接头产生的损伤失效模式。这些失效模式并不是产生于制造阶段，而是在锅炉运行中产生、扩展，严重危害设备安全。因此通过了解该类失效模式的机理，从焊接工作上加以控制，从金属监督上加大检查力度，力求在损伤扩展到失效之前，采用有效的检验检测手段予以发现，及时消除。

第八节　质　量　缺　陷

质量缺陷主要是指在制造安装维修过程中，由于质量控制不严，或者检验检测方法的局限性和缺陷隐蔽性，导致有缺陷和损伤的管子、焊缝没有被发现，在锅炉运行中逐渐发展、扩大，最终导致受热面爆管的失效因素。

质量缺陷都是产生于制造、安装、维修阶段，不是由于锅炉运行中高温高压、腐蚀介质、膨胀应力的作用而导致的，是材料本身在制造时遗留下的原始缺陷。该类缺陷达不到设计的要求，无法满足锅炉恶劣的运行工况，可能提前发生爆管，影响锅炉稳定安全运行。

按照发生位置的不同，质量缺陷分为材质原始缺陷（母材）和维修焊接缺陷。

一、材质原始缺陷

材质原始缺陷爆管是指使用有缺陷的钢材或者达不到设计要求的材料造成锅炉受热面管提前失效。锅炉受热面管对所用钢材性能要求是由运行条件和加工工艺要求决定的，各种钢材都有相关标准要求控制产品质量，但是生产和运行实践证明，国内外生产的钢材都可能偶然产生某种缺陷。白点、发纹、裂缝、折叠、分层、结疤、气泡及夹杂等缺陷均能严重影响钢材的机械性能和热加工成形性能，因此在生产钢材过程中，必须按钢材用途的不同，对上述各类缺陷加以控制。锅炉受热面使用了带缺陷的管材就可能在运行过程中爆管失效。

引起壁厚减少的折叠、结疤、离层，以及严重夹杂、脱碳都属于面积型原始缺陷，如图 3-48 和图 3-49 所示，爆口形态根据缺陷的差异各不相同。理论上，这些缺陷的存在引起管子壁厚不足，在高温和应力的长期作用下，无法承载内部介质压力，加速蠕变，导致的爆管与减薄爆口类似，有明显塑性变形、撕裂。该类缺陷往往都是强度不足导致塑性破坏，而原始缺陷导致的爆管不同于任何失效模式，具有特殊性，非常少见。

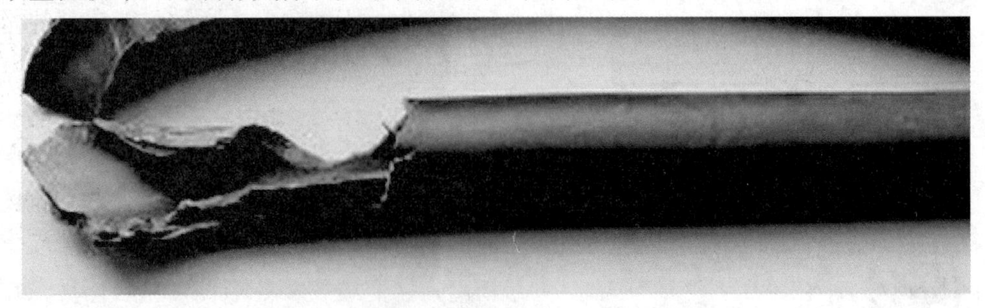

图 3-48　分层缺陷导致爆管（ϕ44.5×9.5mm、TP347H）（一）

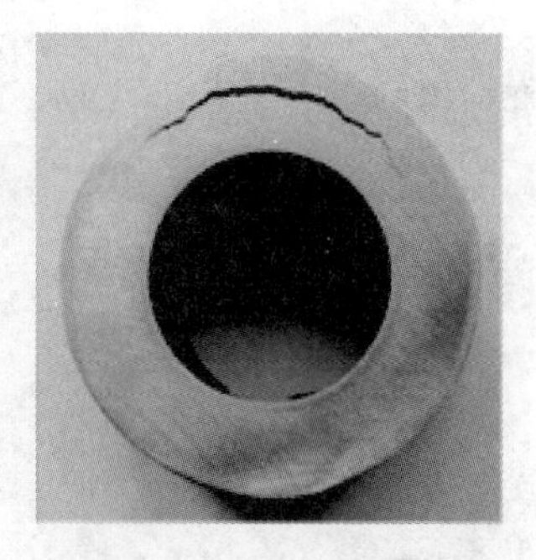

图 3-48　分层缺陷导致爆管（ϕ44.5×9.5mm、TP347H）（二）

裂纹类、机加工产生的伤痕引起线性原始缺陷，如图 3-50 和图 3-51 所示，爆口一般较小，线性缺陷存在较大的应力集中。裂纹在较小的应力作用下就会发生失稳扩展，因此爆口一般有两部分：有缺陷的部分边缘粗糙，无明显减薄，呈脆性爆口特征；没有缺陷的部分呈韧性撕裂。点状缺陷容易引起腐蚀介质侵入缺陷部位形成孔内浓缩，加剧腐蚀，因此类似于点腐蚀泄漏。

图 3-49　管材折叠缺陷

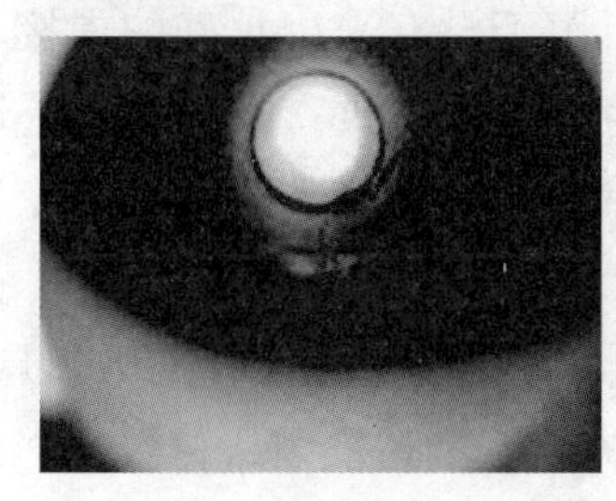
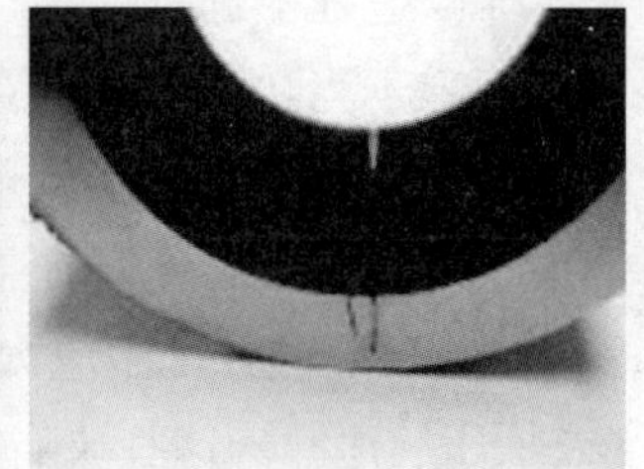

图 3-50　管子内壁裂纹类原始缺陷

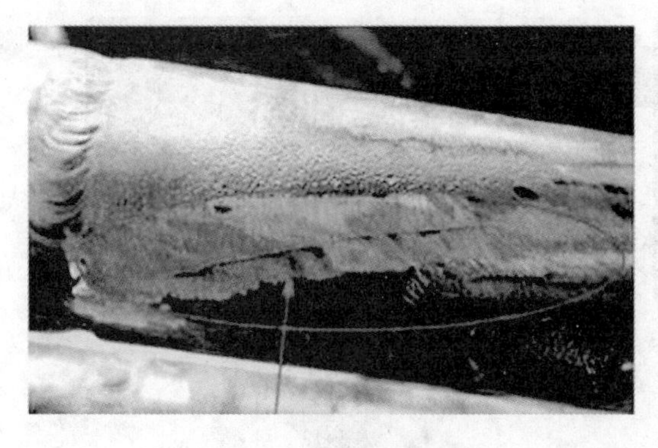

图 3-51　管子外壁线性缺陷

从以上原始缺陷出现的位置看，除了机械损伤，如图 3-52 所示，其他缺陷均存在一个共同的特征，即这些原始缺陷距离管子端头 100mm 之内，也就是基本在焊接接头附近。分析认为，钢管在制造厂要进行流水线无损检测，通常采用涡流检测方法。在涡流检测中，由于工件的几何形状（边缘）急剧改变而引起邻边磁场和涡流干扰，将掩盖一定范围内缺陷的检出。因此涡流检测存在端部效应，对于位于靠近管子端部的缺陷将失去灵敏度，管子端部通常存在着一段盲

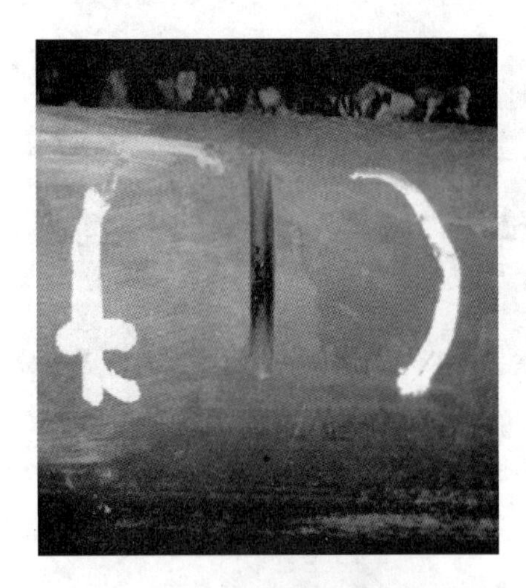

图 3-52　管子机械损伤

区，大约 100mm。钢管涡流探伤都是整根进行的，生产工艺上是先涡流探伤，后切除端部。但是原始缺陷的存在证明，部分钢管在进行涡流检测后没有对端头进行切除，以致漏检的缺陷管被用在了锅炉上引起爆管。

错用钢材往往是指把性能比较低的钢材用到高参数的工况下，使材料长期处于过热状态，发生蠕变损伤失效，导致长时过热爆管，宏观特征和微观组织的变化基本上与长时过热爆管相同。失效分析时对材料进行化学成分分析，很容易发现这种原始缺陷。但是如果失效分析没有对材料化学成分进行分析确认，就可能把错用钢材划分到蠕变损伤失效模式中，认为过热是导致失效的原因，采取错误的防范措施。

当然，一些原始缺陷初期较小，在运行中逐渐扩展的速度很慢，以致几万小时甚至十几万小时才最终导致爆管，此时推断是由于存在原始缺陷导致爆管的逻辑性往往遭到质疑，但是这种偶然性也是存在的。

二、维修焊接缺陷

维修焊接缺陷是指在制造安装维修过程中进行焊接时由于没有采用正确的焊接工艺，或者焊接工艺执行不到位及热处理不当，造成焊缝存在气孔、夹杂、夹渣、未熔合、未焊透、冷裂纹、热裂纹、表面咬边、错口、热处理过热和过烧等焊接缺陷，如图 3-53 和图 3-54 所示；也可能由于焊工误操作导致的管子受损，如图 3-55 所示。该类焊接缺陷的存在成为失效爆管的初始裂纹源，产生应力集中，降低了管子有效壁厚，贯穿性缺陷直接导致管子在上水或承压后泄漏。这些缺陷本应在制造安装维修阶段，通过严格的焊接监督管理和认真细致的检验检测，消除在机组运行之前，但是实践证明，仍然有少量该类缺陷影响到锅炉安全运行，因此必须对焊接工作予以重视。

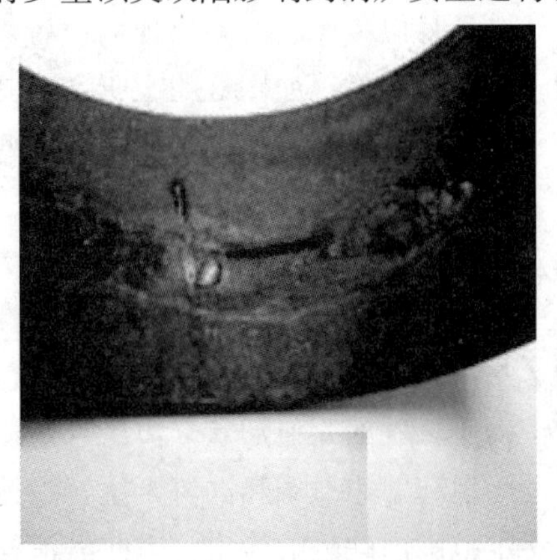

图 3-53　低温再热器管未焊透、未熔合缺陷

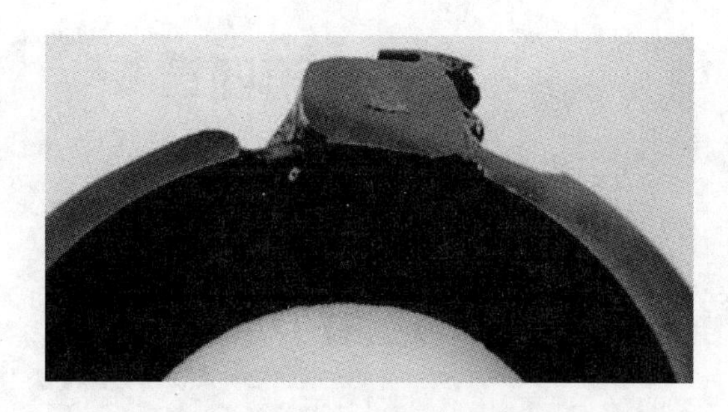

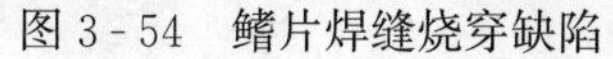

图 3-54　鳍片焊缝烧穿缺陷

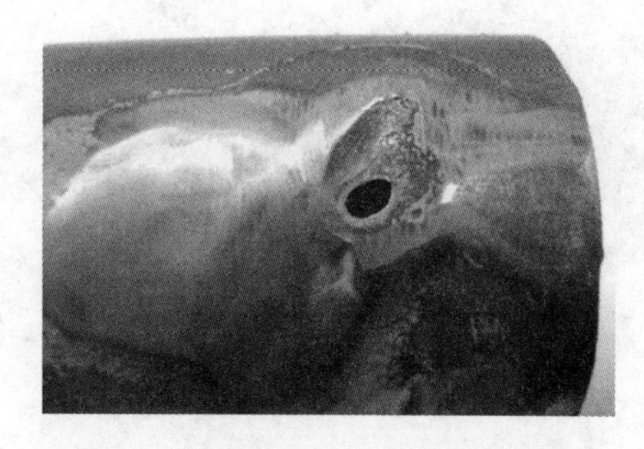

图 3-55　焊接误伤管子造成管壁穿孔

维修焊接缺陷与运行中产生的焊接接头裂纹相比，区别在于维修焊接缺陷产生于机组运行之前的制造安装维修阶段，已经降低了焊接接头的承载面积增加的应力集中。而运行中产生的焊接接头裂纹本身没有缺陷，需要很长一段时间产生裂纹源，后期的缺陷扩展机理类似，最终也是脆性爆口，无塑性变形。

质量缺陷的发生有一定的偶然性和必然性，通过严格的制造维修工艺、现代化的检验检验测手段、100％的检验比例，质量缺陷本应被杜绝，但是实际生产制造环节上人为的大意疏忽，还是使有缺陷的部件被使用在设备上，发生偶然的原始缺陷引起的爆管事故。而一旦有缺陷的部件被用到高温高压的恶劣环境下，质量缺陷的扩展是必然的，发生爆管只是运行时间长短的区别。因此，加强设备制造维修阶段的质量控制和检验，开展全过程的金属技术监督，是一项长期而重要的任务。

第四章

锅炉受热面管失效典型案例

第一节　蠕变与相变典型案例

案例一、末级再热器长时过热

1. 事件经过

某电厂2号锅炉型号为SG2093/17.5-M917，系亚临界压力、一次中间再热、控制循环、汽包炉，燃烧器四角布置、切向燃烧。末级再热器在水平烟道折焰角上方顺列布置，横向共76排，每排10根管子，规格为$\phi63\times4$mm，材料为12Cr1MoVG和T91。其中迎烟气侧第1～4根夹持管下部管圈材质为T91，第5～10根管子下部管圈材质为12Cr1MoVG。

2014年2月20日10时30分，2号机组负荷400MW，主汽压力12.86MPa，四管泄漏监测装置第17、18点能量值升高报警，就地检查水平烟道区域有异声，确认锅炉受热面泄漏，机组停机处理。该机组已累积运行123975.5h。

2. 检查与分析

停炉后，现场检查发现只有一处泄漏点，位于末级再热器左数第40排外数第5根下弯头处外弧向火侧，材质为12Cr1MoVG，规格为$\phi63\times4$mm。泄漏管段及弯头向火侧外壁呈红褐色，并有不同程度的氧化皮龟裂和脱落现象，爆口呈厚唇状，胀粗不明显，边缘为钝边，壁厚无明显减薄，爆口尺寸约为100mm×15mm，如图4-1所示。爆口周围存在众多轴向开裂裂纹，爆口附近有明显的氧化皮龟裂及脱落现象，呈典型的长时过热爆管特征。

图4-1　末级再热器左数第40排第5根管下弯头爆口宏观形貌

现场查阅运行曲线，发现存在几次超温记录，最高超温50℃，最长超温运行时间5min。对超温受热面管垂直段下弯头进行射线检测，未发现氧化皮堆积情况。利用内窥镜对末级再热器管子内壁及下弯头进行检查，发现有明显的氧化皮脱落现象，管子内壁有明显翘起的氧化皮，但是在各弯头处未发现有氧化皮或其他异物堆积现象。进一步检查了末级再热器进口集箱、出口集箱及减温器，发现进、出口集箱除极微量氧化皮碎屑外，无其他异物；减温器喷嘴无断裂等问题，内套筒、定位销无明显开裂、脱落问题。现场检查爆管周边管段，发现存在吹损减薄及胀粗超标管段。

进一步取样进行分析，首先排除了管材质用错的可能。现已知 12Cr1MoV 钢原始正火组织为铁素体＋部分层片状珠光体团块，微观组织分析，泄漏管段爆口处截面微观组织为铁素体，珠光体区域形态已完全消失，晶界有明显的碳化物聚集特征，可见泄漏组织球化明显，已达到严重球化程度（5 级球化），如图 4-2 所示。图 4-3 所示为对比管段管样截面微观组织，为铁素体＋少量珠光体区域痕迹，珠光体片层结构逐渐消失，碳化物不同程度沿晶界析出成明显的小球状并不断长大，球化评级 4.5 级。

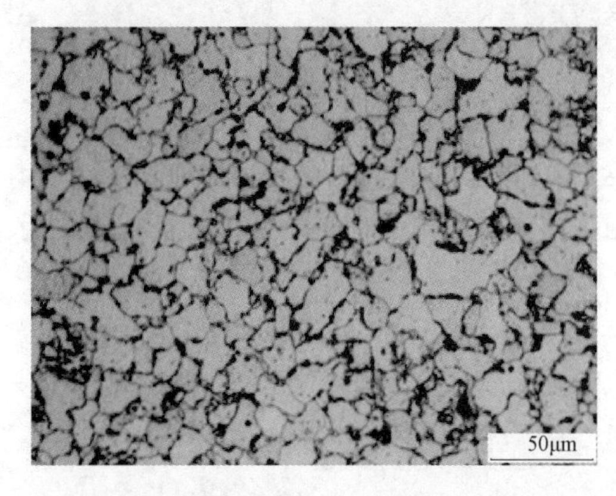

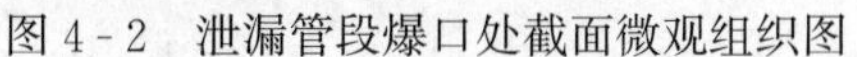
图 4-2　泄漏管段爆口处截面微观组织图

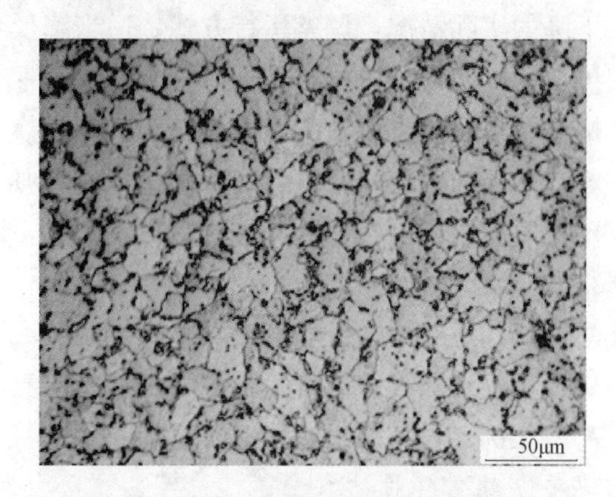

图 4-3　对比管段管样截面微观组织图

氧化皮的传热热阻比较大，很大程度上阻隔了蒸汽介质与管壁金属的热量交换，导致管壁金属温度升高，而温度升高又加速了氧化皮的生成。氧化皮的生成与温度紧密相关，高温锅炉管内壁氧化皮的增长厚度与其在该段服役期内的金属温度有一定的对应关系，可用式（4-1）估算管子金属温度，即

$$T=\frac{a}{b+\log t-2\log(0.4678x)}-273.15 \tag{4-1}$$

式中　T——金属温度，℃；

x——样管内壁氧化皮厚度，mm；

t——样管已运行时间，h，这里按 123975.5h 计算；

a、b——特定材料常数，针对 12Cr1MoV 材料，$a=6467$，$b=1.1$。

泄漏管样向火侧氧化皮厚度为 408.05μm，对比管样的向火侧氧化皮厚度也达到了 397.07μm。GB/T 5310—2017 规定了 12Cr1MoV 钢运行的最高使用温度不要超过 580℃，金属壁温计算结果显示，末级再热器的金属壁温在 570℃左右，表明在运行 123975.5h 后，末级再热器的当量管壁温度已接近该材质规定的上限温度。综上分析，末级再热器管失效是由于长时过热造成组织劣化，高温蠕变开裂引起泄漏。

3. 暴露出的问题

（1）计划检修工作不到位。该锅炉末级再热器存在金相组织老化，组织球化达到

4级以上，原计划利用机组大修的机会对末级再热器出口直段进行提高材质改造（更换为TP347HFG），但由于抢发电量、冬季供热、机组检修工期短、大修推迟等原因，一直未能安排该项改造工作。

（2）检修期间跟踪检查不到位。检修期间未对末级再热器管进行跟踪检查，不能及时掌握管材的老化状态并对蠕变损伤严重管段及时更换。

4. 处理及防范措施

（1）更换泄漏管段，检查更换附近吹损减薄超标及胀粗超标管段。

（2）加强运行管理，严格执行机组运行规程，严格监控各受热面汽温的变化，防止受热面超温超压；根据末级再热器管材组织老化严重、长期在高温下运行导致材料强度下降的实际情况，调整运行方式，适当降低参数运行。

（3）做好“逢停必查”，只要具备条件，对末级再热器管材进行宏观、壁厚测量、蠕胀及氧化皮堆积检查，发现异常及时更换。

（4）加强化水管理，确保锅炉汽水品质合格，防止汽水品质不合格加速材质老化。定期对高温段受热面管进行割管材质检验，跟踪材质老化情况，具备条件的情况下进行材质升级改造。

（5）适当增加壁温测点，严格控制蒸汽、受热面金属壁温，严禁锅炉超温运行，停机过程中要严格控制各级受热面出、入口蒸汽温度及管壁金属温度的降温速率。

案例二、末级过热器短时过热

1. 事件经过

某电厂1号锅炉型号为SG-1913/25.4-M965，系超临界参数变压运行螺旋管圈直流炉，单炉膛、一次中间再热，采用四角切圆燃烧方式，平衡通风、固态排渣、全钢悬吊结构Π型、露天布置。炉膛上部布置有分隔屏式过热器和后屏式过热器，水平烟道依次布置末级再热器和末级过热器，尾部烟道布置有低温再热器和省煤器。末级过热器为逆流布置，共计82排，每排12根U型管，为冷热段布置。

2018年11月30日，1号机组超低排放改造结束，12月4日4时30分，启机并网运行。12月9日13时39分，机组负荷410MW，总煤量为185t/h，给水流量为1219t/h，主蒸汽流量为1154t/h，主汽压力为19.23MPa，主汽温度为545℃。DCS突发“炉膛泄漏”报警，检查报警装置发现第12、13、14、15、17点同时报警，13点能量柱最高，就地检查发现1号锅炉标高62.4m平台处末级过热器区域泄漏声音很大，判断末级过热器泄漏，机组停机处理。该机组于2007年2月28日正式投产，至此次停机已累计运行69740h。

2. 检查与分析

停炉冷却后，现场检查仅发现一处泄漏点，位于末级过热器左往右数第32屏前往后数第12根管（编号32-12）下弯头距离焊口下方80mm处，材质为T23，规格为ϕ38.1×8mm。爆口呈喇叭状，边缘减薄，爆口周围管径涨粗明显，测量爆口尺寸宽度为17mm，长度为45mm，如图4-4所示，呈现典型的短时过热爆口特征。另检查发现左往右数第30屏前往后数第12根管（30-12）下弯头焊缝下方位置存在明显的胀粗现象，最大胀粗量为46.4mm，如图4-5所示。

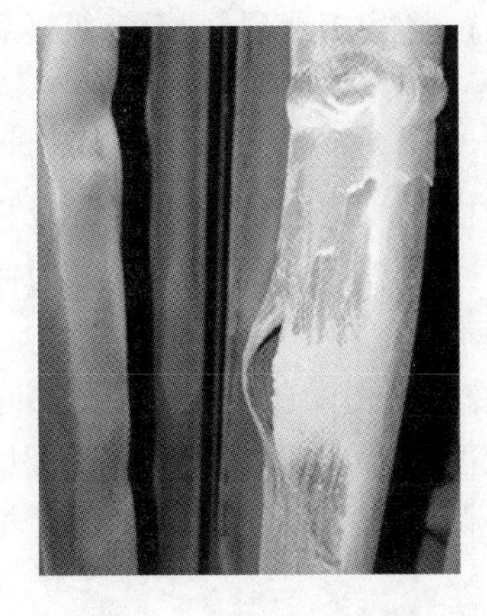

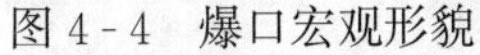

图4-4　爆口宏观形貌

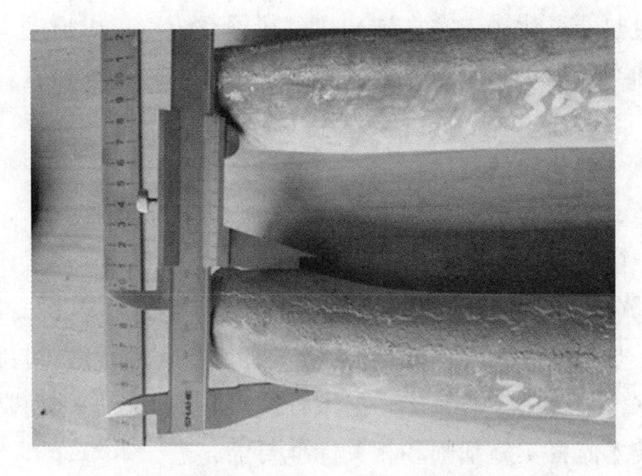

图4-5　第30屏第12根管胀粗宏观形貌

进一步对末级过热器全部984个出口下弯头进行了100%的射线拍片检查，共发现25根管弯头处存在堆积堵塞现象，其中16个弯头堵塞超过40%，尤其是末级过热器出口段的第11、12根最内圈弯头处，有6个弯头100%堵塞。对100%堵塞的弯头31-11、33-12、38-12、49-12、52-12、68-12从弯头处剖开，检查发现弯头处基本已经完全堵塞，存在粉状、片状及块状堵塞物，块状物直径达15mm，弯头处堵塞情况及内部堵塞物形状见图4-6。堵塞物为红褐色颗粒状，且全部可被磁棒吸附，成分分析主要为Fe_3O_4及Fe_2O_3的氧化皮锈渣。

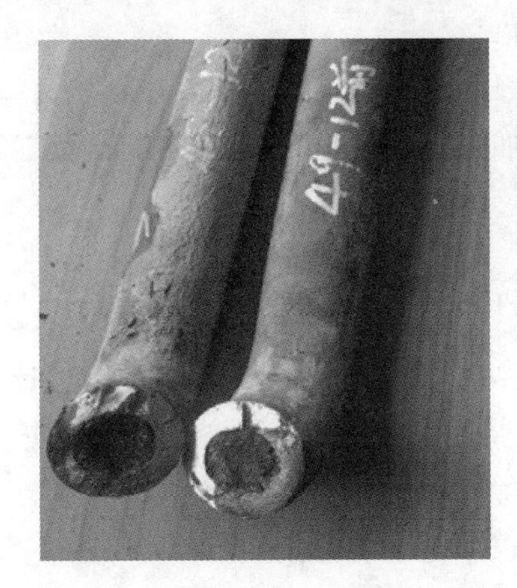

图4-6　弯头处堵塞情况及内部堵塞物形状

由于该锅炉之前经常发生氧化皮脱落堵塞管子造成受热面泄漏，所以在该次大修期间进行了过热器系统化学清洗，清洗介质为柠檬酸。通过查阅清洗单位提供的化学清洗原始记录，以及对清洗单位负责人和电站专工的询问，发现在化学清洗之后的钝化过程中未见铁浓度分析、排水外观记录、最后冲洗阶段对减温水盲区进行冲洗的过程记录，以及冲洗过后的查管记录。该过程不符合《过热器和再热器化学清洗导则》（T/CEC 144）的要求。

综上分析，认为超低排放改造期间，末级过热器进行了化学清洗，过程中被清洗掉的过热器氧化皮未完全被冲出过热器系统，机组启动运行过程中逐渐堆积至末级过热器弯曲半径最小、阻力最大的出口下弯头处，造成堵塞，从而引起短时过热爆管。

3. 暴露出的问题

（1）化学清洗工作未严格监督。化学清洗原始记录均无业主方签字，原始记录过于简单，不能清晰地体现出清洗的整个过程，并且存在水冲洗记录和流量变化记录时间对不上的现象。在整个酸洗过程中，该单位技术监督工作不到位。

（2）机组启机过程未严格执行规程要求。启机时冷态冲洗未合格便进行了热态冲洗，热态冲洗未合格便进行了汽轮机冲转。通过启机过程中的水汽品质监督，已经反映出水汽系统中杂质较多，但未查找水质不合格原因而是直接进入下一步操作，未严格执行技术监督实施细则和相关标准要求。

4. 处理及防范措施

（1）检查更换末级过热器泄漏、涨粗与减薄超标管段，全面排查清理下弯头堆积氧化皮异物。

（2）严格控制更换管段和焊接过程，按规范进行切割、打坡口和施焊，做好封堵措施，对新增焊口100％检测并合格。

（3）加强运行管理，严格执行机组运行规程，严格监控各受热面汽温的变化，防止局部超温；合理控制锅炉启动升温升压和停炉降温降压速率，避免机组运行过程中炉温大幅波动现象，以避免氧化皮的剥落、堵管；合理控制蒸汽温度和减温水用量；严禁锅炉高温状态下快速通风冷却，防止氧化皮大面积脱落。

（4）汲取教训，细化措施，明确责任，完善检修质量管控方案；落实主体责任，加强外委工作实施过程中技术风险预控和质量管理；加强检修过程管理，强化技术监督项目落实。

案例三、后屏式过热器短时过热

1. 事件经过

某电厂2号机组锅炉型号为HG-1021/18.2-YM4，是通过引进美国CE公司技术，自行设计制造的亚临界压力、一次中间再热、自然循环汽包炉，采用单炉体负压炉膛，倒U型布置。机组于1993年12月2日投入运行。

2018年9月25日15时00分，机组负荷178.6MW，主汽压力为14.3MPa，主汽温度为537℃，再热温度为516℃，主汽流量为571t/h，给水流量为427t/h。巡回检查发现8层附近炉膛内有较大异声，判断受热面泄漏。18时43分，机组解列。检查发现后屏式过热器A10屏出口内2管圈下弯头处爆管，更换弯头后，10月2日10时40分，机组恢复运行。10月5日22时50分，受热面再次泄漏，机组停运。截至停机，机组累计运行162663h。

2. 检查与分析

停炉后，检查发现两次爆管位置相同，均为标高43.5m后屏式过热器A10屏内2圈下弯头（材质为TP304H、规格为ϕ54×9mm）。爆口开口较小，管径涨粗不明显，边缘粗钝，呈典型的厚唇型特征；爆口附近管壁氧化严重，外表面有明显树皮状纵向蠕变裂纹，弯头及直管内有大量氧化皮，如图 4-7 所示。检查发现顶棚内后屏式过热器出口集箱连接管已变色，割开 A10 屏内 2 管集箱连接管，发现缩颈处有大量焊渣完全堵塞，如图 4-8 所示。查阅资料发现，2018 年 8 月后屏式过热器改造，更换 A16～A15 屏管段。分析认为，由于改造期间，施工工艺不良，造成焊渣堵管，机组启动过程蒸汽流通不畅，管壁温度升高，加速氧化皮生成；同时多次大量喷水，气温、壁温变化幅度较大，导致氧化皮大量脱落，堆积在下弯头处，造成堵塞超温、蠕变，最终导致爆管。9 月 25 日，后屏式过热器泄漏后没有认真检查、分析，没有查清并消除导致爆管的根本问题，草率启机，造成锅炉 10 月 5 日再次泄漏。

图 4-7　爆口宏观形貌

图 4-8　后屏式过热器出口集箱缩颈处异物

3. 暴露出的问题

（1）“四不放过”落实不到位。2018 年 9 月 25 日，2 号机组后屏式过热器 A10 屏内 2 下弯头同一位置发生泄漏。由于同期 1 号机组刚进入大修，且无同材质规格的备品备件，为尽快启机抢发电量，没有认真检查、分析，没有查清并消除导致爆管的根本问题，即用 1 号机组后屏式过热器同材质规格管段进行了更换，草率启机。

（2）检修监督管理不到位，施工过程管控不到位，受热面洁净度检查及控制不规范，未严格执行更换管段和焊接全过程防止异物工艺控制，未做好切割、打坡口和施焊期间的封堵措施。

4. 处理及防范措施

（1）更换泄漏及附近吹损减薄超标管段，加强焊接施工过程监督，强化工艺纪律。

（2）扩大检查范围，全面排查异物堵塞情况，对后屏式过热器出、入口集箱连接管缩颈处及下弯头进行射线拍片检查，对两侧相邻管排下弯头割管抽查；对后屏式过热器出入口集箱及末级过热器入口集箱开孔进行内窥镜检查，发现异物及时清理，确保汽流畅通。

（3）加强承压部件防异物管理，完善管控程序，细化管控措施，强化施工过程管控和质量验收，确保执行到位。

（4）加强运行管理，严格控制蒸汽、受热面金属壁温，严禁超温运行；停机过程中要严格控制各级受热面出入口蒸汽温度及管壁金属温度下降速率。

（5）认真落实“四不放过”，机组发生非计划停运后，要查清真正的原因，采取有针对性的处理措施，杜绝以“保电量”“抢启机”等各类方式导致防磨防爆工作走过场、打折扣，原因分析不清楚、隐患未排除，不应开机。

案例四、高温再热器长时过热

1. 事件经过

某电厂5号锅炉型号为SG1913/25.4-M957，系超临界参数变压运行螺旋管圈直流炉，一次中间再热、四角切圆燃烧方式、单炉膛、尾部双烟道、采用挡板调节再热汽温、平衡通风、半露天布置、固态排渣、全钢构架、全悬吊结构Π型锅炉。其中，高温再热器布置在折焰角上部，与烟气顺流从甲侧向乙侧布置33屏，每屏由18根U型管组成，其中内圈7～18根管材质设计为T23，规格为ϕ63.5×4mm，其他位置选用T91、TP304H、TP347H材料，如图4-9所示。

2018年6月13日00时48分，机组负荷470MW，给水流量为1530t/h，主蒸汽温度为545℃，主蒸汽压力为22.74MPa，DCS报警“炉膛泄漏”。就地检查发现5号锅炉10楼乙侧声音异常，经确认5号炉乙侧高温再热器泄漏。6时36分，5号炉手动MFT，机组解列，滑参数停机。5号炉自2007年1月25日投运后，曾多次发生高温再热器管撕裂爆管，严重影响锅炉机组的安全、可靠运行。至此次停机，该机组已累计运行62750h，启停95次。

2. 检查与分析

待炉内温度降低、具备进入炉膛条件后，进入炉内检查，确认泄漏部位为高温再热器甲侧往乙侧数第19排最内圈U型弯撕裂泄漏，爆管材质为T23，规格为ϕ63.5×4mm。现场共2处泄漏点，如图4-10所示。泄漏点1为撕裂状，有明显受到泄漏蒸汽的反作用力造成管段弯曲变形、扭曲撕裂，爆口剧烈张开，部分管壁在爆破过程中飞出，爆口不完整，管壁无明显减薄，内、外壁有肉眼可见氧化皮，外壁氧化皮脱落，内壁氧化皮无明显脱落痕迹。泄漏点1以上约1m管子存在明显胀粗现象，最大直径达到66.8mm，胀粗率达到5%，并且管子内壁存在纵向裂纹，有明显老化现象。泄漏点2有明显蒸汽吹损痕迹，爆口周围厚度明显减薄，最小为1.1mm。判断泄漏点1为第一泄漏点，泄漏后蒸汽吹扫正对面的管段，造成第二点泄漏。

为进一步分析泄漏原因，取样进行实验室分析，取样位置见表4-1。试样1的化学成分见表4-2，所分析的元素符合ASME SA213标准的要求。微观组织分析表明，试样1过热爆口边缘金相组织为回火贝氏体，组织完全老化，贝氏体花纹不可见，碳化物向晶界聚集成链状，尺寸粗化，内壁氧化皮达到0.56mm，如图4-11所示。试样2吹损爆口边缘金相组织为回火贝氏体，组织中度老化，可见贝氏体花纹，碳化物向晶界聚集，内壁氧化皮达到0.37mm，如图4-12所示。试样3金相组织为回火贝氏体，组织完全老化，贝氏体花纹不可见，碳化物向晶界聚集成链状，尺寸粗化，内壁氧化皮达到0.58mm，如图4-13所示。

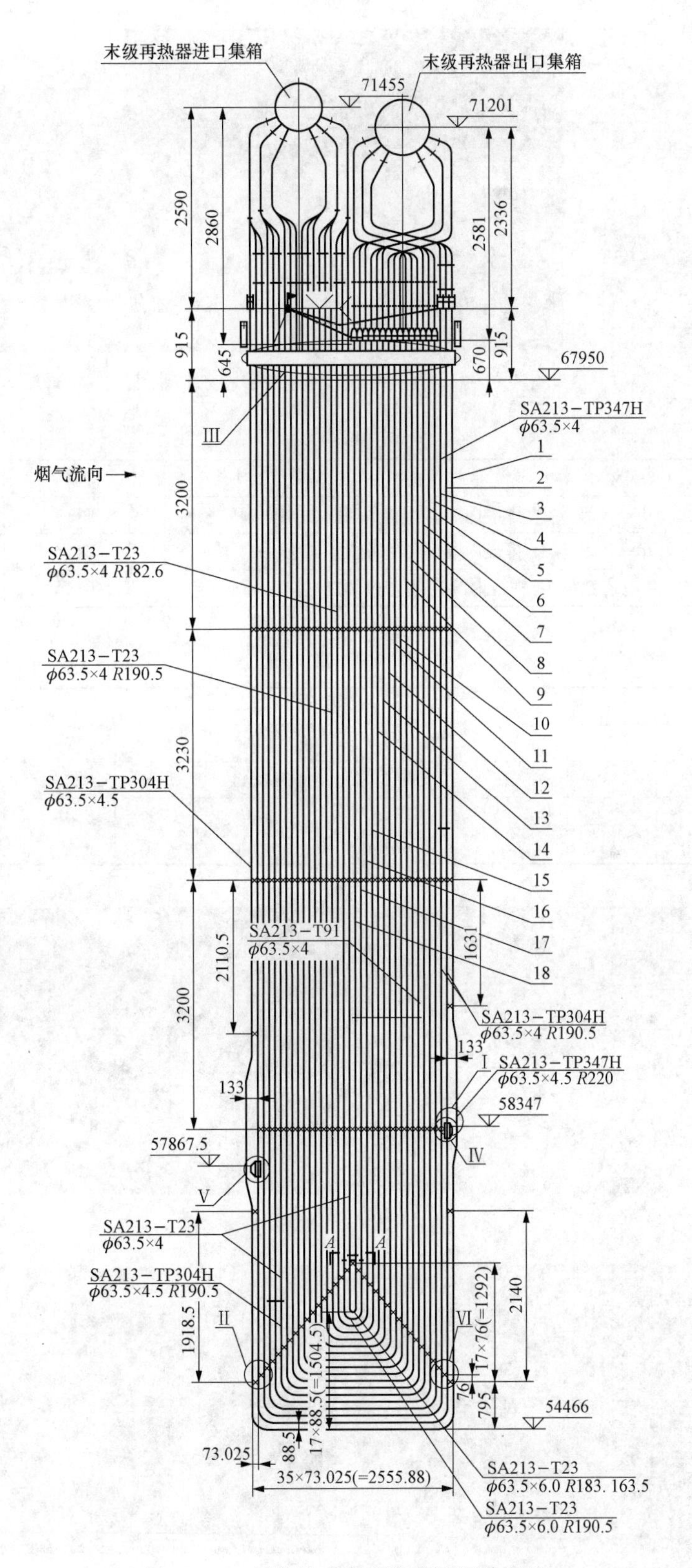

图 4-9　5 号锅炉高温再热器原设计图纸

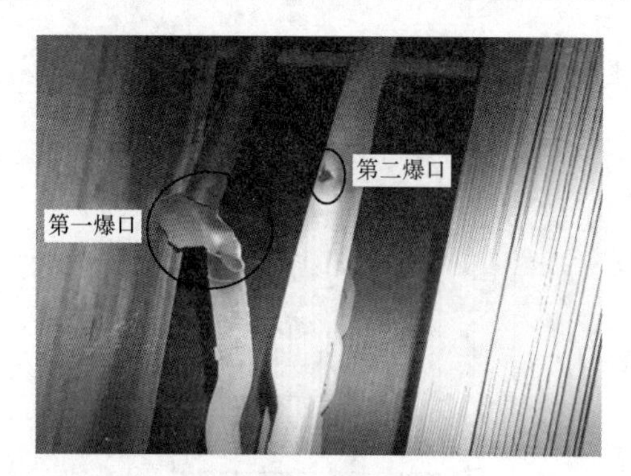

图 4-10　5 号锅炉高温再热器现场泄漏图

表 4-1　　取样位置说明

试样编号	取样位置	材质	规格
试样 1	甲→乙数第 19 排最内圈 U 型弯后侧，过热爆口	T23	ϕ63.5×4mm
试样 2	甲→乙数第 19 排最内圈 U 型弯前侧，吹损爆口	T23	ϕ63.5×4mm
试样 3	甲→乙数第 19 排最内圈 U 型弯过热爆口向上 2m	T23	ϕ63.5×4mm

表 4-2　　化学成分

试样编号	分析结果（%）									
	C	Si	Mn	S	P	Cr	Mo	V	W	Nb
试样 1	0.08	0.32	0.21	0.006	0.017	2.44	0.24	0.23	1.53	0.036
T23 标准要求	0.04～0.10	≤0.50	0.10～0.60	≤0.010	≤0.030	1.90～2.60	0.05～0.30	0.20～0.30	1.45～1.75	0.02～0.08

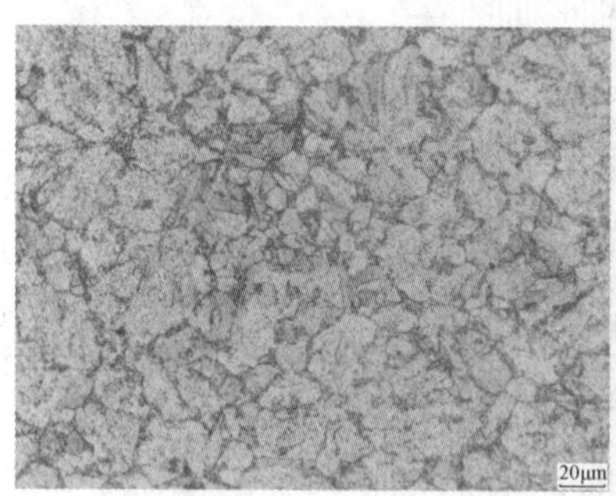

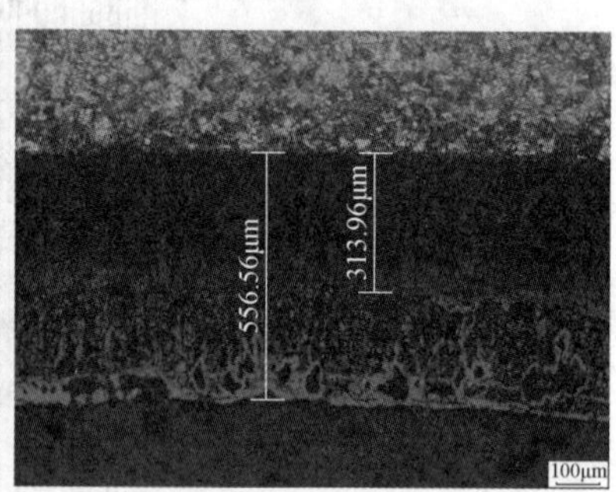

图 4-11　试样 1 微观组织形貌

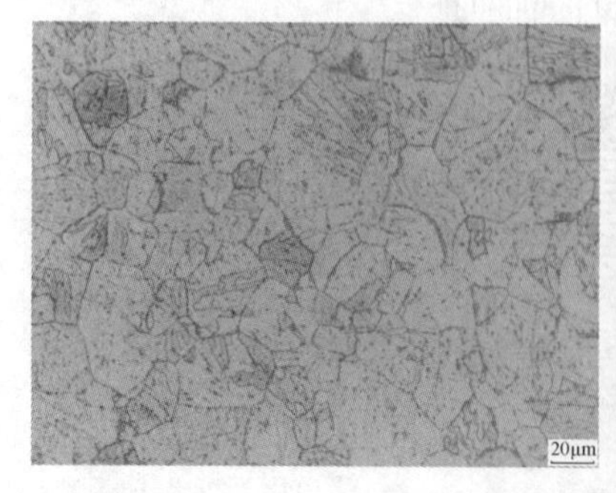

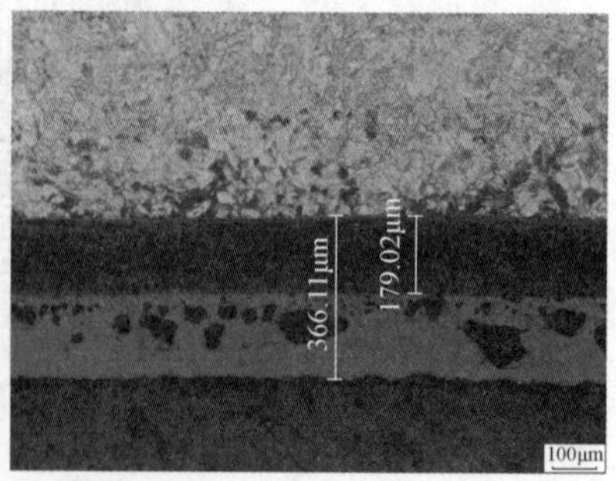

图 4-12　试样 2 微观组织形貌

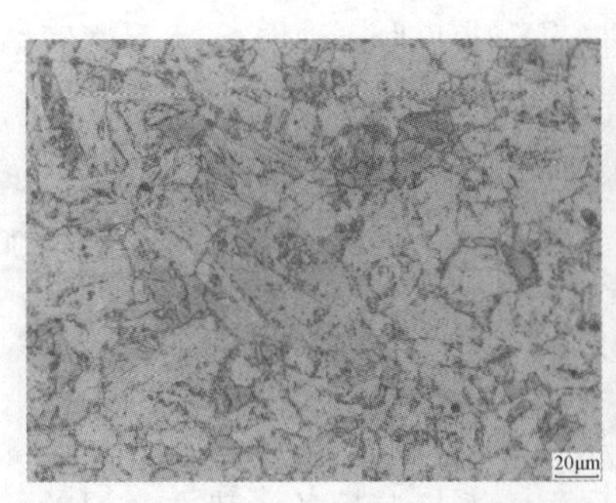

图 4-13　试样 3 微观组织形貌

拉伸试验结果见表 4-3，屈服强度和抗拉强度均低于 ASME SA213 对 T23 的要求，说明性能严重下降。

表 4-3　　**拉 伸 试 验 结 果**

试样编号	屈服强度 R_e（MPa）	抗拉强度 R_m（MPa）	断后伸长率 A（%）
试样 1	296	438	16.0
试样 2	337	432	20.5
试样 3	376	495	25.0
T23 标准要求	≥400	≥510	A≥15

进一步查阅高温再热器蒸汽出口蒸汽温度、金属壁温、机组负荷等曲线图，从不同时间段的温度分析，乙侧温度高于甲侧。满负荷时，高温再热器金属壁温最大值均超过 570℃，虽然没有超过壁温考核值，但是这个温度测点是在炉膛上面的大包内，炉膛内金属壁温推测在 600℃左右，根据引进技术和 ASME 的材料标准，T23 材料的极限允许使用温度为 593℃。实际使用中发现该材料在此温度下运行存在加速老化的问题，锅炉制造厂已不再使用 T23 材料制造高温受热面；另外按照华电集团《关于超临界发电机组锅炉管蒸汽侧氧化皮防治的若干措施（修订）》第 1.1.3 款的要求，锅炉受热面不宜选用 T23 管材（对已建使用 T23 材料的锅炉，其使用区域的管壁温度不应超过 570℃，且蒸汽温度不应超过 540℃）。该材料在 570℃下长期运行存在提前老化失效。

现场检查中也发现管子内壁出现纵向裂纹，管子出现明显胀粗。爆口所在管子金相组织完全老化，碳化物在晶界析出呈链状，内壁氧化皮最大为 0.58mm，按照式（4-1）估算管子金属当量温度约为 603℃，表明在运行 62750h 后，高温再热器的当量管壁温度超过该材质规定的上限温度。抗拉强度和屈服强度均低于标准要求，说明管子存在材质老化特征，长时过热导致高温再热器局部管材强度降低。综上分析，造成高温再热器泄漏的原因是长时过热导致材质老化，高温再热器局部管材强度降低，运行中产生纵向裂纹爆管泄漏。

3. 暴露出的问题

（1）该机组设计为上海锅炉厂第一代超临界 600MW 机组，高温再热器受热面设计选取采用 T23 材料，在后续的运行使用过程中频繁暴露出 T23 抗高温氧化能力不足的问题。该机组在最近一次大修对T23材质进行了升级改造，但更换不彻底，仅对温度最高的区域进行了更换，存在安全隐患。

（2）由于T23材料达不到设计使用在高温区域的强度要求，为了防止蒸汽侧氧化皮生成，加速材质老化，虽然一直采取降低温度运行，但随着运行时间的增加，爆管风险随之增加。

4. 处理及防范措施

（1）更换泄漏管段，检查更换附近吹损减薄超标管段。

（2）加强运行管理，严格执行机组运行规程，严格监控各受热面汽温的变化，防止受热面管超温超压，必要时降参数运行；合理控制蒸汽温度和减温水用量；合理控制锅炉启动升温升压和停炉降温降压速率。

（3）做好防磨防爆检查工作，落实“逢停必查”，只要具备条件，就对管材进行宏观、壁厚测量、蠕胀及氧化皮堆积检查，发现异常及时更换。

（4）定期对高温段受热面管进行割管材质检验，跟踪材质老化情况，根据管材劣化趋势，确定边界条件、调整检查内容及采取应对措施。

案例五、高温再热器短时过热

1. 事件经过

某电厂5号锅炉型号为SG1913/25.4-M957，系超临界参数变压运行螺旋管圈直流炉，一次中间再热、四角切圆燃烧方式、单炉膛、尾部双烟道、采用挡板调节再热汽温、平衡通风、半露天布置、固态排渣、全钢构架、全悬吊结构Π型锅炉。其中，高温再热器布置在折焰角上部，与烟气顺流布置从甲侧向乙侧布置33屏，每屏由18根U型管组成，其中内圈7～18根管材质设计为T23，规格为ϕ63.5×4mm，其他位置选用T91、TP304H、TP347H材料。

2018年7月14日23时48分，机组负荷480MW，给水流量为1540t/h，主蒸汽温度为545℃，主蒸汽压力为22.75MPa。现场检查发现5号炉乙侧高温再热器区域有轻微异声，经确认高温再热器泄漏，手动总燃料跳闸（MFT），机组解列，滑参数停机。该锅炉6月28日高温再热器发生泄漏，7月14日处理完毕，启机后短时间又再次发生泄漏。至此次停机，该机组累计运行62798h，启停96次。

2. 检查与分析

停炉冷却后，进入炉膛检查，发现初始爆口位置位于第17排内3圈下弯头背弧，爆管材质为T91，规格为ϕ63.5×4mm。爆口不完整，部分爆口在爆破过程中飞出，爆口下半部分明显减薄；弯头管段胀粗明显，最大直径达到82mm，胀粗率达到29%；内外壁均无明显氧化皮，具有短时过热爆口特征，如图4-14所示。

图4-14　爆口宏观形貌

检查发现，爆口附近17排内1～内3弯头上部直管均明显胀粗，呈现藕节状，如图4-15所示。说明除爆口管段（内3）外，内1、内2也存在超温胀粗现象，有堵塞的可能。对附近管子进行胀粗检查，除17排内1～内3弯头上部直管明显胀粗外，其他管子未见明显胀粗。

进一步查阅运行记录和检修记录，发现该机组锅炉高温再热器6月28日发生泄漏，该泄漏位置正是上次泄漏新更换的T91管子。分析认为，为避免管内空气流动，防止焊缝氧化，T91管焊接需要更加严格的氩气保护，而现场直接采用了卫生纸等非水溶纸封堵管子。由于第17排内1～3圈每根管路有6道T91焊口，其他更换直管管路仅有2～3道T91焊口，该3根管堵纸量明显较大，过于密实。焊后采用火焰烘烤的简易方式进行热处理，时间短，不足以将堵塞的卫生纸充分炭化，而且在更换完泄漏管段后，未按要求进行水压试验，堵塞的卫生纸没有机会溶化冲走。机组启机后，管内蒸汽不流动，形成堵塞，引起超温短时胀粗爆管。

图4-15　爆管弯头上部直管呈现藕节状

3. 暴露出的问题

（1）焊接工艺执行不到位。机组抢修焊接时，施工条件存在较大困难，机组未完全冷却；管内空气流动影响焊缝成型及氧化，焊接操作难度大；焊接时未严格按照要求采用水溶纸对管子进行封堵充氩保护，管内堵纸较多，造成堵管。

（2）过程监督不到位。期间正值迎峰度夏、天气炎热，抢修时间紧、任务重，未发现采用卫生纸等非水溶纸封堵管子，过程监控存在不足。

4. 处理及防范措施

（1）更换泄漏管段，检查更换附近磨损减薄超标管段。

（2）加强检修管理，严格执行检修工艺质量标准，加强施工过程管控，确保按照规程要求进行施工。严禁火焰切割，做好受热面管的封堵，做好洁净度检查，并做好施工人员的情绪管理。

（3）加强运行监督，严禁超温、超压运行。严格监督机组启停机过程温度管控，并监督运行时管壁超温工作。

（4）适当增加壁温测点，严格控制蒸汽、受热面金属壁温，严禁锅炉超温运行。停机过程中要严格控制各级受热面出、入口蒸汽温度及管壁金属温度的降温速率，不超规定值。

（5）做好"逢停必查"，只要具备条件，就对管材进行宏观检查、蠕胀检查，必要时采用无损探伤手段检查管材表面裂纹。

案例六、水冷壁短时过热

1. 事件经过

某机组锅炉型号为HG-1025/17.5-L.HM37，系亚临界、单汽包、自然循环、平衡通风、岛式半露天布置的循环流化床锅炉。锅炉燃烧室各面墙均为膜式水冷壁，上部、中部及顶部水冷壁管节距均为87mm，规格均为ϕ57×5.6mm，材质为SA-210C；下部水冷壁管节距为174mm，规格为ϕ76×7.1mm，材质为SA-210C。该机组于2007年3月投产。

2019年11月17日12时43分12秒，该机组负荷300MW，机组至除氧器凝结器流量由792t/h突降至523t/h，除氧器水位从1805mm降至1188mm，给水流量为972t/h，主蒸汽流量为902t/h，给水压力为18.31MPa，汽包压力为17.79MPa。为避免除氧器水位低联跳所有锅炉给水泵，开始减负荷调整除氧器水位，13时00分30秒，发现冷渣器冷却水管泄漏。关闭冷却水电动门后，至除氧器凝结器流量恢复到856t/h，除氧器水位由1198mm开始回升，此时机组负荷为136.77MW，给水流量为319t/h，主蒸汽流量为359t/h，给水压力为20.15MPa，汽包压力为19.8MPa。13时09分24秒，锅炉BT动作跳闸，经判断为上部水冷壁管泄漏。13时42分，6号机组与系统解列抢修。

2. 检查与分析

停炉后，现场检查发现右墙水冷壁炉前向炉后数第84、87根管爆管泄漏，左墙炉前向炉后数第86根管爆管泄漏，距离炉顶都在1.7～2.0m之间，材质为SA-210C，规格为ϕ57×5.6mm。爆口呈喇叭状，管径胀粗较大，壁厚减薄明显，爆口平滑且边缘锋利，如图4-16所示，为典型短时过热爆口形貌。分析认为，由于6号机组因炉外冷渣器冷却水管泄漏，导致除氧器水位急剧下降，在随即进行的减负荷调水位过程中，出现给水压力与汽包压力压差值很小甚至给水压力低于汽包压力的工况，时间长约6min。在此时间内，部分区域水冷壁内的介质流动性很低，甚至塞积、滞留，导致管壁冷却条件迅速恶化，短时间内管壁温度急剧上升，接近或超过了管材临界温度。此时，管材料的抗拉强度急剧下降，水冷壁管短时过热爆管。另外，此处位于烟气进入旋风分离器入口处，烟气中的物料易对该部位的水冷壁管造成冲刷磨损，是水冷壁泄漏的间接原因。

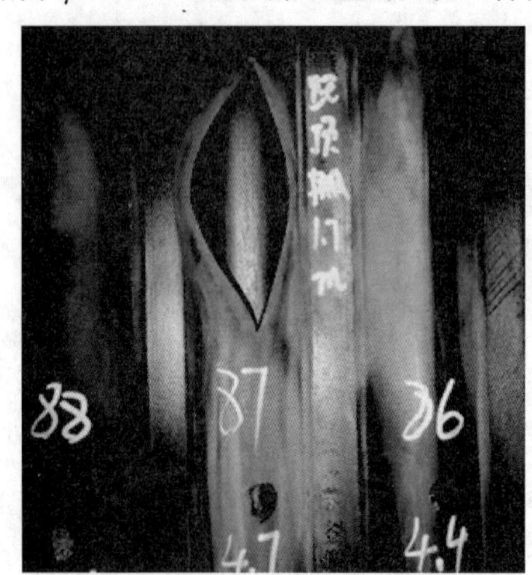

图4-16　右墙水冷壁第87根管泄漏爆口形貌

3. 暴露出的问题

（1）机组在减负荷调整除氧器水位过程中，出现给水压力与汽包压力压差值很小，甚至给水压力低于汽包压力的工况，导致水冷壁冷却条件迅速恶化，甚至干烧。

（2）对锅炉受热面防爆防磨检查存在不足。因循环流化床锅炉燃烧物料主要发生在密相区，且炉膛顶部附近搭设脚手架较为困难，所以未及时对炉顶水冷壁进行防磨防爆检查。

4. 处理及防范措施

（1）更换泄漏管段，检查更换附近磨损减薄超标管段。严格控制更换管段和焊接过程，焊后新增焊口100%检测并合格。

（2）加强运行人员技能培训和应急预案演练，提高监盘质量，规范操作流程，严格运行操作管理，提升操作调整和处理异常事件的能力，加强除氧器水位检测，发现问题应及时处理。

（3）加强水冷壁磨损治理，通过优化防磨浇筑位置和方式、增设防磨瓦、实施表面喷涂等有效措施降低受热面管磨损。

（4）加强锅炉防磨防爆检查，充分利用故障停机、调停备用、机组检修等时机，合理安排检查项目，确保重点部位重点查、关键部位频繁查、一般部分滚动查、时间充裕全面查。

案例七、水冷壁短时过热

1. 事件经过

某电厂4号机组锅炉型号为HG-2098/26.15-YM3，系超超临界变压运行、单炉膛、改进型低NO_x分级送风燃烧系统、墙式切圆燃烧方式，炉膛采用内螺纹管垂直上升膜式水冷壁、带再循环泵的启动系统、一次中间再热、平衡通风、露头布置、固态排渣、全钢结构、全悬吊结构，Π型布置直流锅炉。

2019年12月24日，机组负荷550MW，主/再热汽温度为565℃/571℃，主汽压力为19.7MPa，主汽流量为1625t/h，主给水流量为1666t/h。2时25分，炉膛中部入口管（右）金属温度40HAD03CT672号（编号287号）测点温度曲线异常，水冷壁右侧墙中部有明显泄漏声响，判断附近区域水冷壁泄漏。10时50分，机组打闸停机。该机组于2014年4月15日投产，已累计运行32408h。

2. 检查与分析

停炉后，检查发现右墙水冷壁标高约27m前数第287根管泄漏，材质为15CrMoG，规格为ϕ28.6×6.2mm。爆口呈喇叭状，长约50mm，宽约13mm，爆口周围管径涨粗明显，边缘尖锐，管壁明显减薄，最薄处约为1mm，符合短时爆管特征。该机组最近一次检修时间为2019年10月1日至11月4日，机组检修时异物检查清理工作不到位，启机后，炉右侧前数第287根水冷壁管发生异物堵管，管内介质通流受阻，管内介质对管壁冷却效果较差，壁温缓慢升高。12月24日异物堵管加剧，导致管内介质通流进一步减小，管壁温度急剧升高，4.5h内由480℃快速上升至660℃，最终短时过热爆管。

3. 暴露出的问题

（1）检修监督管理不到位，受热面洁净度检查及控制不规范，未严格执行更换管段和焊接全过程防止异物工艺控制，未做好切割、打坡口和施焊，未做好封堵措施。

（2）运行应急处理措施不到位，对水冷壁管壁温度的监测重视程度不够，未及时发现炉膛右侧墙中部水冷壁炉前至炉后数第287根管壁温缓慢上升的情况。

4. 处理及防范措施

（1）更换泄漏管段，检查更换附近存在吹损减薄超标管段。

（2）对水冷壁下集箱、中部集箱、三叉管及爆口附近水冷壁管进行内窥镜检查，重点对弯头及节流孔圈等变径位置进行全面异物排查。

(3) 加强检修管理，做好受热面洁净度检查及控制。严格执行承压部件检修全过程防异物工艺。

(4) 加强对水冷壁管壁温度的监测，提高应急处理能力，发现温度异常时及时采取有效措施，防止发生受热面短时过热爆泄。

案例八、水冷壁短时过热

1. 事件经过

某电厂1号锅炉型号为DG2100/25.4-Ⅱ1，系一次再热、单炉膛、尾部双烟道结构、超临界变压直流锅炉，采用平行挡板调节再热气温，固态排渣，全钢构架、全悬吊结构、平衡通风、露天布置。

2018年11月30日7时，发现锅炉炉膛出口标高约30m处前墙与左墙夹角附近有明显泄漏声音，判断水冷壁泄漏。12月1日2时，机组停运，由于正值“迎峰度冬”阶段，紧急处理后机组于12月3日恢复运行。12月6日23时，机组负荷485MW，给水流量为1540t/h，主蒸汽温度为540℃，主蒸汽压力为22.55MPa。监盘发现炉前墙水冷壁上部出口管壁温度波动较大，并出现超温现象，现场巡检发现锅炉炉膛出口标高约58m处前墙与左墙夹角附近有明显泄漏声音，确认水冷壁泄漏，机组停运。该机组于2007年4月19日投产，2008年5月进行第一次检查性大修，2013年4月进行第二次大修。至此次停机，已累计运行82980h，启停63次。

2. 检查与分析

停炉后，现场检查仅发现一处泄漏点，位于左侧墙垂直水冷壁标高约58m前往后数第29根，材质为15CrMoG，规格为ϕ31.8×9mm。爆口呈喇叭状，周围管径涨粗明显，边缘尖锐，管壁减薄，爆口长度约为30mm，宽度约为10mm，呈现典型的短时过热爆口特征。紧邻泄漏管段至前墙侧连续5根水冷壁管存在吹损减薄迹象，其中前3根水冷壁管吹损减薄明显，如图4-17所示。

图4-17　爆口及吹损管子照片

内窥镜检查发现，左侧墙垂直水冷壁进口集箱端盖附近有大量焊渣等异物，集箱内部存在两块片状金属遗留物。其中一个是卡涩在第29根管子附近堵塞管口的片状异物，长度约为30mm，宽度为17mm；另一个为沉积在集箱底部的片状异物，长度约为20mm，宽度为17mm，如图4-18所示。

考虑11月30日水冷壁泄漏情况，同样位于左侧墙垂直水冷壁标高约30m前往后数第23根，分析认为在蒸汽工质扰动下，沉积在集箱底部的片状遗留物两次分别堵塞在左侧墙从前往后数第23根和第29根垂直水冷壁进口集箱管口处；而垂直水冷壁管内径较小，仅为13.8mm，片状异物最小宽度大于17mm，堵塞导致管内蒸汽流量减少，造成水冷壁管在薄弱位置短时过热爆管，并造成周边管子吹损减薄。

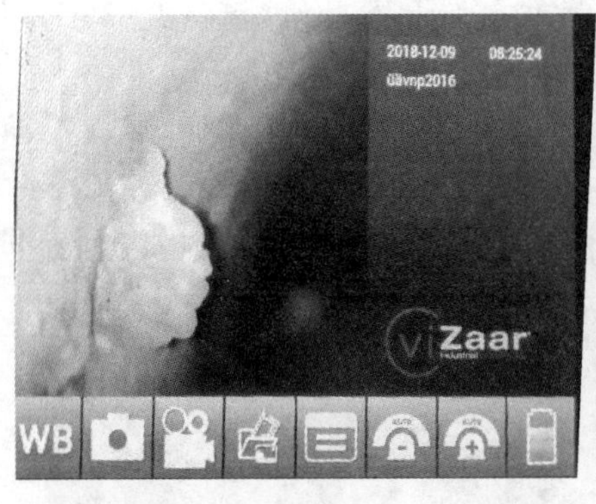

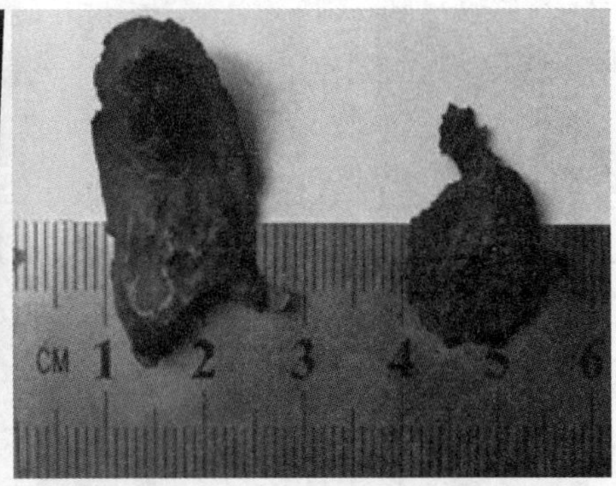

图 4 - 18　内窥镜检查集箱内异物

3. 暴露出的问题

（1）检修监督管理不到位，受热面洁净度检查及控制不规范，未严格执行更换管段和焊接全过程防止异物工艺控制，未做好切割、打坡口和施焊，未做好封堵措施。

（2）现场防磨防爆检查不到位，对锅炉四管防磨防爆工作重要性认识不足，发生问题后不能举一反三，存在以“保电量”“抢启机”等各类方式导致防磨防爆工作走过场、打折扣现象。

4. 处理及防范措施

（1）更换泄漏管段，检查更换附近存在吹损减薄超标管段。

（2）对水冷壁管及集箱进行内窥镜检查，全面排查节流孔及弯头等变径位置，做好异物清理。

（3）加强检修管理，严格执行承压部件检修全过程防异物工艺，严格焊接工艺，对新管进行验收并采取清理、酸洗、吹扫、通球等措施；严禁使用氧气、乙炔枪切割受热面管子；切割后的管子要进行异物排查，并做好防止异物措施；焊接时要做好过程监控与焊接质量把关，焊后 100％检验并合格。

（4）落实“逢停必查”，完善防磨防爆检查项目和检查内容，细化检修工艺标准，强化过程管控，汲取教训，举一反三。

第二节　腐蚀与氧化典型案例

案例一、水冷壁高温腐蚀

1. 事件经过

某电厂 1 号机组锅炉型号为 DG1025/18.2 - Ⅱ12，系亚临界一次中间再热自然循环汽包炉，单炉膛 Π 型，燃烧器布置于炉膛四角，切圆燃烧，尾部为双烟道结构，采用挡板调节再热汽温，固态排渣，中间储仓式制粉热风送粉系统全钢架悬吊结构，平衡通风，半露天岛式布置。机组于 2006 年 3 月投产，2018 年结合超低排放技改进行低氮燃烧器改造。

2019 年 2 月 1 日 8 时 59 分 33 秒，机组负荷 221MW，主蒸汽流量为 628t/h。炉膛

负压突然升压至正压700Pa，主汽压力和汽包水位开始下降，给水流量由659t/h上升至715t/h。现场发现炉膛内有明显泄漏声，判断水冷壁管泄漏，机组停运。

2. 检查与分析

停炉后，检查发现A侧墙标高约26m处3号角第21根水冷壁管（E层一次风至F层三次风之间）泄漏。爆口剧烈张开，呈锯齿状参差不齐，壁厚不均匀减薄，凹凸不平，爆管及周边水冷壁管表面有微坑及较厚沉积物，呈灰黑色，见图4-19和图4-20。

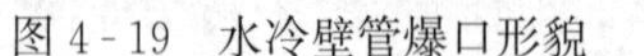

图4-19　水冷壁管爆口形貌

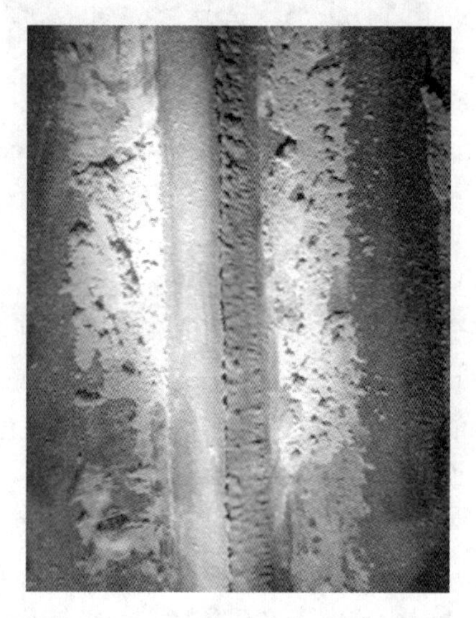

图4-20　燃烧器附近水冷壁宏观形貌

分析认为，入炉燃煤含硫量较高（$S_{t,ad}$≥4.0%），高温硫腐蚀与燃煤硫分呈正相关系，燃煤硫分高的高温腐蚀也强。高温腐蚀主要发生在水冷壁管燃烧器中部至燃尽风上部温度较高、容易结焦的部位，以及吹灰器附近等部位。机组在低氮燃烧器改造后，为进一步降低NO_x浓度，燃烧调整过程中采用低风量、关小主燃烧器区域（CC层～EF层）二次风门开度等措施，局部严重缺氧燃烧，还原性较强，进一步加剧了高温硫腐蚀，最终水冷壁管腐蚀泄漏。

3. 暴露出的问题

（1）锅炉受热面防磨防爆检查存在不足。近期防磨防爆检查仅对外观检查，发现减薄和腐蚀明显的水冷壁管进行测厚检测，未能及时全面地掌握水冷壁管整体减薄情况。

（2）低氮改造煤粉燃烧器喷口设计存在问题。煤粉燃烧器设计为上下浓淡，为增加稳燃性分为9个小喷口进入炉膛，同时设置钝体和稳燃齿，这样造成煤粉射流整体刚性不强，煤粉射流在喷口处呈较大发散角，造成煤粉贴壁燃烧。

（3）低氮改造燃烧器封堵安装质量不佳。堵板未设置膨胀缝，焊接不牢，堵板受热变形焊口撕裂脱落，造成火焰偏斜刷墙。

（4）运行调整经验欠缺。为了减轻高温腐蚀现象，控制氮氧化物浓度和减小炉膛掉粉，简单地通过采取提高一次风速并增大周界风开度的运行调整方式，反而因一次风速增大而加大冲刷磨损速率。

4. 处理及防范措施

（1）更换泄漏管段，检查更换腐蚀减薄超标管段，检查调整喷口切圆直径。

（2）加强入炉煤掺配，改善入炉煤质；采取降低一次风速、全开煤粉燃烧器周界风、提高二次风箱差压等措施加强燃烧调整，合理配风，降低水冷壁附近还原性气氛和避免烟气直接冲刷水冷壁，减缓水冷壁冲刷腐蚀速率。

（3）加强检查，充分利用计划检修机会对水冷壁腐蚀情况进行测厚和宏观检查，发现问题及时处理。

（4）通过防腐喷涂等手段提高金属抗腐蚀能力。

（5）制定低氮燃烧器喷口优化设计方案、防高温腐蚀喷涂措施，并组织实施，消除隐患。

案例二、水冷壁高温腐蚀

1. 事件经过

某电厂3号机组锅炉型号为B&WB-1025/18.44-M，是北京巴布科克·威尔科克斯（Babcock&WilCox）有限公司引进美国B&W公司RBC锅炉技术设计制造，系单炉膛、平衡通风、固态排渣全悬吊结构、前后墙对冲燃烧、亚临界自然循环燃煤锅炉。机组于2002年12月投产。

2019年4月14日1时36分，机组负荷233MW，炉膛负压大幅波动，火检大面积失去，锅炉MFT保护动作，首出“全炉膛灭火”，机组快减负荷至6MW。1时51分，锅炉点火，相继启动A、B、E磨煤机，就地检查发现锅炉标高26m右墙水冷壁靠近3号角位置泄漏，机侧凝汽器、除氧器水位难以维持。2时19分，机组打闸停机。

2. 检查与分析

停炉后，检查发现位于锅炉23m E层燃烧器平台层从锅炉右墙观火孔前数第29根水冷壁管（材质为25MnG、规格为$\phi60\times6.5$mm）向火侧处有一处开裂爆口，爆口张口较大，边缘参差不齐、薄厚不一。爆口区域周围管子外表面的喷涂层不完整，表面有较明显的灰黑色腐蚀沉积产物，见图4-21。分析认为，锅炉长期使用高硫煤，水冷壁管存在高温腐蚀。对水冷壁管外壁进行防腐喷涂处理，由于表面防腐喷涂工艺不良，喷涂层质量不佳，所以运行中喷涂层过早脱落，燃烧器喷口损坏，水冷壁管高温腐蚀加剧，壁厚减薄导致强度不足爆开泄漏，造成火检失去、锅炉MFT保护动作。在没有查清故障原因的情况下，直接点火启动，最终被迫打闸停机。

图4-21　爆口宏观形貌

3. 暴露出的问题

(1) 运行操作不当。由于炉膛负压大幅波动，火检大面积失去，首出“全炉膛灭火”，锅炉 MFT，机组快减负荷至 6MW，“停炉未停机”。15min 后直接点火启动，存在严重的设备安全隐患。

(2) “四不放过”落实不到位。锅炉 MFT 保护动作，机组停机，在没有查清故障原因的情况下直接点火启动，最终被迫打闸停机。

(3) 水冷壁管防腐喷涂质量把关不严，喷涂质量不佳，导致喷涂层在质保使用期内脱落。

(4) 防磨防爆检查工作管理缺失，认为喷涂后防腐可一劳永逸，未能及时检查发现水冷壁管存在隐患。

4. 处理及防范措施

(1) 更换泄漏管段，检查更换腐蚀减薄超标管段。严格换管施工要求，严格焊接工艺和质量标准，焊口 100%检测并合格。

(2) 制定低氮燃烧器喷口优化设计方案、防高温腐蚀喷涂措施，组织实施，消除隐患。

(3) 落实相关锅炉受热面管防腐防磨喷涂技术要求，狠抓过程管理，严把喷涂质量关。

(4) 重新修订完善锅炉受热面防磨防爆管理规定，细化检查内容和方案，落实“逢停必查”。

案例三、水冷壁腐蚀疲劳开裂

1. 事件经过

某电厂 1 号机组型号为 HG-2060/26.15-YM2，系超超临界参数变压运行直流 Π 型锅炉，采用单炉膛、一次再热、平衡通风、半露天布置、湿式固态排渣、全钢构架、全悬吊结构。水冷壁采用内螺纹管垂直上升式焊接膜式壁，材质为 15CrMo，规格为 ϕ28.6×6.4mm。机组于 2008 年 6 月 24 日投产运行。

2013 年 12 月 24 日 2 时 25 分，机组负荷 550MW，主/再热汽温度为 565℃/571℃，主汽压力为 19.7MPa，主汽流量为 1625t/h，主给水流量为 1666t/h，巡检发现标高 48m 处有明显泄漏声响，判断水冷壁泄漏。10 时 50 分，机组打闸停机。

2. 检查与分析

停炉后，检查发现前墙水冷壁标高 48m 右数第 21 根管子（材质为 15CrMoG、规格为 ϕ28.6×6.2mm）存在一处横向裂纹爆口，长约 15mm，宽约 1.5mm；爆口周围无明显减薄，两侧呈钝边无明显变形；爆管向火侧表面分布大量密集平行横向条纹，裂纹从外壁向内壁直线扩展，裂纹深度不一，最深为 4.6mm，如图 4-22 所示。该裂纹是典型的疲劳裂纹，背火侧未见此类现象。进一步分析，裂纹附近组织为铁素体+珠光体，球化 2.5 级，组织正常，见图 4-23。横向裂纹为穿晶裂纹，裂纹端部较为圆润钝化，呈直线走向延伸，在延伸过程中穿过晶体；裂纹内及两边缘附着一定厚度氧化腐蚀形成的产物，腐蚀产物促进裂纹不断扩展，发生腐蚀疲劳开裂。

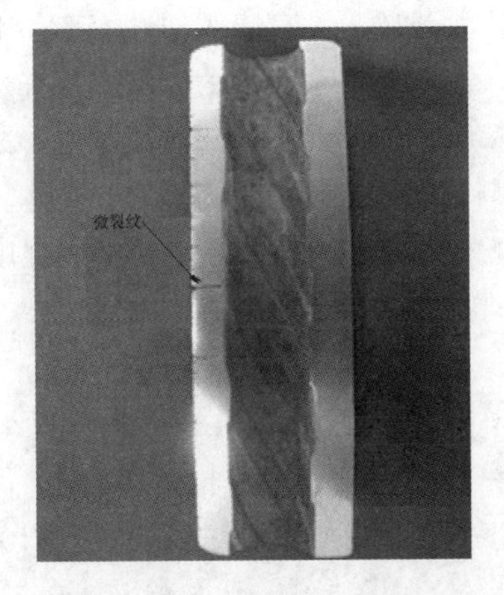

图 4-22　爆口管横向裂纹宏观形貌

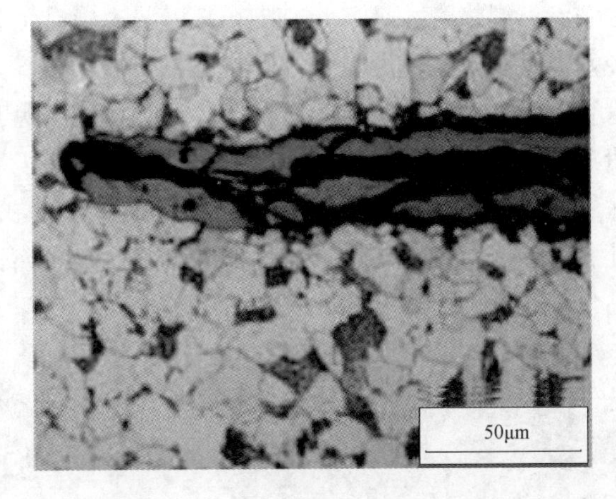

图 4-23　爆口管横向裂纹微观形貌

3. 暴露出的问题

(1) 对水冷壁横向裂纹隐患检查检修力度不足，未采取有效措施对该区域水冷壁管整体进行更换，机组多次检修未能消除设备潜在隐患。

(2) “四不放过”落实不到位，对该区域水冷壁出现的问题未能进行详细、全面的检查和深入分析，问题一直存在。

4. 处理及防范措施

(1) 更换泄漏及附近吹损减薄超标管段，扩大检查燃烧器附近水冷壁管，更换处理存在横向裂纹管段，严格换管、焊接工艺，焊后100%检测并合格。

(2) 加强燃煤及运行管理，控制入炉煤硫含量，在机组启停、切换磨煤机、深度调峰、升降负荷等工况下，严格按照规程要求，控制升降温率，避免锅炉受热面管受到大负荷冲击。

(3) 加快完成锅炉受热面评估工作，依据评估结果确定治理方案或对该区域水冷壁进行整体更换，彻底消除该区域水冷壁管横向裂纹缺陷。

案例四、水冷壁氢腐蚀

1. 事件经过

某电厂1号机组锅炉型号为 HG-1025/17.5-YM36，系亚临界参数、一次中间再热、自然循环汽包锅炉，采用平衡通风、四角切圆燃烧方式，设计燃料为烟煤。机组于2007年9月投入运行。

2017年3月6日4时48分，机组负荷194MW，主汽温度为541℃，再热汽温为537℃，主蒸汽流量为669t，给水流量为623t，汽包水位为0mm，炉膛压力瞬间由－10Pa达到1860Pa，汽包水位急剧下降，给水流量达到930t，水位最低为－126mm。就地检查发现1号角燃烧器标高35m处有泄漏声音，判断受热面泄漏，6时20分，机组解列。

2. 检查与分析

停炉后，检查发现1号角低氮燃烧器上部水冷壁管标高33m甲至乙数第1根管（材质为20G、规格为ϕ63.5×6.5mm）爆漏，爆口呈脆性开裂，没有宏观塑性变形，附近管径基本没有涨粗，爆口边缘粗钝，管壁减薄较少，如图4-24所示。内窥镜检查发现爆管管壁内表面存在明显的腐蚀区，腐蚀区内可见深度不等、大小不一的腐蚀坑，蚀坑呈溃疡状，连在一起成为腐蚀裂纹，见图4-25。爆口微观组织为铁素体+珠光体，黑色珠光体明显减少，见图4-26，存在明显的脱碳现象和沿晶微裂纹，使材料的强度和塑性急剧降低，在内部蒸汽压力的作用下发生氢腐蚀脆性破坏。

图4-24　水冷壁爆口宏观形貌

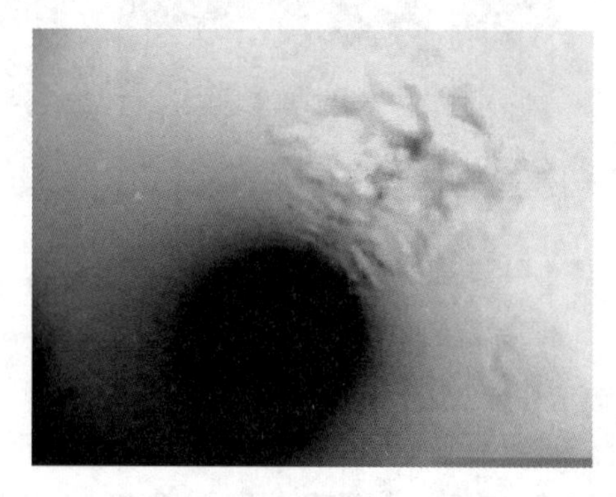

图4-25　内表面腐蚀坑宏观形貌

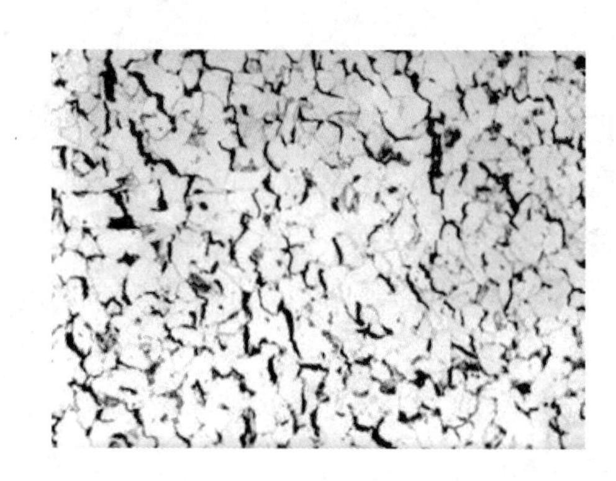

图4-26　爆口微观组织形貌

3. 暴露出的问题

（1）燃烧调整不到位，炉内火焰偏斜，热负荷不均匀，造成局部热负荷高，为氢腐蚀提供了“温床”。

（2）停炉保护不到位，水质监督不到位，存在水质不良情况。

4. 处理及防范措施

（1）更换泄漏和减薄超标管段，严格换管施工要求，严格焊接工艺和质量标准，焊口100%检测并合格。

（2）扩大检查水冷壁内壁腐蚀情况，更换腐蚀坑较深的水冷壁管。

（3）加强运行调整，优化炉内空气动力场，防止局部汽水循环不良和超温，严禁超负荷运行。

（4）加强水质监督管理，严格执行标准规范要求，保证水质良好；完善化学监控仪表测量，避免化学控制系统局部失灵。

案例五、高温再热器应力腐蚀

1. 事件经过

某电厂2号机组锅炉型号为HG1900/25.4-WM10，系超临界锅炉，单炉膛、一次中间再热、固态排渣、全悬吊结构Π型布置，采用双进双出磨煤机正压直吹式制粉系统，在前后拱上布置直流狭缝式燃烧器，采用W火焰燃烧方式。

2015年4月3日15时20分，机组负荷598MW，巡检发现炉高温再热器区域有异声，判断高温再热器泄漏。18 时 10 分，手动 MFT，机组解列。机组于 2012 年 3 月 20 日投产运行，截至此次停机，已累计运行约 1.3 万 h。

2. 检查与分析

停炉后，检查发现高温再热器管炉左向炉右数第 41 屏前往后数第 7 根上部 U 型弯头内侧泄漏，母材材质为 SA213 - TP347H，规格为 $\phi51\times4.5$mm。宏观检查发现高温再热器开裂位置位于弯管内弧侧，弯管成型效果不好，如图 4 - 27 所示。弯管截面呈三角形，在压制过程中形成压痕缺陷，且部分弯管椭圆度超标，最大椭圆度为 17%，弯管存在超标缺陷，不符合 DL/T 515 的相关要求。在设计上，高温再热器管屏呈 U 型倒吊挂，水平段管子之间用方形钢块直接焊接，局部形成膜式结构，运行过程中阻碍了管子的自由膨胀，存在局部应力集中。进一步分析，爆管处微观组织为奥氏体＋沿晶界分布的碳化物，备品备件显微组织为奥氏体＋沿晶界分布的少量碳化物，能明显观察到孪晶和滑移线，见图 4 - 28 和图 4 - 29，孪晶和滑移线使备品备件硬度值明显增大。在高倍扫描电镜下观察，晶界可见析出物聚集，甚至排列成线状，见图 4 - 30。能谱分析，沿晶界析出物为富 Cr 和 Nb 的碳化物，见图 4 - 31，在晶界两侧形成贫 Cr 区，导致晶界抗腐蚀性能降低。分析认为，由于高温再热器管未进行固溶处理，导致 U 型弯头处位错和残余应力增加，产生的残余应力、位错会加速 Cr 的碳化物析出，晶界急剧贫 Cr 化。在锅炉实际运行过程中，SA213 - TP347H 高温再热器管在蒸汽压力、热应力、残余应力和腐蚀介质的共同作用下，最终导致高温再热器 U 型弯管处发生应力腐蚀爆管。

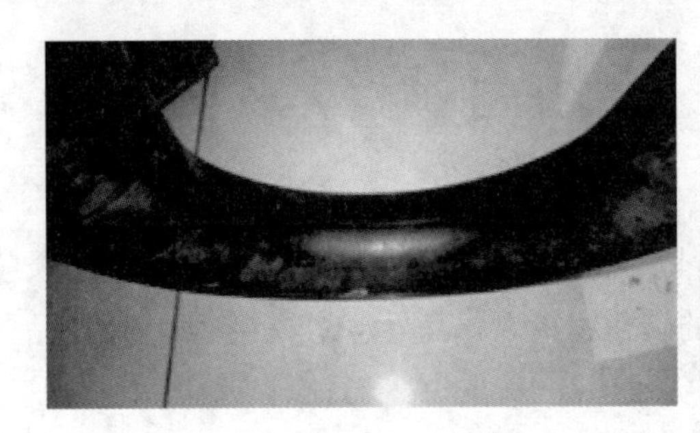

图 4 - 27　U 型弯头宏观形貌

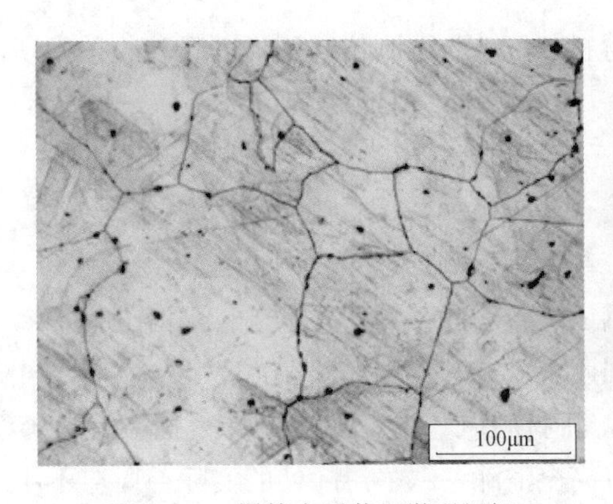

图 4 - 28　爆管内弧截面微观组织

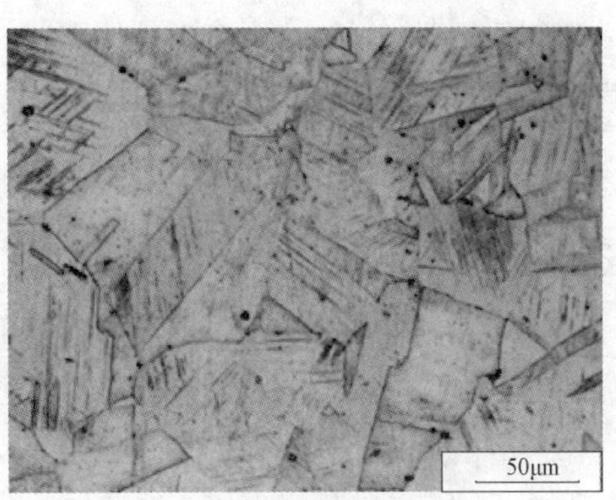

图 4 - 29　备品备件样品微观组织

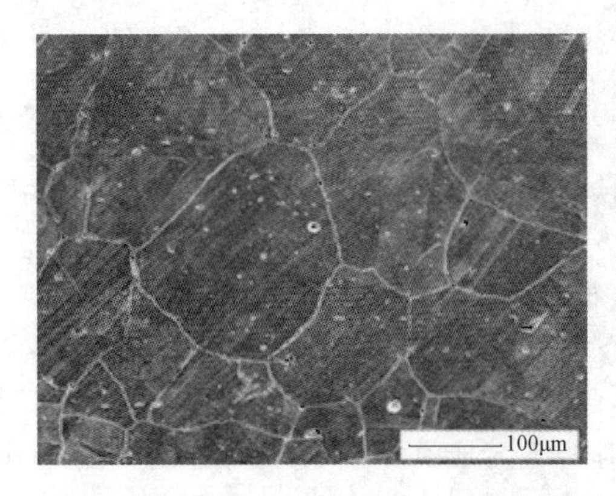

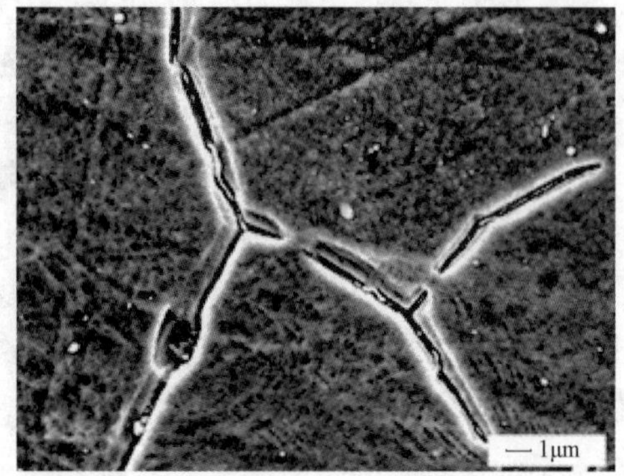

图 4-30　爆管弯头内弧侧扫描电镜图

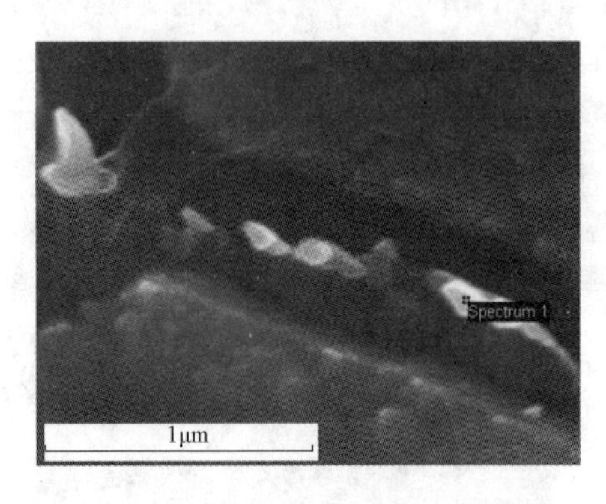

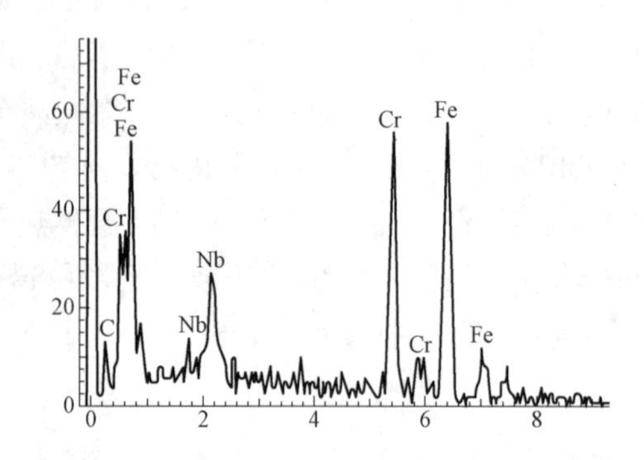

图 4-31　爆管弯头内弧侧晶界碳化物能谱分析

3. 暴露出的问题

（1）热处理工艺不当，奥氏体钢未进行固溶处理，导致 U 型弯头处位错和残余应力增加，产生的残余应力、位错会加速 Cr 的碳化物析出，晶界急剧贫 Cr 化，导致晶界抗腐蚀性能降低。

（2）加工过程中工艺控制不当，造成弯管存在不同程度的压痕缺陷，弯管成型效果不好，部分管子椭圆度超标。

（3）基建期质量监督工作不到位，新材料入厂验收不到位，到货入库验收未发现高温再热器管有原始缺陷。

4. 处理及防范措施

（1）更换泄漏、减薄超标管段，全面检查并更换存在表面缺陷的管段，严格执行受热面管换管过程相关规范，严格执行焊接工艺，焊口进行 100％检测并合格。

（2）完善供货技术条件，奥氏体不锈钢锅炉管冷加工后均要求进行固溶处理，以消除冷加工过程中的残余应力，降低材料的强度，恢复其塑性和韧性。

（3）严格受热面管入厂、使用前验收，新材料入厂时，其内、外表面不允许有裂纹、折叠、结疤、轧折和离层，这些缺陷应完全清除，缺陷清除处的实际壁厚应不小于壁厚所允许的最小值。

案例六、低温过热器高温氧化

1. 事件经过

某电厂 2 号机组锅炉型号为 DG3033/26.15 - Ⅱ1，系高效超超临界参数变压直流炉，采用单炉膛、一次中间再热、平衡通风、运转层以上露天布置、固态排渣、全钢构架、全悬吊结构Π型布置。

2017 年 12 月 23 日 8 时 51 分，机组负荷 1005MW，给水流量由 2996t/h 迅速增长至 3097t/h，“四管泄漏检测系统”锅炉尾部烟道 9 层低温过热器区域测点报警，就地检查低温过热器区域有明显泄漏声，判断低温过热器泄漏，11 时 55 分，机组停机。

2. 检查与分析

停炉后，检查发现低温过热器左数第 82 屏前数第 5 根（材质为 12CrMoV、规格为 ϕ50.8×11mm）距顶棚过热器下约 2m 处爆破，爆口呈喇叭状，边缘减薄明显，断面粗钝，附近管段管径胀粗、内壁氧化皮脱落，如图 4 - 32 所示。内窥镜检查爆管内壁附着翘起未脱落的氧化皮（见图 4 - 33），检查其他管子弯头有大量氧化皮堵塞（见图 4 - 34），爆管弯头未发现氧化皮堵塞，原因是管子爆破时氧化皮被高压蒸汽吹走。分析认为，经长时间（加氧）运行，部分低温过热器管子内壁氧化皮达到临界厚度，12 月中旬，机组停运期间低温过热器区域仅仅抽查了第一管圈氧化皮堆积情况，未发现其他管圈因启停阶段温度大幅度变化导致的氧化皮剥落堆积。12 月 22 日，机组启动运行后因堵塞造成管段不能被蒸汽有效冷却，最终泄漏。

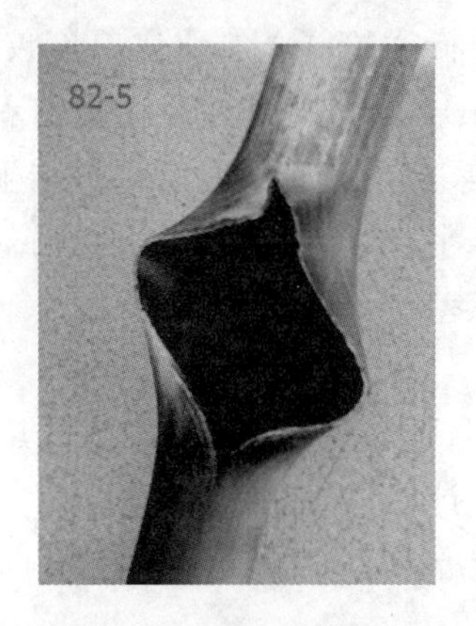

图 4 - 32 爆口宏观形貌

图 4 - 33 爆管内壁氧化皮堆积情况

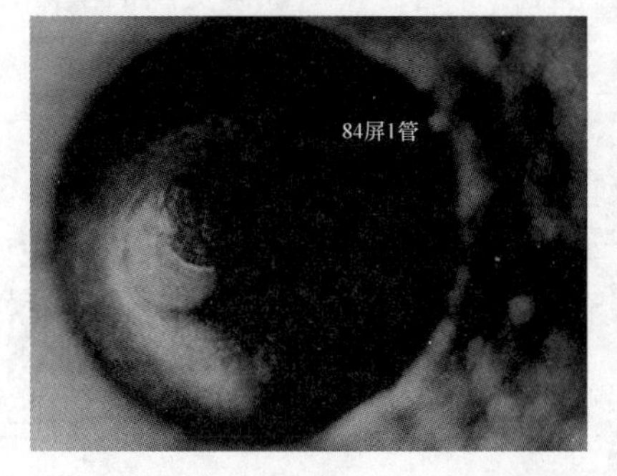

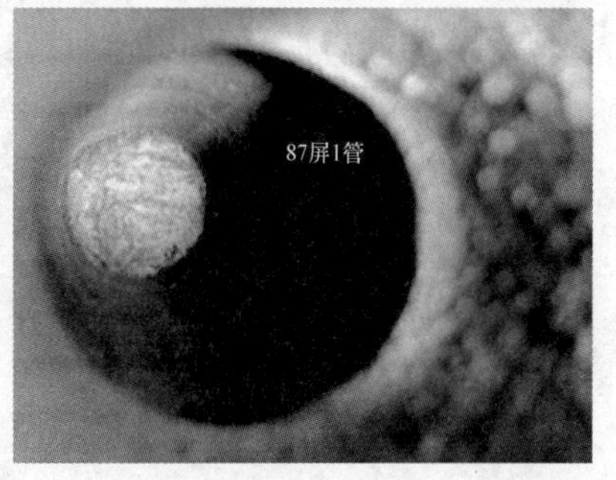

图 4 - 34 其他管子弯头氧化皮堆积情况

关于氧化皮的生成，可以说锅炉管氧化皮的生成是自然现象，是不可避免的。抛除材料本身的因素，其生成速率受到温度的影响，壁温高会加速氧化皮的生成。炉管在高温环境下，内外壁均会被氧化，在其抗氧化允许温度内，炉管的氧化皮生成速度较慢，炉管在设计寿命范围内能安全运行，但超过其抗氧化允许温度，炉管内壁会加速氧化。低温过热器氧化皮的形成不完全是近期形成的，而主要是前期运行壁温高时形成的累积。查阅温度曲线，发现2017年3月14日，低温过热器泄漏之前存在实际运行壁温有长时间超出抗氧化允许温度的情况。另外，还与低温过热器壁温偏高、所处的烟温高，以及沿炉宽的烟温偏差有关。历次检查发现的氧化皮堆积管子主要位于低温过热器壁温较高的区域，与沿炉宽的烟温偏差情况相符。

理论上，氧化皮越厚越易剥落，但实际案例中氧化皮剥落与氧化皮厚度没有确定关系，影响更大的是氧化皮是否致密无缺陷。有研究给出，对G102、12Cr1MoV、T23、T22材料的过热器管内壁氧化皮厚度的警戒线一般定为0.35mm，如果超过0.35mm，则建议电站加强监视和定期检测；如果超过0.5mm，则建议更换管子。对T91、T92等同等级材料的过热器管内壁氧化皮厚度的警戒线一般定为0.3mm，如果超过0.30mm，则建议电站加强监视和定期检测；如果超过0.5mm，则建议更换管子。对TP347H、TP304、S30432、TP347HFG、HR3C等不锈钢材料的过热器管内壁氧化皮厚度的警戒线一般定为0.1mm。如果超过0.1mm，则建议电站加强监视和定期检测；如果超过0.25mm，则建议更换管子。

此次停机后，取样对低温过热器氧化皮厚度进行了检验，氧化皮厚度仅有40～60μm，远未达到氧化皮易脱落的厚度（200～300μm），分析氧化皮发生提前剥落的原因与氧化皮的稳定性有关。影响氧化皮稳定性的因素有两点，即温度水平和生长环境（加氧影响等）。在不同的温度水平及不同的溶氧量水平，新产生氧化皮与原有氧化皮在结构、致密性上可能发生改变，导致氧化皮稳定性变差，从而发生剥落。

3. 暴露出的问题

（1）与同类型机组设计及运行参数对比，高效超超临界锅炉低温过热器选择12Cr1MoV材质，抗氧化性能设计余量过低，存在设计缺陷。

（2）锅炉沿炉宽存在明显的烟温偏差，导致各级受热面存在较大的壁温偏差，低温过热器有一段时间长期处于高温环境。

（3）防磨防爆工作落实不到位，四管检查内容不完善，未根据受热面实际运行环境采取有针对性和有代表性的抽查，对进一步采取措施产生了误导。

4. 处理及防范措施

（1）更换泄漏及吹损减薄管段；全面检查对低温过热器垂直段下弯头氧化皮堆积程度，并割管清理；测量低温过热器垂直段管子蠕胀，更换超标管段。

（2）研究、实施过热器系统化学清洗，清除氧化皮层；研究低温过热器管材升级改造可行性。

（3）加强锅炉燃烧调整，减小烟温偏差，使各级受热面管壁温偏差控制在合理范围内。

(4) 加强化学监督，严格控制汽水品质和省煤器入口氧量。

(5) 完善防锅炉四管泄漏措施，补充、细化防磨防爆检查内容，落实“逢停必查”。

第三节　疲劳与应力失效典型案例

案例一、水冷壁热疲劳开裂

1. 事件经过

某电厂2号锅炉为罗马尼亚ICPET锅炉厂生产，系塔式、中间再热负压燃烧、蒸发点可变的本生型直流锅炉，额定压力为19.2MPa。锅炉底部设计燃烧室（蒸发器），呈蛇型管圈式，然后竖直向上穿过整个对流烟道，内设过热器1、过热器2、过热器3、过热器4、再热器1、再热器2及省煤器，水冷壁布置炉膛四周。该机组于1996年9月3日投产。

2019年12月31日16时，2号机组负荷246MW，主蒸汽压力为17.83MPa，主蒸汽温度为534℃，炉膛压力为166Pa，主给水流量为753t/h，排烟温度为152℃，巡检发现前墙东北侧62～70m之间有异声，确认锅炉泄漏，机组停机处理。

2. 检查与分析

停炉后，现场检查发现水冷壁管存在1处开裂，位于前墙水冷壁标高约67m左数第67根，材质为13CrMo44，规格为ϕ30×6mm。泄漏点为横向钝口开裂，长24mm，宽1.5mm，边缘粗钝，无明显张口和吹损痕迹，向火侧外壁存在大量横向微裂纹，呈密集平行分布状态，如图4-35所示，为典型疲劳开裂特征。另外检查发现，二级再热器第8管屏从外往内第6根、第9管屏从外往内第3～7根、第10管屏从外往内第1～7根、第11管屏从外往内第1～5根存在不同程度泄漏，二级再热器管段周围未见明显胀粗、过热等现象，外壁有明显的吹损痕迹，爆口边缘减薄锋利，为典型的明显吹损减薄特征。分析认为，第一泄漏点为水冷壁管横向裂纹位置，泄漏介质造成对面同水平面附近的二级再热器管屏多处不同程度吹损减薄，现场泄漏区域情况如图4-36所示。

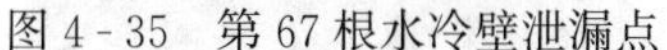
图4-35　第67根水冷壁泄漏点

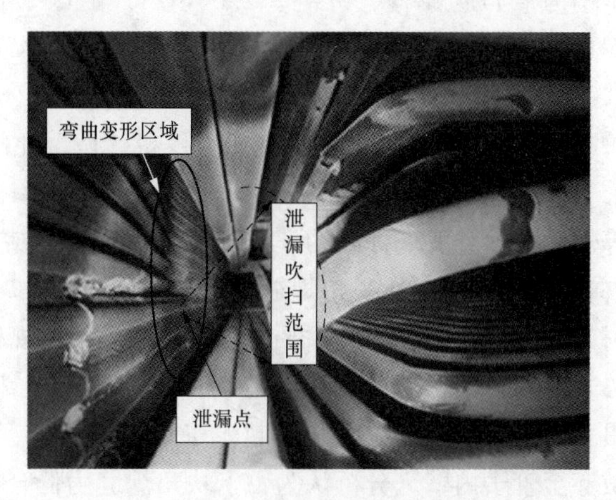

图4-36　泄漏区域情况

进一步查阅机组运行曲线，该机组近年来频繁参与深度调峰，机组在点火启动、停炉、切换磨煤机、深度调峰、升降负荷等工况下，水冷壁炉内管外壁受到冷、热交变应力影响。尤其是管壁温差大的区域，在冷、热交变应力的反复作用下，即经受温度交变造成了塑性变形损伤累积，从而在该区域水冷壁管壁频繁拉伸压缩，锅炉水冷壁管向火侧管壁形成了密集分布的横向疲劳腐蚀开裂，导致水冷壁管泄漏。该部位在2018年锅炉寿命评估时就存在水冷壁变形和频繁出现横向裂纹问题，2019年停机检修中处理了2处横向裂纹水冷壁管。

3. 暴露出的问题

（1）对二级水冷壁横向裂纹隐患检查检修力度不足，未采取有效措施对该区域水冷壁管整体进行更换，机组多次检修未能消除设备潜在隐患。

（2）对该区域水冷壁出现的问题未能进行详细、全面的检查和深入分析。

（3）检修台账不够完善，无法查询该次泄漏水冷壁的检修记录。

4. 处理及防范措施

（1）更换泄漏管段，检查更换附近吹损减薄超标管段。

（2）扩大检查，针对存在横向裂纹的管子进行更换处理。

（3）加强运行管理，在机组启停、切换磨煤机、深度调峰、升降负荷等工况下，严格按照规程要求控制升降温率，避免锅炉受热面管受到大负荷冲击。

（4）进一步加强事故应急处理能力，发生锅炉受热面管泄漏时，应及时停机处理，避免受热面损伤扩大。

（5）加快完成一期锅炉受热面评估工作，依据评估结果确定治理方案或对该区域水冷壁进行整体更换，彻底消除该区域水冷壁管横向裂纹缺陷。

案例二、分隔屏式过热器应力疲劳开裂

1. 事件经过

某电厂2号机组锅炉型号为SG-2023/17.5-M914，系亚临界、中间一次再热、强制循环汽包炉，采用平衡通风、单炉膛、悬吊式、四角切圆燃烧、固态排渣、紧身封闭、全钢构架Π型结构。机组于2006年11月10号投产。

2019年12月29日19时24分，机组负荷592MW，主汽压力为16MPa，主汽温度为543℃，主给水流量为1922t/h，主汽流量为1751t/h，“炉管泄漏报警”报警，现场检查炉膛有泄漏声。23时55分，机组停机。截至此次停机，该机组已累计运行9万h。

2. 检查与分析

停炉后，检查发现标高约61m分隔屏式过热器左数第1屏前数第25根管定位卡块（由上向下数第3层卡块）角焊缝处开裂，如图4-37所示，相邻同样高度对应第24根管母材吹损泄漏，分隔屏管材质为12Cr1MoVG，规格为ϕ51×6mm，定位卡块材质为ZGCr20Ni14Si2Mn15。微观组织分析，定位卡块与管子连接角焊缝根部沿管侧焊缝部位均贯穿管子母材的裂纹，裂纹起源于角焊缝根部管侧熔合线处，逐渐深入管子母材，直至贯穿至管子内壁。分析认为，卡块角焊缝为低合金钢和奥氏体钢的异种钢焊缝，两种材料线膨胀系数差别较大。据计算，在700℃时两种材料的胀差达0.5mm，温度越高，两种材料之间的胀差越大，产生较大应力，随着温度的变化，在卡块角焊缝处产生交变应力，最终导致应力疲劳开裂，并造成周边管子吹损泄漏。

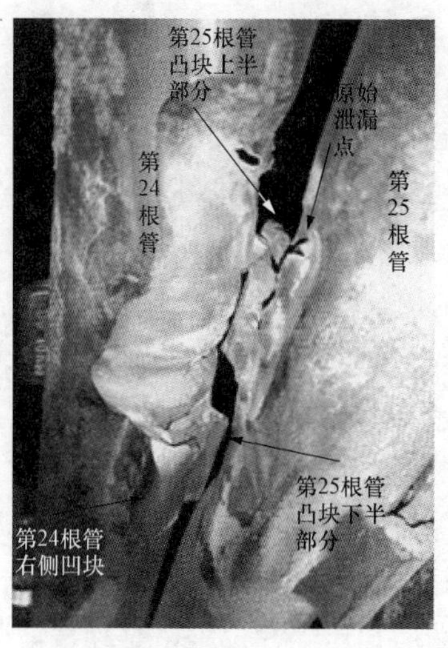

图 4-37　分隔屏式过热器泄漏宏观形貌

3. 暴露出的问题

（1）安装质量监督检验不到位，未发现受热面生产厂家的焊接质量问题。

（2）防磨防爆检查不到位，防磨防爆计划不完善，未见针对运行时间较长的管子防磨垫块连接焊缝的检测安排。

4. 处理及防范措施

（1）更换泄漏及吹损减薄超标管段，严格换管施工与焊接工艺质量要求，焊口 100%检测并合格。

（2）扩大检查分隔屏式过热器管与定位卡块角焊缝质量，存在问题及时处理。

（3）完善防磨防爆计划，对运行时间较长的管子与卡块连接焊缝利用超声波检测或金属磁记忆等方式进行定期抽样检查或割管检查，根据 DL/T 438 的要求，锅炉运行 5 万 h 后，检修时应对与奥氏体耐热钢相连的异种钢焊缝按 10%进行无损检测。

案例三、后烟井隔墙过热器应力拉裂

1. 事件经过

某电厂 1 号机组锅炉型号为 SG-1204/25.4-M4601，系超临界循环流化床锅炉。锅炉主要由悬吊全膜式水冷壁炉膛、汽冷旋风分离器、U 型返料回路及后烟井对流受热面等组成；锅炉的启动分离器及储水箱、炉膛水冷壁、汽冷旋风分离器、尾部包覆墙部分均采用悬吊结构。

2019 年 12 月 30 日 21 时 17 分，1 号机组负荷 293MW，主汽压力为 19.8MPa，主汽温度为 565.0℃，给水流量为 1091.9t/h，主汽流量为 1075.9t/h，炉膛负压为－169Pa，主汽流量小于给水流量运行，相差约－16t/h，之后机组运行给水流量与主汽流量差值逐渐增大。3 时 40 分，巡检发现 1 号炉左侧后烟井位置有泄漏声，报调度同意，机组停机。

2. 检查与分析

停炉后，检查发现后烟井隔墙过热器（材质为 12Cr1MoVG、规格为 ϕ45×6mm）集箱向下约 500mm 处左向右数第 5、6、8 根管泄漏，后烟井隔墙后侧二级高温省煤器管（材质为 SA210-C、规格为 ϕ45×6.5mm）左数第 4、5 根弯管泄漏，如图 4-38 所示。扩大检查发现后烟井隔墙过热器左数第 3、4、7、9 根管子右侧鳍片拼接处都存在不同程度的拉裂。分析认为，由于后烟井隔墙设计为膜式隔墙，除集箱外左右两侧均与左右包覆墙焊接固定，随着机组负荷的变化，膜式隔墙管无法自由膨胀而承受较大应力，在鳍片焊接端部撕裂，裂纹进一步延伸至管段母材导致泄漏。该部位自投产以来已连续发生了 4 台次拉裂导致机组“非停”。

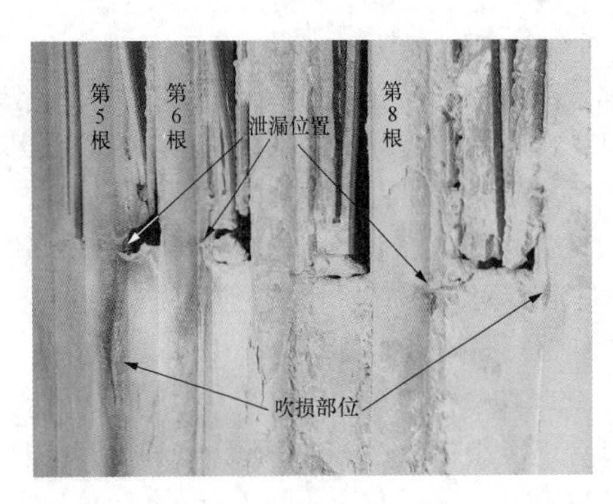

图 4-38　后烟井隔墙过热器第 5、6、8 根管泄漏情况

3. 暴露出的问题

(1) 后烟井隔墙结构设计不合理，在设计时虽已考虑集箱与隔墙热膨胀差异产生的应力释放问题并采取相应措施，但措施不到位、热膨胀补偿不足，不能完全释放集箱膨胀带来的应力。

(2) 防磨防爆检查工作不到位，后烟井隔墙上下集箱两侧管子因膨胀受阻多次发生拉裂泄漏，未引起足够的重视。

4. 处理及防范措施

(1) 更换泄漏管段，检查更换附近存在拉裂或吹损减薄超标的管段。

(2) 扩大检查后烟井隔墙上下集箱两侧管子鳍片端部和角焊缝位置，有异常情况时进行渗透检测和金属磁记忆检测，发现问题及时处理，消除潜在的安全隐患。

(3) 加快完成对后烟井隔墙膨胀问题的现场调研及设计优化方案，从根源上解决后烟井隔墙膨胀问题。

案例四、水冷壁应力拉裂

1. 事件经过

某电厂 1 号机组锅炉型号为 DG1950/25.4 - Ⅱ8 型，系超临界参数、W 火焰燃烧、垂直管圈水冷壁变压直流、全悬吊结构 Π 型锅炉，系国产首台 600MW 超临界 W 火焰炉。全炉膛高度为 56m，下炉膛尺寸为 32.121m×17.1m×34.435m，上炉膛尺寸为 32.121m×9.96m×21.565m，炉膛上部水冷壁和下部水冷壁经水冷壁混合集箱连接。机组于 2011 年 2 月 20 日完成 168h 试运转入商业运行。

2012 年 2 月 3 日 7 时 8 分，机组负荷 420MW，主汽压力为 19.23MPa，主汽温度为 545℃，总煤量为 185t/h，给水流量为 1219t/h，巡检发现标高 45m 前墙中间混合集箱中部水冷壁有明显泄漏声，判断水冷壁泄漏。12 时 50 分，机组解列。在此次停机前，该机组在短短一年内已连续发生 2 次水冷壁泄漏停机。

2. 检查与分析

停炉后，检查发现泄漏点为标高 45m 前墙水冷壁中间混合集箱入口水冷壁管，炉宽方向从左至右数第 360 根水冷壁，材质为 SA - 213T12，规格为 ϕ31.8×5.5mm，如图 4 - 39 所示。泄漏蒸汽吹损炉右侧相邻的 2 根直管子、5 个弯头。同时，检查发现前墙水冷壁在炉高方向整体呈现不规则波浪状变形，炉宽方向管屏连接部位不同程度向炉内拱出，拱出部位最大变形量为 150mm 左右，如图 4 - 40 所示。分析认为，水冷壁管排膨胀不畅，管排向炉膛拱出变形，膨胀中热应力拉裂水冷壁泄漏。管排膨胀受阻的直接原因是安装质量不佳，刚性梁死点未完全按照设计图纸焊接，且该区域校平装置有 2 根自由端点焊，如图 4 - 41 和图 4 - 42 所示，导致整个管排膨胀受阻。设计上，由于水冷壁中间混合集箱过渡段区域结构及应力分布不合理，锅炉实际运行中负荷调峰时水冷壁管间温差过大，甚至达到 110℃，是水冷壁多次拉裂的主要原因。

图 4-39 左数第 360 根水冷壁泄漏宏观形貌

图 4-40 水冷壁管排变形

图 4-41 刚性梁死点位置

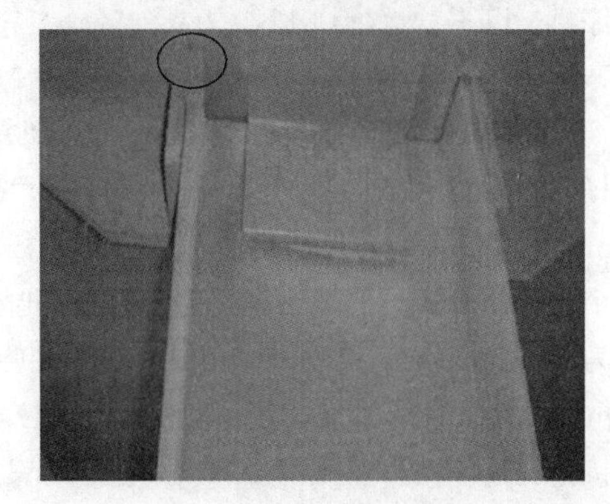

图 4-42 校平装置自由端位置

3. 暴露出的问题

（1）设计 6 台磨煤机共计 24 只燃烧器，在机组负荷低于 500MW 时需要停运 1 台或 2 台制粉系统，燃烧器数量及布置方式在锅炉调峰时适应性差，在变工况时沿炉宽方向存在明显的热负荷不均匀性。

（2）在设计中，因为过渡段区域的扁钢承受了下部水冷壁部分载荷，扁钢厚度（9mm）设计大于水冷壁壁厚（上部 7mm、下部 5.5mm），故水冷壁过渡段区域热应力相对集中。在应力释放时过渡段水冷壁管由于强度低于扁钢，导致水冷壁容易被扁钢拉裂而泄漏。

（3）安装质量监督不到位，存在安装与设计图纸不相符的质量问题。

4. 处理及防范措施

（1）更换泄漏管段，扩大检查更换附近存在拉裂或吹损减薄超标管段。

（2）新更换水冷壁管之间鳍片采用单边焊接工艺，避免水冷壁管再次由于热应力被拉裂。

（3）对于水冷壁管屏变形严重的区域，选择性在鳍片上增加了应力释放裂口，并在裂口端头增加了止裂孔。

（4）针对刚性梁、校平装置、膨胀装置及水冷壁管的安装质量进行全面检查、核实，并对每层刚性梁角部位置膨胀做好记录。

案例五、包覆管过热器应力拉裂

1. 事件经过

某电厂1号锅炉型号为SG-1025/17.44-M844，系亚临界中间一次再热控制循环汽包炉、单炉膛Π型露天布置、高强度螺栓全钢架悬吊结构、摆动摆角调节再热汽温、平衡通风、固态排渣。机组于2000年9月投产发电。

2018年8月5日7时55分，机组负荷279MW，主汽压力为15.7MPa，主汽温度为536℃，再热汽压力为3.05MPa，再热汽温为522℃，主蒸汽流量为877t/h，给水流量为902t/h，总煤量为133.27t/h，炉膛负压为-107.57Pa。巡检发现标高约32m处炉左后烟井有蒸汽泄漏声音，判断为后烟井左侧包覆过热器管子泄漏，机组停机。截至此次停机，已累计运行约12.5万h。

2. 检查与分析

停炉后，检查发现标高约32m处后烟井包覆管过热器2号角位置左墙后数第1根（材质为20G、规格为$\phi 51\times 6$mm）与鳍片连接焊缝熔合线上表面存在一条长度约为50mm的裂纹泄漏；左墙包覆管后数第2根（材质为20G、规格为$\phi 51\times 6$mm）管存在一个直径约10mm的泄漏孔，附近存在明显吹损减薄现象；后墙包覆管左数第1根（材质为20G、规格为$\phi 38\times 5.5$mm）有明显吹损减薄现象，附近鳍片吹损形成直径约为50mm的圆孔，图4-43所示为现场泄漏位置内、外情况。检查泄漏部位鳍片与包覆管焊接情况，该处为埋弧自动焊，焊接成型良好，宏观检查未发现未焊满、咬边等焊接缺陷。焊缝打磨后，宏观检查及渗透检测未发现夹渣、气孔。分析认为，左墙包覆管第1根管位于后烟井左墙与后墙的结合处，该处为应力集中位置，且外部与后烟井底部梳形板通过焊接方式连接，泄漏管与梳形板膨胀量不同，进一步加剧了焊缝处应力集中，随着机组的运行，最终导致应力开裂。泄漏后蒸汽吹损相邻第2根管，导致第2根管发生泄漏，左墙第2根管泄漏后，吹损后墙左数第1根管及附近鳍片。

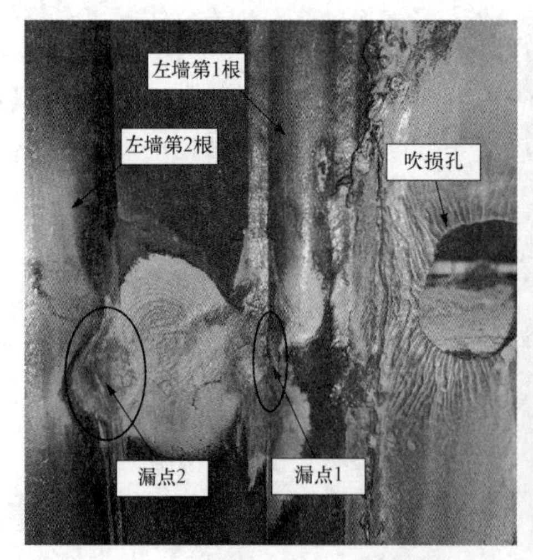

图4-43　泄漏位置炉内、外部情况

3. 暴露出的问题

对锅炉受热面带有梳形板等结构性焊接件（易产生应力集中）的部位未进行全面梳理和检查，未能及时发现和消除该处泄漏隐患。

4. 处理及防范措施

（1）更换泄漏及吹损减薄管段，新管段进行规格、材质复核，严格焊接工艺要求，新增焊口100%检测并合格。

（2）扩大检查后烟井包覆过热器1、3、4号角相同位置，发现问题及时处理，消除潜在的安全隐患。

（3）完善“一机一策”防磨防爆专项措施，全面梳理排查处理易产生应力集中的带有梳形板等结构性焊接件、角焊缝、交叉焊缝等部位，对该类结构部位采用渗透或磁粉等检测方法，开展防磨防爆专项检查。

（4）组织技术攻关，探讨后烟井底部梳形板设计结构的合理性，以及后烟井四角区域鳍片焊缝应力集中改造可行性，采取针对性措施。

案例六、水冷壁应力拉裂

1. 事件经过

某电厂7号机组锅炉型号为DG3000/26.15-Ⅱ1，系高效超超临界参数变压直流炉、一次再热、平衡通风、运转层以上露天布置、固态排渣、全钢构架、全悬吊结构Π型锅炉。

2017年7月25日8时50分，机组负荷950MW，总煤量为482t/h，主汽压力为24.9MPa，主汽温度为600.3℃，再热汽温为606.2℃，巡检发现前墙8层半附近位置声音异常，确认炉内受热面存在泄漏，机组停机处理。

2. 检查与分析

停炉后，检查发现前墙垂直水冷壁出口集箱左数第2只集箱右数第4、5根水冷壁管（材料为SA-213T12、规格为ϕ31.8×7.5mm）之间鳍片开裂，并延伸至第4根管壁造成1处开裂爆口，水冷壁鳍片存在切割后补焊现象，如图4-44和图4-45所示。分析认为，第4、5根水冷壁管之间鳍片焊缝为制造焊缝，为便于基建安装，对鳍片进行现场切割，由于切割不规范，切割缝末端未加工止裂孔，且对接焊缝焊接不规范，存在应力集中现象。随着机组运行，在结构应力和热交变应力作用下，鳍片焊缝开裂，并向母管扩展延伸，最终拉裂水冷壁第4根水冷壁管，并造成第2集箱右数第2～7根水冷壁管及附近2根顶棚过热器管吹损减薄泄漏。

3. 暴露出的问题

（1）防磨防爆管理存在薄弱环节。受热面安全隐患排查考虑不全面、检查不到位，特别对个别隐蔽部位检查存在盲点。

（2）基建质量监督不到位，对基建安装的水冷壁出口密封盒内管屏鳍片切割缝检查、治理不到位；对前墙垂直水冷壁出、入口集箱附近管子及相邻出口集箱管屏温差较大，存在较大热应力认识不足。

（3）对于前期受热面出现的问题，防范措施制定不完善，执行不彻底。

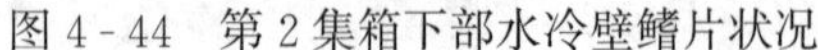
图 4-44　第 2 集箱下部水冷壁鳍片状况

图 4-45　第 4、5 根水冷壁间鳍片开裂及泄漏点状况

4. 处理及防范措施

（1）更换泄漏管段，检查并更换减薄超标及存在裂纹的管段。

（2）严格执行换管工艺控制，严格执行焊接工艺及质量标准，并做好关键点的检查监督验收。

（3）扩大检查，确认基建安装时临时切割缝末端无裂纹，且没有延伸至母材管壁，并在切割缝末端圆滑过渡，加工止裂孔，避免出现尖角。

（4）对照图纸，排查水冷壁结构及其附件，对现场存在的不符合项进行修正、完善。

（5）机组启停及正常运行期间，严禁升降温、升降压、升降负荷速率过快及超温、超压运行。

（6）加强锅炉防磨防爆管理工作，完善防磨防爆检查计划和整改措施，并落实执行。

第四节　磨损典型案例

案例一、水冷壁吹灰器吹损

1. 事件经过

某电厂 4 号锅炉型号为 SG1025-17.53-M842，系亚临界、自然循环、固态排渣、四角切圆、单炉膛、回转式空气预热器、煤粉 Π 型锅炉。锅炉水冷壁为全焊式膜式水冷壁，由 648 根 ϕ60×8mm、材料为 20G、节距为 76mm 的管子组成深 12.5m、宽 13.26m 的炉膛。前后墙水冷壁各有 170 根管子，两侧墙水冷壁各有 154 根管子。

2019 年 2 月 14 日 8 时 40 分 2 秒，机组负荷 280MW，主汽压力为 16.0MPa，主汽温度为 539.6℃，主汽流量为 816.3t/h，给水流量为 809.2t/h，汽包水位为－43.7mm，炉膛压力为－113Pa。8 时 40 分 55 秒，炉膛压力突然由约－113Pa 升至＋918Pa，后开始降低，最低降至－2520Pa，汽包水位下降至－186.2mm，4 号炉 MFT 动作，首出原因为“炉膛压力低”。整个炉膛压力波动过程中，时间短，锅炉无投油操作，火检和四管泄漏报警均无动作，汽轮机、发电机-变压器组联跳正常。现场检查发现炉本体有大量蒸汽泄漏，判断水冷壁泄漏。该机组于1999年10月16日投产，至此次停机，累计运行116186.1h，启停144次。

2. 检查与分析

停炉后，现场检查仅发现一处爆口，位于标高19m（锅炉2层半），短吹IR1炉后方向第5根管水冷壁管，材料为20G，规格为$\phi60\times8$mm，泄漏管段水冷壁向炉内变形凸出。爆口有明显吹损减薄痕迹，爆口边缘尖锐如刀片，爆口两侧厚度仅有2mm，爆口附近管径无胀粗，内壁未见纵向裂纹及氧化皮，如图4-46所示。对爆口附近管子进一步检查，发现IR1短吹后侧第2～10根管前侧均有吹灰器吹损痕迹，表面光滑，吹损壁厚实测最小1.96mm，距离吹灰器越远，剩余壁厚逐渐增大。

查阅吹灰器维护台账及报警记录，4号炉吹灰器在运行中较少发生卡涩、内漏等异常事件，日常维护保养得当，可见该次水冷壁吹损爆管与吹灰器设备缺陷无明显关联。结合吹灰器IR1的位置和运行状态，吹灰压力正常，但是由于低氮燃烧改造后，再热汽温高、减温水量大，为控制再热汽温、减少减温水量，短程吹灰器频率增加至每24小时1.5～3次，吹灰方式变更为每天均吹扫1～4层，加剧了水冷壁的磨损。另外，IR1吹灰器位于本体吹灰器系统的最底层，临近疏水管道，是锅炉本体吹灰程控动作的第一个吹灰器，不排除IR1在吹灰过程中将少量疏水带入炉膛，也进一步加剧了对水冷壁的冲刷。

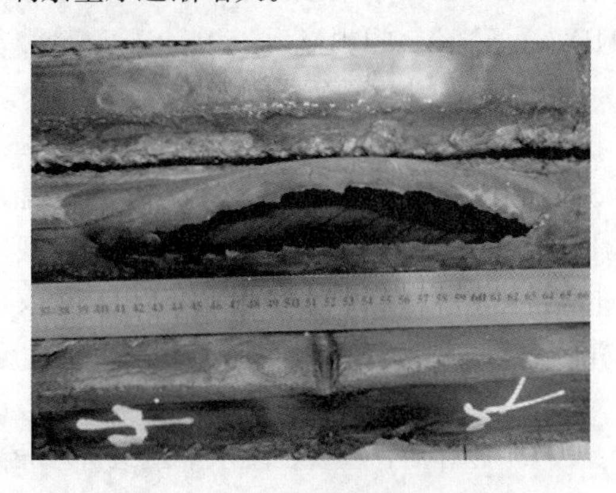

图4-46 水冷壁泄漏宏观形貌

综上分析，泄漏管段水冷壁向炉内变形凸出，IR1短程吹灰器吹灰频次增加，加剧了水冷壁的磨损，长期运行导致管子吹损减薄后无法满足强度要求，在壁厚最小处发生爆管。

3. 暴露出的问题

（1）吹灰管理监督不到位，对吹灰器蒸汽易造成管壁吹损认识不足。吹灰蒸汽疏水未设置温度测点，仅以疏水时间来判断，有可能存在疏水温度未超过蒸汽饱和温度的情况，吹灰蒸汽带水会加剧吹损。

（2）防磨防爆检查不到位，吹灰器附近受热面管应该作为重点部位、关键部位重点检查，但是仍存在出列变形的管段未处理。

4. 处理及防范措施

（1）更换泄漏管段，检查更换附近吹损减薄超标管段。

（2）加装疏水温度测点，以疏水温度来判断是否疏水到位，必要时重新修订吹灰程控逻辑。

（3）调研同类型机组锅炉同品牌吹灰器运行状况，优化锅炉吹灰管理，对于低氮燃烧改造后，再热汽温高、减温水量大的情况，探索更加完善的处理方案。

(4) 做好锅炉防磨防爆“逢停必查”工作，加强对吹灰器区域水冷壁管的宏观检查及厚度检测，发现出列变形及吹损减薄管段及时更换。

(5) 完善水冷壁管防磨防爆记录。在以后的防磨防爆检查中，记录全部检查数据，以作趋势分析，为金属技术监督提供数据支持和经验积累。

案例二、水冷壁吹灰器吹损

1. 事件经过

某电厂 2 号锅炉型号为 DG3024/28.35 - Ⅱ1，系超超临界参数、对冲燃烧、固态排渣、单炉膛、一次再热、变压直流锅炉。高温再热器由 74 片屏式再热器组成，布置于高温过热器后的水平烟道内，每屏 13 根。最外圈第 1 根规格为 $\phi 57 \times 4$mm，材质为 HR3C；第 2、3 根规格为 $\phi 50.8 \times 3.5$mm，材质为 HR3C；第 4～13 根规格为 $\phi 50.8 \times 3.5$mm，材质为 SUPER304H。

2018 年 8 月 29 日 8 时，机组负荷 826MW，主汽压力为 22.4MPa，主汽温度为 600℃，再热汽压力为 4.2MPa，再热汽温为 601℃，给水流量为 2454t/h，总煤量为 341t/h，炉膛负压为－66Pa。运行人员发现，凝汽器接颈补调长时间保持全开状态，凝补水箱补水调门补水频率偏高。就地检查发现 2 号炉水平烟道折焰角中部有泄漏声，判断有受热面管泄漏。10 时 15 分机组开始降负荷，20 时 10 分机组停运。

2. 检查与分析

停炉冷却后，检查发现水平烟道折焰角处水冷壁右数第 239、240 根有爆口，高温再热器右数第 34 屏后数第 1～5 根断裂、6～13 根泄漏，右数第 33 屏后数第 5～9 根及第 13 根泄漏，右数第 35 屏后数第 1～13 根泄漏。分析认为，爆口上游约 30cm 处布置有固定风帽式蒸汽吹灰器，吹灰器为固定安装，如图 4 - 47 所示。吹灰器出口方向不可调，汽源取自低温再热器进口连接管内蒸汽，正对出口的水冷壁管屏长期承受气流冲刷及飞灰磨损，导致管屏减薄泄漏，并将爆口上部高温再热器右数第 33～35 屏管子吹损泄漏。

图 4 - 47　水冷壁泄漏位置

3. 暴露出的问题

(1) 对水平烟道风帽式蒸汽吹灰器易造成管壁吹损认识不足。2 号机组在 2018 年的检修中已发现水平烟道风帽式蒸汽吹灰器区域出现了水冷壁吹损现象，且系统行业内已经发生过风帽式蒸汽吹灰器导致的受热面管壁吹损减薄现象。但该公司未了解到相关情况并未引起重视，未及时停用风帽式蒸汽吹灰器。

(2) 水平烟道风帽式蒸汽吹灰器设计存在缺陷，易造成管壁吹损泄漏。

4. 处理及防范措施

（1）更换水平烟道吹灰器附近水冷壁管，以及吹损减薄、泄漏的高温再热器管，新焊口100%检测并合格。

（2）做好锅炉防磨防爆"逢停必查"工作，加强对该区域积灰及磨损情况检查，发现问题及时处理。

（3）停止使用该固定风帽式蒸汽吹灰器，调研行业内同类型锅炉水平烟道积灰治理方案，采取有效措施，确保设备安全。

案例三、省煤器机械碰磨

1. 事件经过

某电厂2号锅炉型号为SG-1913/25.4-M965-1，系超临界参数变压运行螺旋管圈直流炉，单炉膛、一次中间再热、采用四角切圆燃烧方式、平衡通风、固态排渣、全钢悬吊结构Π型、露天布置燃煤锅炉。

2018年8月27日12时30分，机组负荷420MW，总煤量为164t/h，给水流量为1222t/h，主蒸汽流量为1193t/h。12时38分，DCS"炉膛泄漏"第36点报警。就地检查发现锅炉7楼半A侧省煤器灰斗处声音异常，省煤器下层漏水，确认A侧省煤器泄漏。为防止泄漏进一步扩大造成更大吹损，同时避免大量水汽进入SCR造成催化剂受损，机组停机处理。至此次停机，该机组累计运行58842h，启停66次。

2. 检查与分析

停炉后，检查发现泄漏点有2处，分别为省煤器炉右第1排上数第1根和第2根管与炉后数第2根低温再热器进口集箱悬吊管相互碰磨位置，省煤器材质为SA210C，规格为ϕ50.8×7.89mm，低温再热器进口集箱悬吊管材质为SA213-T12，规格为ϕ57.15×9mm。爆口均很小，直径约为5mm，爆口周围严重减薄，最薄仅为1mm，爆口周围存在明显与管子碰磨的凹坑伤痕，为典型的磨损减薄爆口，如图4-48和图4-49所示。

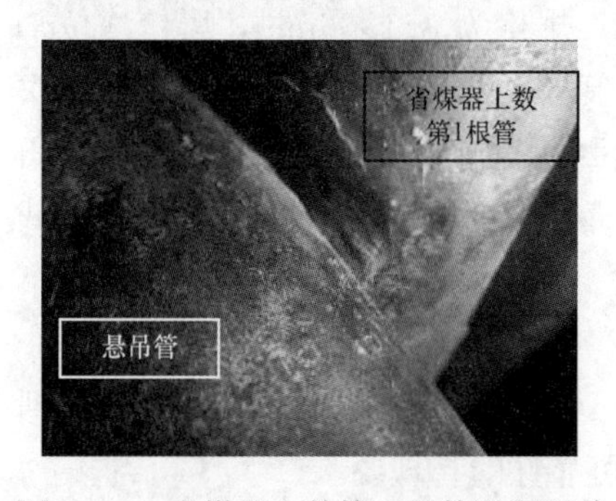

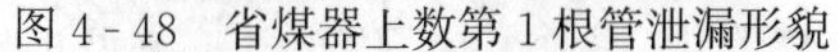

图4-48　省煤器上数第1根管泄漏形貌

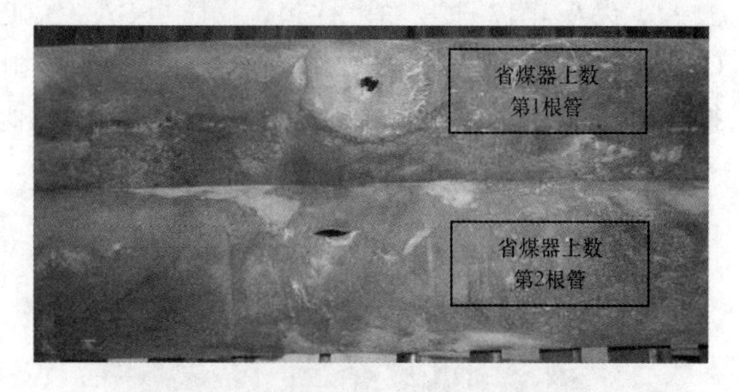

图4-49　省煤器上两处泄漏点形貌

分析认为，省煤器下层管排长期运行过程中发生偏移，右侧下层省煤器下部、尾部往右侧包墙处偏移，导致与右侧包墙下集箱引出的低温再热器进口集箱悬吊管发生碰磨，长期碰磨后管壁严重减薄发生泄漏，是该次省煤器泄漏的直接原因。防磨防爆检查工作对省煤器下部可能存在的碰磨情况未引起注意，导致管子长期碰磨未被发现，直至泄漏，是导致省煤器泄漏的间接原因。

3. 暴露出的问题

（1）防磨防爆检查工作不到位，检查计划和方案不全面、不细致，对比较隐蔽部位的检查仍然存在盲点，历次大小修检查时均未发现该处存在碰磨的安全隐患，防磨防爆检查管理不到位。

（2）省煤器管排在长期运行中会发生偏移，导致省煤器管排个别管子靠近两侧包墙，与低温再热器进口集箱悬吊管发生碰磨，未引起足够的重视。

4. 处理及防范措施

（1）更换泄漏及磨损减薄的省煤器管、低温再热器集箱悬吊管、过热器包墙管。

（2）扩大检查范围，排查省煤器与其他悬吊管碰磨情况。省煤器管排加装固定卡块，保证省煤器管排与低温再热器进口集箱悬吊管及包墙管之间的间距，防止发生碰磨。

（3）加强防磨防爆检查，完善防磨防爆计划，细化防磨防爆内容，把省煤器管排与低温再热器进口集箱悬吊管列入防磨防爆检查计划，并落实执行。

案例四、省煤器吹灰器吹损

1. 事件经过

某电厂 2 号锅炉型号为 DG1025/18.2 - Ⅱ13，系亚临界、一次中间再热、自然循环、全钢悬吊结构、单炉膛、Π 型布置、平衡通风、燃煤固态排渣炉。采用四角切向燃烧、百叶窗式直流水平浓淡摆动式燃烧器。

2017 年 2 月 13 日 10 时，机组负荷 225MW，巡检发现省煤器下部 A 侧出口烟道底部有水汽冒出，判断省煤器发生泄漏。为防止泄漏的省煤器冲刷附近的管子和脱硝催化剂受潮损坏，17 时 54 分，机组解列。

2. 检查与分析

停机后，检查发现现场共 3 处爆口，分别为省煤器管右往左数第 16 排上往下数第 24 根，以及第 17 排第 23、24 根，材质为 SA - 210C，规格为 $\phi51\times6$mm，爆口均位于 GR1 吹灰器吹扫孔正上方约 500mm 位置，爆口冲刷痕迹较明显，防磨瓦也存在明显吹损，如图 4 - 50 所示。分析认为，GR1 吹灰器进汽阀因控制机构卡涩动作不到位而关闭不严密，吹灰蒸汽将吹灰器上部省煤器管吹扫减薄，最终导致爆管，并造成多处吹损减薄超标。

图 4 - 50　省煤器泄漏现场图

3. 暴露出的问题

（1）吹灰设备管理不到位，未达到设备可靠性的管理要求。

（2）现场操作检查不到位，未及时发现 GR1 吹灰枪进汽阀机构卡涩。

4. 处理及防范措施

（1）更换泄漏及吹损减薄超标管段，焊口 100%检测并合格。

（2）处理并扩大检查省煤器吹灰器

进汽阀机械控制机构，确保其动作可靠。

(3) 加强吹灰现场操作管理，每次吹灰结束后检查确认相关阀门关闭到位、无泄漏。

案例五、水冷壁物料磨损

1. 事件经过

某电厂6号机组锅炉型号为HG-1025/17.5-L.HM37，系亚临界、单汽包、自然循环、平衡通风、岛式半露天布置的循环流化床锅炉。锅炉配备两台引风机、五台高压流化风机、两台二次风机和两台一次风机，锅炉除尘器为双室五电场高压静电除尘器。

2018年5月15日16时24分，机组负荷255MW，主汽流量为750t/h，给水流量为892t/h，主汽流量与给水流量差值逐渐增大。17时01分，给水与主汽流量差值为240t/h，现场检查发现标高16m附近有泄漏声，判断水冷壁泄漏；17时15分，机组解列停运。

2. 检查与分析

停炉后，检查发现标高15.7m左侧第146根水冷壁管爆破，材质为SA-210C，规格为$\phi 63.5\times 7.1$mm，爆口周围无涨粗，无腐蚀痕迹，存在明显磨损减薄，如图4-51所示。分析认为，该区域处于密相区与稀相区的过渡段，循环物料密度大，在床料长期冲刷磨损的作用下发生减薄。之前曾多次采用堆焊处理，管壁金属强度指标下降，当冲刷减薄到一定程度，管子强度不足以抵抗管内压力时，发生爆管，同时造成附近前墙、延伸墙水冷壁吹损减薄并发生泄漏。

3. 暴露出的问题

(1) 防磨防爆检查工作落实不到位，检查计划和方案不全面、不细致，对薄弱环节检查不够精细。

(2) 循环流化床锅炉炉膛水冷壁墙密相区浇注料过渡段磨损最为严重的部位，以往检查都存在不同程度的减薄，但因达不到换管条件而采用多次堆焊处理，使得金属强度指标等下降，存在安全隐患。

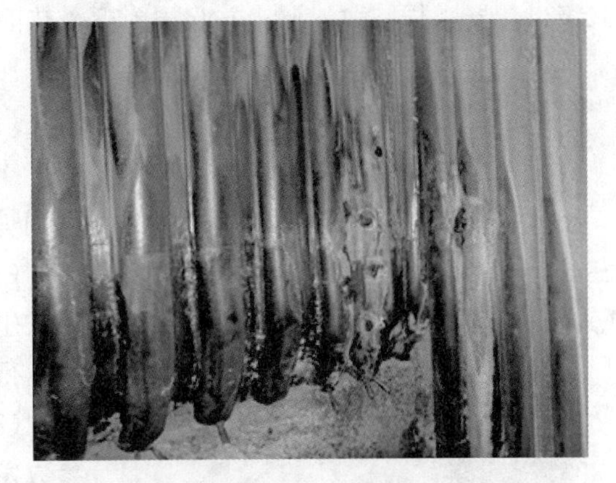

图4-51 水冷壁泄漏宏观形貌

4. 处理及防范措施

(1) 更换泄漏、减薄超标管段，严格控制焊接质量，焊后100%检测并合格。

(2) 严格落实“逢停必查”，重点排查水冷壁密相区浇注料过渡段区域，尤其是堆焊过的部位，磨损减薄达到或接近壁厚减薄标准即进行换管。

(3) 启动前做机组料层阻力试验，确定最低流化风量，为运行调整做准备。

(4) 组织调研同类型机组水冷壁墙密相区浇注料过渡段磨损情况及防磨处理措施，开展循环流化床防浇注料脱落专项研究，彻底改善该区域严重磨损现状。

案例六、末级过热器飞灰磨损

1. 事件经过

某电厂1号锅炉型号为SG-1180/17.5-M4004，系亚临界、一次中间再热、自然循环汽包炉，采用单炉膛Π型布置、平衡通风、冷一次风正压直吹式制粉系统、四角切向燃烧、直流燃烧器摆动调温、全钢构架悬吊结构、紧身封闭、干式固态连续排渣。

2019年8月17日8时20分，机组负荷234MW，主汽流量为730t/h，主汽温度为538℃，给水流量为664t/h，主汽压力为15.5MPa。8时47分，锅炉“四管”泄漏报警，巡检发现锅炉本体右侧52m 22号长伸缩式吹灰器有泄漏声音，判断锅炉受热面泄漏。11时2分，机组打闸停机。该机组于2011年11月23日投产，目前已累计运行56448.91h。

2. 检查与分析

停炉后，检查发现标高52m处末级过热器右数第1排前数第1根管（材质为SA213-T23、规格为ϕ51×7mm）泄漏，爆口张开较大，有明显的磨损减薄痕迹，如图4-52所示，附近包墙过热器管（材质为20G、规格为ϕ51×6mm）有明显吹损减薄；末级过热器左数第1排前数第1根及附近包墙过热器管减薄明显；末级过热器67个烟气通道仅有最左侧2个和最右侧4个烟气通道畅通，其他烟气通道全部被结渣和积灰堵塞。分析认为，准东煤（灰分低、水分高，易结渣、沾污）掺配比例增加，针对准东煤严重结渣和沾污特性的运行调整措施不完善，吹灰不到位，加剧了末级过热器区域的严重结渣和积灰；烟气通道堵塞，形成烟气走廊，局部烟气流速大幅增加；灰量大，导致末级过热器磨损减薄泄漏，并吹损附近受热面管段。

图4-52 爆口宏观形貌

3. 暴露出的问题

（1）入炉煤掺配管理经验不足，针对准东煤严重结渣和沾污特性认识不足，未能及时发现锅炉异常情况调整掺烧比例。

（2）吹灰管理不到位，锅炉煤种及外在负荷发生了变化，原有的吹灰制度已不适应现有的运行方式。

（3）运行监督管理不到位，机组部分重要参数发生偏离不能及时采取应急处理措施，比如末级过热器频繁超温、引风机入口烟气压力、空气预热器入口烟气及省煤器出口烟气压力出现异常，运行调整措施不完善，加剧了末级过热器区域严重结渣和积灰。

4. 处理及防范措施

（1）彻底清理结渣和积灰；全面检测磨损及吹损情况，更换受损管段，焊口100%检测并合格。

（2）加强配煤掺烧管理，制定掺配准东煤专项措施，完善吹灰措施，加强运行参数监视、燃烧调整。

（3）完善防磨防爆检查工作计划，将末级再热器检查作为防磨防爆检查的重点，做到“逢停必查”。

（4）开展大比例掺烧准东煤试验研究，形成专项技术措施。

案例七、包墙过热器飞灰磨损

1. 事件经过

某电厂2号机组锅炉型号为DG-480/13.7-Ⅱ10，系超高压、单炉膛、Π型布置、四角切圆燃烧方式、平衡通风、受热面采用全悬吊方式的锅炉。机组于2007年5月31日投产。

2017年1月14日18时01分，机组负荷121MW，炉膛负压由－35Pa突升至300Pa，主给水流量由455t/h升至540t/h，主汽流量由415t/h下降至385t/h，右侧高温再热器后烟温由702℃短时降至603℃。就地检查发现炉本体标高约35m右侧有较大泄漏声，判断过热器系统泄漏。19时58分，机组停机。截至此次停机，该机组累计运行40625h，启停52次。

2. 检查与分析

停机后，检查发现标高35m前包墙过热器右数第13根管（材料为20G、规格为$\phi42\times5$mm）爆管，爆口张开，有明显的磨损减薄痕迹，如图4-53所示，防磨护瓦翻转至背火侧；前包墙过热器右数第8、14、15根，以及左数第5根防磨瓦脱落，管子外壁有明显烟气冲蚀减薄痕迹。爆管微观组织正常，未发生明显球化，排除过热。分析认为，前包墙过热器处于烟气流通区域，受到烟气冲刷磨损，由于防磨护瓦翻转或脱落，造成大颗粒飞灰烟气直接冲刷前包墙过热器管，导致管壁磨损减薄泄漏。

3. 暴露出的问题

（1）防磨瓦安装施工不到位，处于烟气通道内的第一排管排向火侧防磨瓦未牢固安装，出现脱落或翻转，且未及时处理。

（2）“逢停必查”落实不到位，防磨防爆检查工作不细致，未及时发现烟气通道内受热面防磨瓦脱落或翻转。

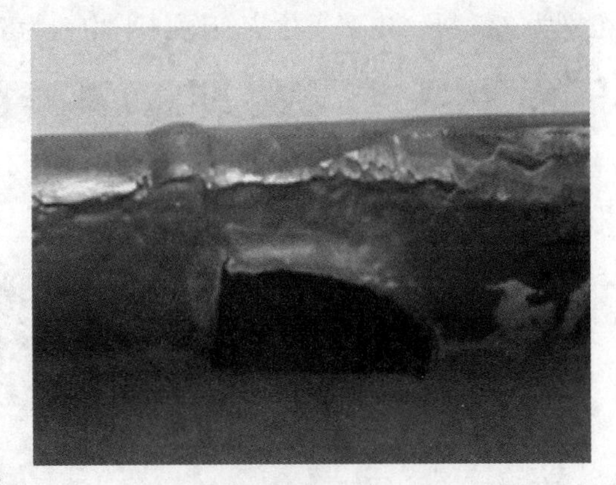

图4-53 爆口侧面宏观形貌

4. 处理及预防措施

（1）更换泄漏及壁厚减薄超标的管段，严格施工工艺和焊接质量标准，焊口100%检测并合格。

（2）严格落实“逢停必查”，重点检查容易磨损区域防磨瓦脱落或翻转，定点测厚，发现问题及时处理。

（3）加强运行管理，优化运行参数，尽量避免烟速过大；提高燃煤煤质，减少飞灰颗粒度，减少飞灰对管子的冲蚀磨损。

（4）对于易磨损部位的受热面考虑采用喷涂耐磨材料、加装防磨瓦等措施，严格全过程质量管控，严格验收。

第五节　质量缺陷典型案例

案例一、低温再热器制造缺陷

1. 事件经过

某电厂 1 号机组锅炉型号为 DG1900/25.4 - Ⅱ1，系超临界参数变压直流本生型锅炉，一次再热、单炉膛、尾部双烟道结构，采用平行挡板调节再热汽温，固态排渣、全钢构架、全悬吊结构、平衡通风、露天布置。

2018 年 11 月 16 日 6 时 30 分，机组负荷 592MW，锅炉四管泄漏装置发出报警信号，巡检发现标高约 60m 处锅炉水平烟道出口炉右侧有明显漏汽声，判断锅炉受热面泄漏。21 时 46 分，机组停机。该机组于 2007 年 10 月投产发电，截至此次停机，已累计运行约 7.8 万 h。

2. 检查与分析

停炉后，检查发现低温再热器垂直管段标高约 60m 炉右向左数第 53～55 屏共 12 根管子存在漏点。其中，第 53 屏前向后数第 9 根管（材质为 SA - 213T23、规格为 ϕ50.8×4.5mm）有一长约 89mm、宽约 1mm 的纵向开裂，如图 4 - 54 所示。开裂处管壁厚度未见明显减薄，裂纹两侧较近部位有明显吹损减薄及爆口，与裂纹相对的管排存在多处较小的爆口，均为典型的次生吹损减薄泄漏形貌。微观组织分析，近爆口处向火侧金相组织为回火贝氏体，贝氏体花纹较清晰，碳化物向晶界聚集长大，组织有老化现象，老化级别为 3.5 级，内壁氧化皮较薄，平均约为 60.18μm，属中度老化，如图 4 - 55 和图 4 - 56 所示。图 4 - 57 所示为爆口处裂纹微观形貌，裂纹明显为沿晶扩展，且局部不连续，说明裂纹的形成开始是在晶界多处萌生微裂纹；未连续的裂纹尖端明显发生氧化钝化，裂纹中间存在大量氧化物，说明裂纹的形成时间较长。综合分析认为，钢管轧制过程中产生线性缺陷，后续热处理过程中，裂纹断面和尖端受高温氧化，逐渐发生氧化钝化，缺陷保留在管子内。随着机组长时间运行，裂纹源慢慢扩展，然后逐渐连接在一起，最终泄漏，并导致另外多根管子相继吹损泄漏。

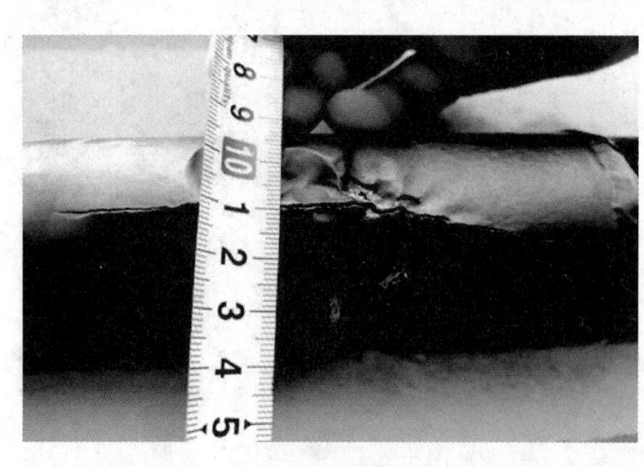

图 4 - 54　低温再热器裂纹爆口形貌

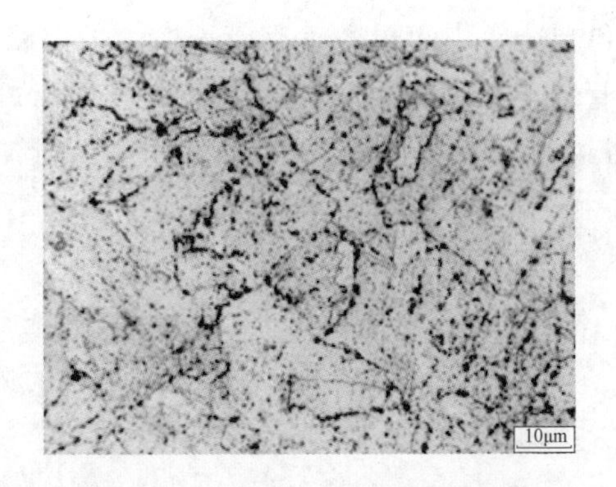

图 4-55　近爆口处向火侧金相照片

图 4-56　近爆口处向火侧内壁氧化层形貌

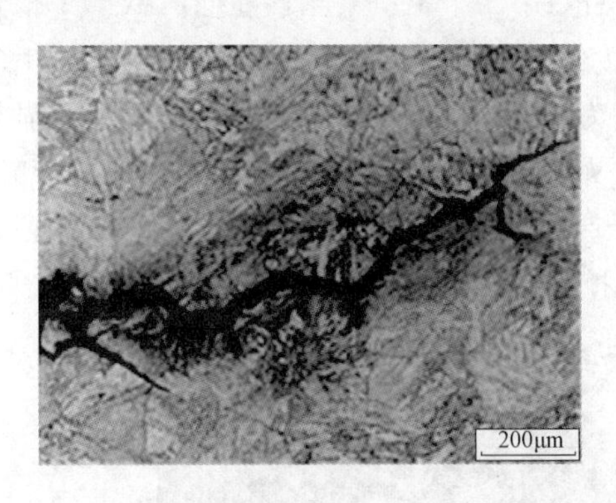

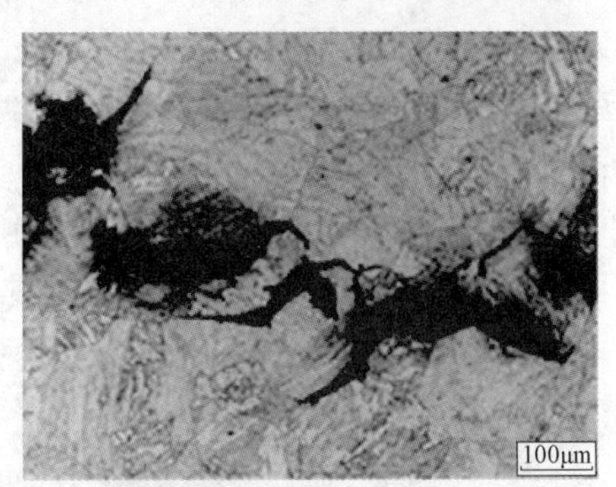

图 4-57　爆口裂纹扩展形貌

3. 暴露出的问题

(1) 管子加工过程中工艺控制不当，造成弯头处存在缺陷。

(2) 基建期质量监督工作不到位，新材料入厂验收不到位，到货入库验收未发现低温再热器管有原始缺陷。

(3) 防磨防爆检查重点区域未细化，未及时排除安全隐患。

4. 处理及防范措施

(1) 全面检查，更换泄漏、减薄超标管段，严格执行受热面管换管过程相关规范，严格执行焊接工艺，焊口进行 100%检测并合格。

(2) 完善防磨防爆检查计划，抓好机组检修中防磨防爆检查，加强责任落实与追究，提升检修质量。

(3) 严格受热面管入厂、使用前验收，新材料入厂时，其内、外表面不允许有裂纹、折叠、结疤、轧折和离层，该类缺陷应完全清除，缺陷清除处的实际壁厚应不小于壁厚所允许的最小值。

案例二、水冷壁制造缺陷

1. 事件经过

某电厂 4 号机组锅炉型号为 DG3100/26.15 - Ⅱ1，系超超临界参数、变压直流炉，系对冲燃烧方式、固态排渣、单炉膛、一次再热、平衡通风、全钢构架（带紧身封闭）、全悬吊Π型结构。上炉膛水冷壁采用结构和制造较为简单的垂直管屏，由上部管屏、折焰角管屏、水平烟道包墙管屏和凝渣管屏四部分组成。上部管屏管子材料为15CrMoG，规格为ϕ31.8，节距均为63.5mm。水冷壁出口工质汇入上部水冷壁出口集箱后由连接管引入水冷壁出口汇集集箱，再由连接管引入启动分离器。该机组于2011年5月投产。

2019年9月22日1时30分，机组负荷958MW，总煤量为482t/h，主汽压力为24.9MPa，主汽温度为600.3℃，再热汽温为606.2℃。巡检发现电梯九层半炉前偏左侧位置有异声，判断水冷壁泄漏。9时56分，机组停运。

2. 检查与分析

停炉后，检查发现前墙垂直水冷壁左向右数第4个出口集箱，左向右数第1根管子（材料为15CrMoG、规格为ϕ31.8×7.5mm）距出口集箱400mm处裂纹泄漏，如图4-58所示。裂纹呈纵向，长度为38mm，宽度为0.5mm左右，管子内壁有2道明显裂纹及数条轻微刮痕。漏点附近无明显减薄，且无过热痕迹，着色检查未发现热疲劳裂纹，如图4-59所示。分析认为，该管段加工制造时在管子内壁产生原始缺陷（划痕），随机组运行温度变化出现热变形，形成裂纹并扩展延伸，直至穿透管壁造成泄漏。

图4-58 泄漏管段内、外宏观形貌

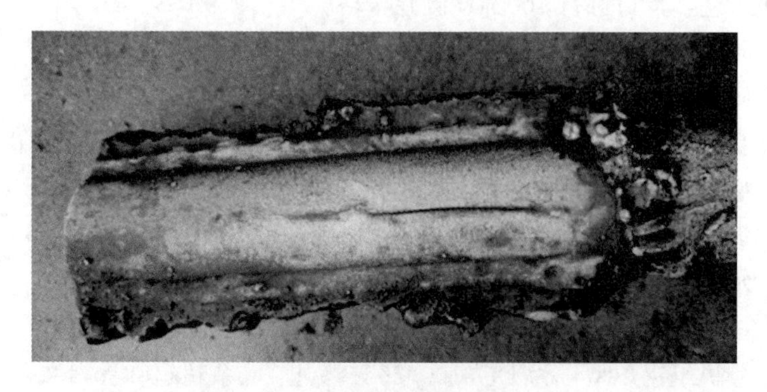

图4-59 泄漏水冷壁管着色检查

3. 暴露出的问题

（1）管子加工过程中工艺控制不当，造成弯头处存在缺陷。

（2）基建期质量监督工作不到位，新材料入厂验收不到位，到货入库验收未发现水冷壁存在的原始缺陷。

4. 处理及防范措施

（1）更换泄漏管段，严格执行焊接工艺，并对新焊口进行100%检测并合格。

（2）扩大排查范围，排查水冷壁出口集箱附近管段情况，消除缺陷。

（3）完善防磨防爆检查计划，加强各汽水集箱进出口管段检查，确保重点部位重点查、关键部位频繁查、一般部分滚动查、时间充裕全面查，发现问题及时处理。

（4）严格受热面管入厂、使用前验收，避免使用带缺陷管材。

案例三、包墙过热器焊接质量缺陷

1. 事件经过

某电厂1号机组型号为SG-1036/17.47-M884，系亚临界压力、自然循环汽包炉，单炉膛、一次中间再热、燃烧器摆动调温、平衡通风、四角切向燃烧、固态排渣、全钢架悬吊结构。机组于2005年底投产发电。

2019年9月10日20时30分，机组负荷200MW，发现炉膛压力突然冒正，从−57Pa涨至192Pa。20时45分，主汽压力从14.5MPa逐渐下降至13.0MPa，排烟温度从129℃上升至151℃，蒸发量小于给水量达100t/h，引风机出力明显增加，电流从213A上升至285A，汽温持续上升，氧量下降至1.8%，且四管泄漏监测装置11时到18时泄漏报警。就地检查发现锅炉50.8m左墙处有明显泄漏声，判断过热器泄漏，机组停机。

2. 检查与分析

停炉后，检查发现包墙过热器出口集箱左数第19根管座焊缝泄漏，裂缝尺寸为24mm×8mm，焊缝边缘有较深咬边，集箱下部3m范围内无固定管卡，附近中部、下部管卡已缺失或松脱。泄漏介质将集箱底部表面吹损出多条沟壑，并将左数第20根管座焊缝吹损，导致第20根管沿焊缝熔合区形成断裂。断裂后泄漏汽水介质又将第19根集箱管座焊缝下部120mm处冲刷减薄形成爆口，并将第21根、低温过热器左数第4屏下向上第1根，以及左数第5屏下向上第1根冲刷减薄，具体形貌及位置关系见图4-60。对剩余89根集箱管座焊缝进行打磨着色检查，发现62个集箱管座焊缝下部熔合线有不同程度的微裂纹或咬边等缺陷，如图4-61所示。分析认为，管座焊缝存在咬边缺陷，同时管卡缺失导致管子晃动，在集箱接管座应力集中部位产生附加应力，长时间运行后缺陷发展至泄漏。

3. 暴露出的问题

（1）基建期质量监督工作不到位，对包墙过热器管座角焊缝焊接缺陷未能及时发现；包墙过热器管长10.5m，未充分考虑包墙过热器管运行中烟气冲刷振动问题，仅在中部和下部装设管卡，留下事故隐患未能及时发现。

（2）防磨防爆工作不够细致，机组检修期间未能及时发现并修复中部、下部管卡缺失或松脱现象，未能针对集箱接管座等重点部位制定合理的滚动检查计划，未发现焊口咬边、裂纹等缺陷。

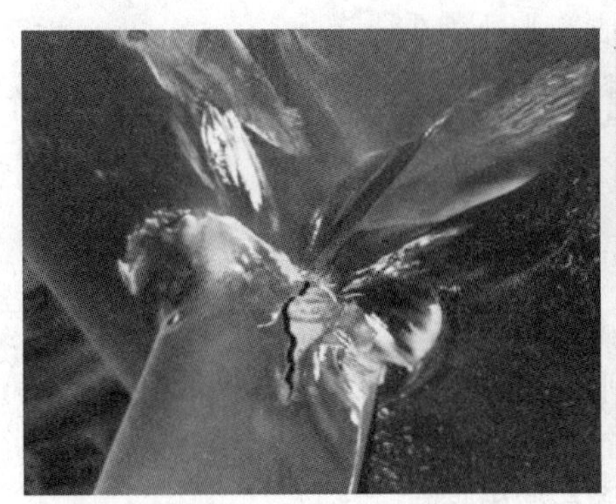

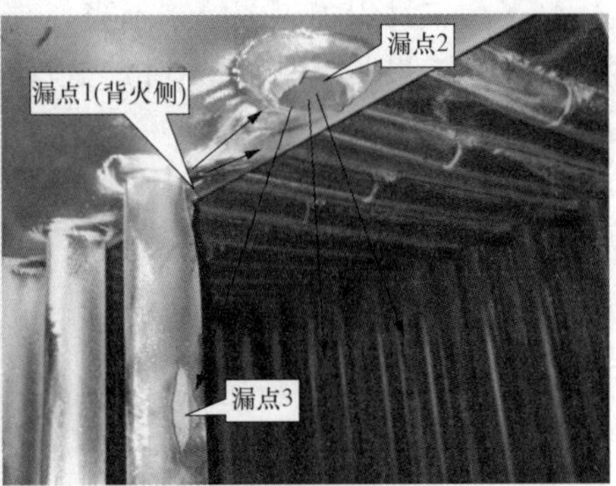

图 4 - 60　现场泄漏位置及宏观形貌

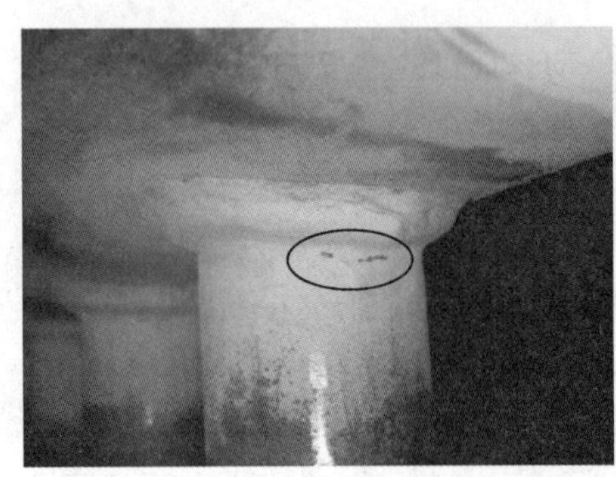

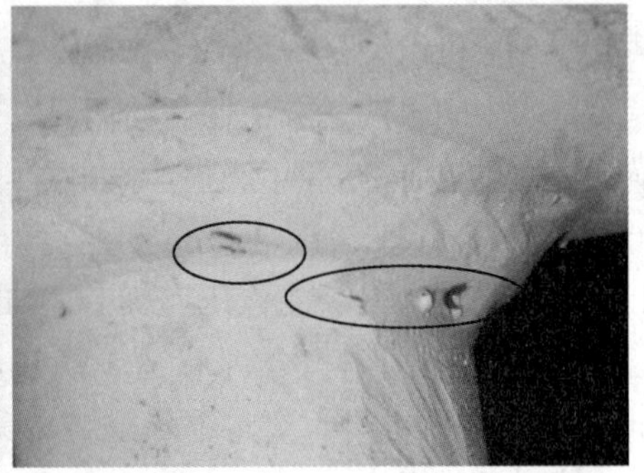

图 4 - 61　着色检查缺陷形貌

4. 处理及防范措施

（1）检查更换泄漏及冲刷减薄超标管段，严格执行施工工艺、焊接工艺及质量要求，焊口 100％检测并合格。

（2）在集箱下浮 600mm 处加装一层固定管卡，并恢复原有松脱或缺失的两层管卡，减少管排晃动。

（3）制定集箱管座焊缝缺陷专项排查计划，并落实执行，消除隐患。

案例四、水冷壁焊接质量缺陷

1. 事件经过

某电厂 2 号机组锅炉型号为 HG - 1900/25.4 - WM10，系一次中间再热、超临界压力变压运行带内置式再循环泵启动系统的直流锅炉，单炉膛、平衡通风、固态排渣、全钢架、全悬吊结构、Π 型布置、露天布置。锅炉设计燃用无烟煤，采用 W 火焰燃烧方式。

2016 年 1 月 23 日 8 时 15 分，机组负荷 450MW，总煤量为 215t/h，主汽压力为 17.5MPa，主汽温度为 562℃，再热汽温为 548℃。巡检发现水平烟道处有蒸汽泄漏声音，确认受热面泄漏。18 时 25 分，机组解列。

2. 检查与分析

停炉后，检查发现折焰角水冷壁炉右向炉左数第 235、236 根（材质为 15CrMoG、

规格为 ϕ44.5×6.5mm）距底部弯头约 2.5m 范围有 5 处大小不同的泄漏孔洞，外壁存在明显堆焊痕迹，如图 4-62 所示。堆焊层是 2015 年 9 月该处管子泄漏处理时堆焊生成的。沿轴线方向将泄漏管段剖开，内壁存在多处焊瘤，渗透检测发现断面上有裂纹、气孔等缺陷，如图 4-63 和图 4-64 所示。分析认为，折焰角低墙水冷壁现场采取堆焊处理，由于焊接操作不当，造成水冷壁管局部存在烧穿管壁现象，且烧穿管壁的焊缝上存在贯穿性孔洞。高温高压水蒸气在压力的作用下从经贯穿孔洞的气孔、裂纹、条形槽等间隙中喷出，最终导致泄漏，并造成相对的高温过热器从炉右往炉左数第 13～16 屏管子吹损减薄泄漏。

图 4-62　泄漏水冷壁宏观形貌

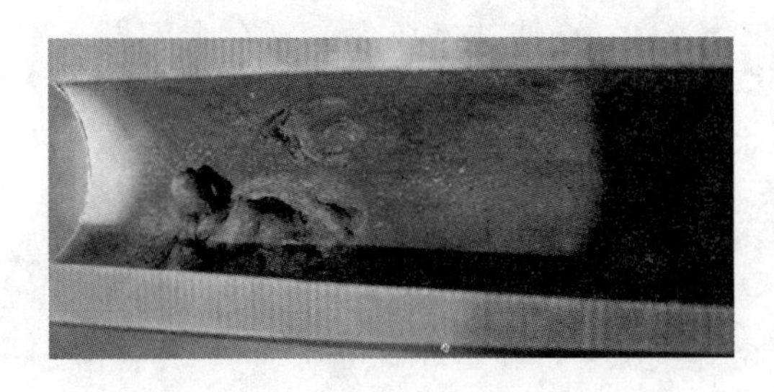

图 4-63　堆焊烧穿产生的焊瘤

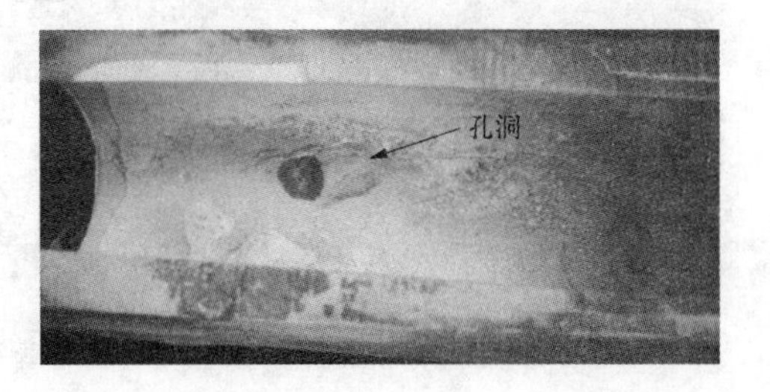

图 4-64　堆焊烧穿产生的气孔缺陷

3. 暴露出的问题

（1）“四不放过”落实不到位。该处水冷壁在 2015 年 9 月发生泄漏，当时采用堆焊处理的方法消除缺陷，但该次消缺并未将导致泄漏的缺陷从根本上消除，可能仅将真正导致泄漏的缺陷的外表面封住。运行过程中，在内壁压力的作用下，缺陷扩展，导致泄漏再次发生。

（2）焊接质量控制不严，焊接工艺执行不到位。

4. 处理及防范措施

（1）更换泄漏及冲刷减薄超标管段。

（2）扩大检查，更换处理采用堆焊处理过的管子，彻底消除隐患。

（3）严格焊接工艺，做好过程监控和焊接质量把关，焊口 100%检验并合格。

案例五、省煤器机械割伤

1. 事件经过

某电厂 3 号锅炉型号为 HG-670/140-6，系超高压、一次中间再热、单汽包、自然循环煤粉锅炉，锅炉呈 Π 型布置，炉膛四周为膜式水冷壁，炉膛上方布置前屏式过热器，炉膛出口处布置后屏式过热器，水平烟道和尾部烟道中按烟气流动方向依次布置有对流过热器、再热器热段、再热器冷段、省煤器和管式空气预热器。

2016年8月16日，机组负荷150MW，主蒸汽流量为450t/h，主蒸汽压力为10MPa，主蒸汽温度为535℃，再热蒸汽温度为535℃，给水流量为430t/h，炉膛负压为－15Pa，氧量为3.9%。巡检发现省煤器泄漏，机组解列。

2. 检查与分析

停炉后，检查发现上级省煤器乙侧第51管排下往上数第2圈管子（材质为20G、规格为ϕ51×8mm）损伤泄漏，如图4-65所示。年中配合脱硝改造进行了省煤器分级，上级省煤器割除下部受热面，下集箱上移，在反应器出口增加下级省煤器。分析认为，因安装施工中需要切割原省煤器膜片，造成管材损伤，施工人员擅自对损伤部位采取补焊处理，机组运行中，损伤扩大导致泄漏，并造成上层及周边省煤器吹损。

图4-65 受损伤的省煤器管

3. 暴露出的问题

（1）施工人员执行检修工艺不严格，对检修过程发生的缺陷没有及时发现并进行处理，存在侥幸心理。

（2）金属技术监督管理存在问题，不能有效地对外委焊接、探伤及其他检测人员进行现场监督。

（3）验收过程不严格，存在的隐患没有及时发现。

4. 处理及防范措施

（1）更换泄漏及吹损减薄超标管段，严格焊接工艺，新增焊口100%检测并合格。

（2）加强锅炉监察和金属监督工作，严格执行锅炉防磨防爆检查制度，做好过程监控与焊接质量把关，做好验收工作。

（3）落实“逢停必查”，利用机组停机期间对受热面管材进行检查，尤其针对重点部位进行专项检查，消除隐患。

（4）进一步强化防磨防爆小组的责任制落实，加大奖惩力度，确保防磨防爆工作有效运转。

案例六、水冷壁垮焦砸伤

1. 事件经过

某电厂2号机组锅炉型号为SG-2023/17.5-M914，系亚临界、中间一次再热、强制循环、平衡通风、单炉膛、悬吊式、四角切圆燃烧、固态排渣、紧身封闭、全钢构架Π型循环汽包炉。机组于2006年11月10号投产。

2019年6月19日9时11分，机组负荷470MW，主蒸汽压力为15.88MPa，主汽温度为541℃，再热蒸汽压力为2.61MPa，再热蒸汽温度为541℃，炉膛压力为－22Pa。监盘发现2号炉主蒸汽温度、再热蒸汽温度快速上升，引风机电流增大，氧量增加，四管泄漏检测装置通道1～3、6、9号能量高报警。巡检发现锅炉2号角下水包保温漏水，确认受热面管泄漏。18时01分，机组解列。截至此次停机，该机组已累计运行91284h。

2. 检查与分析

停炉后，检查发现标高13.70m处冷灰斗2号角后墙斜坡段右数第44根水冷壁管（材质为SA-210A1、规格为ϕ51×6mm）沿鳍片焊缝的熔合线撕裂爆开，撕裂长度约为700mm，鳍片开裂长度约为2000mm，如图4-66所示。第40～48根水冷壁管发生变形，整体向炉外凸出，泄漏区域外部有一横向刚性梁变形向炉外凸出，如图4-67所示。分析认为，近期低灰熔点来煤偏多，掺配困难，造成入炉煤灰熔点低于设计值，且煤粉细度偏大，锅炉屏式过热器结焦严重，运行未及时调整、改变机组运行方式和进行燃烧调整，结焦加剧严重。当机组负荷降低波动时，炉膛上部受热面焦块剥落，将下方斜坡段水冷壁鳍片砸裂，并沿焊接熔合线撕裂水冷壁管，导致泄漏。

图4-66 水冷壁鳍片开裂及爆口形貌

图4-67 炉外刚性梁弯曲变形

3. 暴露出的问题

(1) 入厂、入炉煤管控不到位。低灰熔点来煤偏多，掺配困难，且煤粉细度持续偏高，未引起足够重视，未制定相应防范处理措施。

(2) 技术管理不到位。锅炉厂未设计一次风在线风速测量装置，运行人员无法准确判断一次风速实际运行状况，电厂未针对该“盲操”制定相应的防范措施。

(3) 运行管理不到位。对炉内结焦情况的监控和预判检查不及时，发现捞渣机出现异常焦块后，未能及时调整、改变机组运行方式和进行燃烧调整。

4. 处理及防范措施

(1) 清理炉膛上方受热面及冷灰斗区域焦块，更换冷灰斗处变形严重及撕裂水冷壁管，并做好水冷壁管检查。

(2) 加强入厂煤管理，合理安排各煤种采购比例，增加入厂煤化验频次，确保入厂煤质量。

(3) 加强燃煤掺烧掺配工作，积累掺烧掺配经验，探索大负荷配煤方案并指导入炉煤掺烧工作。

(4) 研究完善防结焦措施，明确不同负荷掺烧比例、煤粉细度、风压、氧量、吹灰频次及除焦剂使用量等，做好燃烧优化调整，加强炉内结焦检查，加强日常巡检，保证安全运行。

第五章

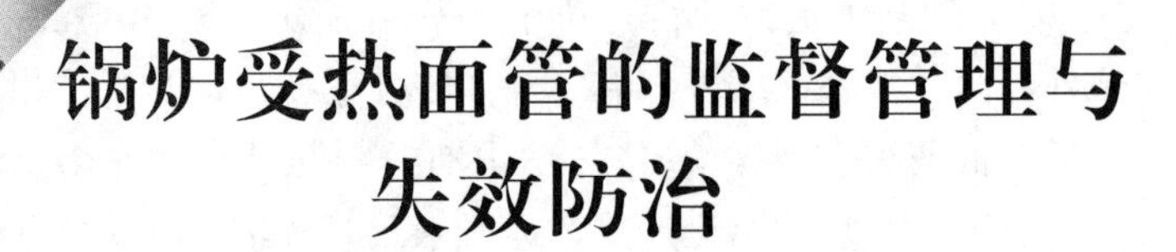

锅炉受热面管的监督管理与失效防治

第一节　锅炉受热面管的失效统计

据不完全统计，在我国大中型火力发电厂中，锅炉事故约占全厂总事故的70%。而锅炉四管泄漏在众多锅炉事故中出现最多，占锅炉事故的60%～70%，占全厂总事故的30%～40%，影响累计运行时间占年度“非停”总时间的60%～70%。四管泄漏是影响机组安全运行的首要因素。

2017—2019年，统计某集团火电机组锅炉四管泄漏分别为37、41、39台次，分别占年度机组强停的30.26%、32.54%、33.62%，相比其他专业原因年度强迫停运下降，锅炉四管泄漏强迫停运占比有逐年增加的趋势。通过数据分析发现，过热器、水冷壁是发生锅炉四管泄漏的主要受热面部件，占泄漏部件的80%，而过热、磨损、焊接质量缺陷是导致锅炉四管泄漏的主要原因。

一、过热问题

2017—2019年，过热或材质老化33台次，占比28.21%。其中，因异物堵塞造成短时过热爆管25台次，大多呈现为同电厂同台机组多次重复性发生泄漏，暴露出了现场检查不到位、检修工艺执行不严、验收标准执行不到位、外委管理存在漏洞等问题。汽水管道、集箱内因异物堵塞，造成受热面管内工质流量下降，引起管子超温过热爆管。按异物形成阶段的不同，可分为基建遗留异物、检修异物和自身产生的异物。基建遗留异物主要是由于制造、安装过程中执行防异物工艺措施不当和运输、存放保管过程中未做好封堵、防锈蚀等措施产生的；检修异物主要是在检修过程中，未严格执行封堵措施和检修工艺措施，进入汽水系统内的异物；自身产生的异物主要是由于制造质量不佳、结构设计不当、运行操作不当、汽水品质不良造成的，如脱落的内部构件、结垢、堆积的氧化皮等。

另外，随着机组运行时间的累积，目前火电燃煤机组即将面临达到一般广义上的机组设计寿命问题，即已投产运行30年。机组金属部件会发生一系列金相组织老化和力学性能劣化，使材料的强度和屈服点降低，持久韧性下降，其蠕变极限和持久强度下降，材料易失效，导致机组非停。

对长时过热问题，各发电企业应加强运行管理，提高监盘质量，尤其应加强对锅炉管易超温管段的监视，防止超温、超压运行；同时，加强设备的缺陷管理，及时消除影响锅炉四管金属壁温调整的设备缺陷，如减温水调门卡涩、燃烧器摆角卡涩等。对锅炉受热面管材过热、材质老化引起的泄漏，除了加强检修和运行管理外，还应认真做好分析及材料老化趋势管理，定期割管取样进行理化试验，根据管材劣化趋势确定边界条件，调整检查内容及采取应对措施，减少泄漏问题的发生。

二、磨损问题

2017—2019年，磨损导致四管泄漏24台次，占比20.51%。其中循环流化床浇注料脱落造成受热面飞灰磨损14台次，吹灰器吹损7台次，检查不到位造成长期机械碰磨3台次。浇注料脱落导致磨损是循环流化床机组四管泄漏的主要原因，如何防止浇注料脱落或者寻找其他防磨效果更优的代替品需要各发电企业多做努力。吹灰器吹损减薄泄漏，主要原因是吹灰频次过多、吹灰压力过高、吹灰蒸汽带水、起吹点设置不当、吹灰跟踪不及时及吹灰器故障等；暴露出部分企业对吹灰器运行管理及检修管理不到位，吹灰器吹扫区域防磨防爆检查不到位，防范措施不到位，未做好有针对性的防磨防爆工作。

三、焊接质量及应力拉裂问题

2017—2019年，出现焊接质量问题18台次，主要原因是施工工艺不当，焊接工艺不良造成焊接质量不佳，在焊缝上存在焊接缺陷，如未熔合、未焊透、气孔、裂纹等，或者焊缝成型不良，造成过大的应力集中。此外，在实际过程中，由于焊接过程监督不到位、三级验收不到位、焊后检查不到位，造成未及时发现焊接质量不佳。各发电企业应加强对焊接质量的把关，加强焊接过程监督，焊后100%检验。

2017—2019年，出现应力拉裂问题17台次，主要原因是结构设计不合理、现场安装不当造成膨胀不畅、局部应力集中而拉裂。发电企业应加强对易拉裂位置的检验检测，采取相应的应力释放措施；对于在役机组，检修维护过程中应严格控制施工工艺，加强过程监督及验收，避免因焊接工艺不良造成应力集中而开裂。

四、材质质量问题

2017—2019年，因材质质量问题导致四管泄漏14台次，每年都会发生。材质质量问题主要表现为：①制造加工缺陷；②材质成分不均或存在原始缺陷；③材质用错。这些问题暴露出基建期间安装质量的检验工作不到位，受监材料、备品备件在入库验收、保管、领用各个环节都存在问题，相关验收、保管、领用制度及相关记录无法追溯。各发电企业应高度重视，按照相关标准规范的要求，对受监的钢材、钢管、备品和配件按质量证明书进行验收。质量证明书中一般应包括材料牌号、炉批号、化学成分、热加工工艺、力学性能及金相、无损探伤、工艺性能试验结果等，数据不全的应进行补检，补检的方法、范围、数量应符合相关标准或订货技术条件。进一步加强基建期间安装质量的检验工作，关口前移，保证机组不“带病”运行，按照相关标准要求，切实做好材料的检验检测。

2017—2019年，过热器和水冷壁泄漏各为45台次，共占四管泄漏部件的76.9%，过热器、水冷壁是发生四管泄漏的主要受热面部件。其中，过热器泄漏的主要原因为过热及应力拉裂，过热器长期处于高温烟气和高温高压的蒸汽中，其工作的环境条件恶劣。随着运行时间的累积，材质老化趋势明显，加之异物堵塞（包括氧化皮）造成管内汽水流量减少，材质微观组织性能劣化加速，最终导致材质强度不足过热爆管。另外，随着运行时间的累积，过热器管子与定位卡块之间的焊接质量问题逐步暴露。主要原因是设计定位卡块采用不锈钢材质，存在异种钢焊接，因热膨胀系数不一致导致应力拉裂，且有逐年增加的趋势。如果能够有效解决过热器的过热和应力拉裂问题，就能大幅度减少过热器泄漏。

水冷壁管泄漏的主要原因是磨损、短时过热及拉裂。其中，水冷壁磨损泄漏主要发生在循环流化床机组，主要原因均为浇注料脱落。煤粉炉水冷壁磨损主要发生在吹灰器和风口位置，而水冷壁短时过热均为异物堵塞导致，如果能够针对性规范与加强水冷壁检修和检查工作，减少磨损和异物堵塞造成的短时过热，水冷壁泄漏将下降近 50%。值得注意的是，2019 年度水冷壁因热疲劳原因泄漏同比增加 3 台次。一方面，水冷壁结构较复杂，是主要的热量吸收部件，发生疲劳的概率高于其他部件；另一方面，火电机组经常参与深度调峰，负荷变化频繁、幅度大，启停频繁；再加上煤质条件变化，入炉煤质掺配不稳定，运行操作不当，造成因热负荷波动引起应力交替变化产生热疲劳现象增多。

综上所述可以看出，影响锅炉四管泄漏的因素很多，锅炉四管的泄漏治理是一项系统工程，涉及金属、锅炉、化学、热工等各专业，以及运行、维护、燃料等各部门，具有治理难度大、长期性、重复性及规律性等特点，需要从设计选型、材料选用、制造质量、安装质量、调试运行、检修管理、停备用保养、燃煤管理各环节进行全过程闭环控制。对在役机组而言，运行与检修维护至关重要，应加强运行管理、检修管理、停备用管理、材料备品备件管理、焊接质量管理等。

另外，通过分析还发现，虽然 2017—2019 年因锅炉四管泄漏机组强迫停运 117 台次，涉及多达 19 个区域，但是发生四管泄漏次数较多的前 6 个区域合计泄漏 79 台次，占比 67.5%；累计发生过四管泄漏 3 台次及以上的火电企业仅有 13 家，约占该集团火电企业的 13%。这些数据从另外一个角度说明锅炉四管泄漏主要集中在个别单位，个别区域、个别企业管理差距较大，部分单位管理缺位问题突出。

锅炉四管泄漏既有技术原因，又有管理原因，所有技术问题都可通过科学管理得以解决。对在役机组而言，运行与检修维护至关重要。而实际工作中，最主要的还是例行检修时的防磨防爆检查工作做到位，掌握趋势规律，做到重点部位重点查、关键部位强化查、一般部位滚动查、时间充裕全面查。

第二节　锅炉受热面管的监督管理

一、总体要求

防治锅炉受热面管泄漏，必须严格贯彻执行《锅炉安全技术监察规程》（TSG G0001—2012)、《电力行业锅炉压力容器安全监督规程》(DL/T 612—2017)、《电站锅炉压力容器检验规程》（DL 647—2004)、《火力发电厂金属技术监督规程》（DL/T

438—2016)、《防止火电厂锅炉四管泄漏技术导则》(能源电〔1992〕1069)、《火力发电厂锅炉受热面管监督技术导则》(DL/T 939—2016) 等的有关规定。

防治锅炉受热面管泄漏，必须坚持发电设备全过程管理，对锅炉的选型、设计、制造、安装、调试、运行、检修和改造等各个环节做好技术监督和技术管理；坚持“安全第一，预防为主，综合治理”的技术监督方针，坚持“趋势分析、超前预防、逢停必查”的原则，采取“统筹分析、综合判断”的方法指导锅炉受热面管的管理；坚持“四个凡事”，即凡事有人负责，凡事有章可循，凡事有据可查，凡事有人监督；坚持“四不放过”，即事故原因未查清不放过、责任人员未处理不放过、整改措施未落实不放过、有关人员未受到教育不放过。

防治锅炉受热面管泄漏，需要做好锅炉受热面管的监督管理，锅炉防磨防爆管理的关键是要“落实责任、闭环控制”。二级公司、发电企业要制定具体的实施细则，做到组织健全、程序合理、管理有序、责任落实、持续改进、闭环控制。一方面，二级公司要按照集团公司“做实”要求，制定完善的防磨防爆管理规定或办法，对所属发电企业监督、检查、指导、考核，要致力提升管理的规范性和管理水平，促进防磨防爆体系高效运转；另一方面，发电企业要按照集团、二级公司有关管理要求和技术要求落实防磨防爆的具体工作，制定具体的实施细则，严格执行防磨防爆管理规定、工作标准、技术标准，明确职责，狠抓落实，强化责任追究，严格落实奖惩，调动人员积极性。

1. 二级公司的管理规范

(1) 完善管理规定。进一步完善区域防磨防爆管理规定或办法，健全组织、明确职责、规范管理。统筹管什么、怎么管、谁去管、怎么评价、谁来评价、如何奖励与考核。

(2) 监督发电企业设立防磨防爆组织机构，并检查是否按集团要求开展相关工作。

(3) 审核发电企业年度防磨防爆计划，计划是否全面、是否落实反措要求、是否采取针对性措施、是否安排滚动检查。指导发电企业制定防磨防爆三年滚动检修计划。

(4) 监督复查发电企业计划检修机组的防磨防爆检查工作。对复查发现存在检查不到位、组织不得力的情况提出批评或考核。

(5) 统筹协调区域技术资源，服务于基层企业防磨防爆工作。技术力量或人员不足的区域公司，可相互合作，倡导互补互助。

(6) 推动“逢停必查”。严格要求发电企业按照《防止火电厂锅炉四管泄漏管理暂行规定》的相关要求，在锅炉大、小修或锅炉停运时间超 3 天时，防磨防爆小组要结合动态的防磨防爆措施和相应的四管检查、修理标准，确定对四管的重点检查内容、范围和方法，确定要采取的重点措施。结合机组检修周期，做到计划检修全面查、调停备用重点查、泄漏非停专项查。

(7) 推行查修分离。检查人员提高检查标准，检修人员提高质量标准，各负其责，监督闭环。

(8) 强化技术监督，特别是锅炉、金属、化学、热工技术监督管理，督促发电企业严格遵守技术监督规定。

（9）强化《防止电力生产重大事故的二十五项重点要求实施细则》的执行，定期组织反事故措施落实专项督查。

（10）定期总结，交流学习，针对本区域内非停较多的企业开展重点帮扶、专项提升，真正提高本区域防磨防爆工作的整体水平，促进锅炉防磨防爆工作整体进步。

2. 发电企业的管理规范

（1）成立以生产副总经理（或副厂长）为组长的防磨防爆小组，生产副总经理（或副厂长）要亲自参与、了解和掌握现场检查情况。机组大小修期间，生产副总经理（或副厂长）、总工程师至少参加一次本单位的防磨防爆现场检查。锅炉防磨防爆小组成员由设备管理、设备检修、运行等有关部门人员，以及锅监工程师、金属监督、化学监督和热工监督人员组成。成员必须经验丰富、责任心强，变动须由组长批准。

（2）完善细则。按照要求制定防磨防爆实施细则、工作标准、技术标准，设立防磨防爆组织机构，明确分工，落实各级人员责任，科学合理制定激励机制，保证奖惩落实到人，调动人员积极性。

（3）强化技术监督。充分认识技术管理的保障作用；严格遵守技术监督规定；各级领导要带头执行技术规定，杜绝违章指挥。

（4）规范运行。加强汽、水品质监督，加强超温超压管理、吹灰管理，加强燃烧调整、掺烧掺配、机组启停控制，杜绝因运行操作不当、监督不到位造成的锅炉受热面损坏。

（5）坚持逢停必查、检修分离。按照《防止火电厂锅炉四管泄漏管理暂行规定》的相关要求，在锅炉大、小修或锅炉停运时间超 3 天时，防磨防爆小组要结合动态的防磨防爆措施和相应的四管检查、修理标准，确定对四管的重点检查内容、范围和方法，确定要采取的重点措施。结合机组检修周期，做到计划检修全面查、调停备用重点查、泄漏非停专项查。

（6）规范检查。防磨防爆检查要按部位安排专责人，对各自检查结果负责；推行二级检查和厂级验收制度，对于检查不到位的要进行考核，发现重大缺陷要及时奖励。生产副总经理（或副厂长）、总工程师要亲自组织机组大小修后防磨防爆厂级验收工作。

（7）梯队建设。要保证检查人员的相对固定，并有计划地培养新员工。常态化组织人员培训，每季度集中培训活动 1～2 次，每年组织防磨防爆检查小组人员到相关科研院所、电厂交流 1～2 次。

（8）创造良好的条件，确保安全、方便。为检查人员配备必要、充足的检测仪器设备，以及相应的个人防护用品。

实际工作中，最主要的还是例行检修时的防磨防爆的检查工作，“检”要全面、细致、深入，检必检细，在锅炉四管防磨防爆检查中，要坚持做到检查面“横向到边，纵向到底”，检查人员“分别展开，交叉换位，多看多摸多测量多观察多分析”的原则。

同时，各发电企业应建立适合本单位实际的防磨防爆奖惩管理制度，贯彻重奖轻罚的原则，实行年度考核和大修考核目标责任制，建立有效的防磨防爆激励机制，鼓励人员发现问题、解决问题，用经济杠杆调动锅炉四管检查中检修人员的积极性。

二、检查人员的管理

各企业应设防磨防爆专责人一名，全面负责防磨防爆的技术管理工作，且应经过培训取得电力行业锅炉安全监察工程师资格。为提高检查人员的综合素质，应经常组织人员培训工作，每季度集中培训活动1～2次，每年组织防磨防爆检查小组人员到相关科研院所、电厂交流1～2次。

参与防磨防爆现场检查的人员应当具备相当的专业素质和责任心；应熟悉锅炉防磨防爆相关的标准规定；应熟悉本企业锅炉受热面系统，包括介质、流向、流程等。应熟悉本企业各主要受热面材质、规格、介质参数；应了解本企业锅炉在四管泄漏方面存在的问题，并结合检修进行有针对性的检查；负责锅炉防磨防爆检查相关资料的整理及保存建档；具备一定的锅炉防磨防爆检查的技能，并根据需要持续提高。

防磨防爆工作的开展与检查应遵循以下原则：根据难易程度、事故概率合理分工，明确防磨防爆人员的责任区，加强分工协作，互查、抽查、复查相结合；检查人员与检修人员应分开，检查人员负责检查及检修后的复查。锅炉防磨防爆检查应以本企业人员为主，对于检修外委企业应加强锅炉防磨防爆的监督检查。

三、技术资料的管理

各发电企业应建立锅炉四管管理台账，包括锅炉四管原始资料、运行数据、检修（改造）记录等。防磨防爆小组应每季度对四管台账进行分析，编写受热面管劣化趋势报告。

原始资料内容包括：锅炉型号、结构、设计参数、汽水系统流程、四管规格、材质、布置形式、原始组织、原始厚度、全部焊口数量、位置和性质、强度校核计算书、受热面管重大技术改造及变更图纸资料、技术改造或变更方案及审批文件、设计图纸、计算资料及施工技术方案、质量检验和验收签证等。

运行数据包括：锅炉投运时间、累计运行时间、启停次数，超温（超压）幅度及时间，吹灰器运行情况，汽水品质不合格记录等数据。

为了方便防磨防爆工作的管理，检修记录（台账）应包括以下内容：

（1）每次大、小修和停备检查及检验资料（包括受热面管子蠕胀测量数据、厚度测量数据、弯头椭圆度测量数据、内壁氧化皮厚度测量数据、取样管的化学腐蚀和结垢数据、取样管组织和机械性能数据）；

（2）每次大、小修和临修受热面部件检查发现问题及采取措施；

（3）历次四管泄漏分析情况，以及处理情况；

（4）锅炉四管泄漏后的抢修记录（日期、缺陷具体部位、管子规格及材质、缺陷详细情况、处理情况、原因分析、遗留问题及意见、检查及处理人与验收人等）；

（5）受热面部件重大改造情况；

（6）焊口及其他检验情况；

（7）防磨防爆检查人员及负责人；

（8）遗留问题。

四、工作环境的管理

为保证防磨防爆检查的质量，确保检查全面、切实消除受热面泄漏隐患，各发电企业应做好工作环境的管理，具体包括：

（1）确保锅炉内部良好冷却，受热面管壁温度低于40℃以下，锅炉内部照明布置合理，通风良好；

（2）锅炉受热面冲灰、除焦，表面无灰尘，用手触摸无灰迹，内部通道无扬尘；

（3）炉膛内升降平台或脚手架架子搭设安全、牢固、规范，设置合理；

（4）合理配置工作服、防尘口罩、安全帽、安全带等劳保用品。

五、计划和方案的编制

各发电企业应结合自身的实际情况，根据锅炉结构特点及历年发生泄漏爆管台账，统筹分析、综合判断，针对大小修及临修等工期进度特点，科学编制计划和方案，进行分类检查，开展防磨防爆工作。常规检查主要包括看、摸、测（量）等手段。

（1）看。观察和查看，是防磨防爆重要的检查方法之一。由防磨防爆人员借助手电筒、安全行灯等照明工具用眼睛或借助放大镜观察，直接对受热面管子外表进行全面的宏观检查，记录管子表面的情况，包括有无鼓包、胀粗、刮伤、腐蚀、磨损和表面裂纹等现象。

（2）摸。通过观察无法直接判断的部位及视线看不到的部位，可通过触摸来感知管子表面的情况和缺陷的类型，依据多年检查积累的经验加以识别判断，及时提出意见，采取措施加以处理或做进一步的检查。“摸”是检查人员在检查中无法看到或无法全部看到情况下的一种补充手段，它可使被触及的管子缺陷暴露出来，是检查人员必备的一种技能。

（3）测（量）。“测”就是利用卡尺、卡规、超声波测厚仪、光谱仪、焊缝尺寸检测仪、氧化皮测量仪等测量工具、仪器对受热面管子的壁厚、直径、材质、焊缝质量、氧化皮情况等进行实地测量、检测。

各企业应配备适量的检测仪器和装备。锅炉四管检查、检修应装备内壁氧化皮测量仪、射线探伤机、超声波探伤仪、磁粉探伤仪、金属磁记忆检测仪、测厚仪、硬度计、光谱分析仪、金相显微镜、蠕变测量仪、内窥镜、游标卡尺、千分尺、焊缝尺寸检测仪等。新建超（超）机组建议配置内窥镜、内壁氧化皮测量仪、便携式金属元素分析仪等必要的新技术装备。检修（维护）部门配置适量的检测仪器，如测厚仪；建立仪器装备管理档案，专人管理；按照计量标准，及时对仪器、设备进行检验，确保检测质量。

各企业应采取措施鼓励新技术、新手段在防磨防爆工作上的应用：

（1）过热器和再热器可采用锅炉管寿命评估系统进行检验；

（2）加强和推广磁记忆检测技术应用，消除应力撕裂缺陷；

（3）采用节流孔拍片、内窥镜检查、加装临时壁温测点等手段解决超（超）临界直流锅炉水冷壁、过热器、再热器易堵塞爆管问题；

（4）应用不锈钢内壁氧化皮测量、铁磁性材料管内壁拍片等技术检测超（超）临界直流锅炉钢管蒸汽侧氧化皮剥落、沉积情况；

（5）应用超声波检测技术对异种钢小径管接头进行检验，提高金属检测的缺陷检出率和工作效率；

（6）加强对缺陷的定性、定量、成像检测方面的技术研究，利用TOFD、相控阵、合成孔径成像检测等新技术提高集箱和主蒸汽管道、再热蒸汽管道的检验水平。

六、监督工作的程序

1. 日常巡检

运行人员按照锅炉运行规程的要求，每天对锅炉进行巡视检查，巡检情况录入运行记录册，对异常情况及时汇报，联系专业人员鉴定。锅炉防磨防爆专业人员每周对本企业锅炉进行巡视检查，录入巡检记录册。

2. 集中检修

修前召开防磨防爆检修会议，针对修前所发生的设备缺陷和故障，查看本厂锅炉前几次的检修记录，制定消除措施，并吸取以往事故的经验教训，举一反三。根据本企业的实际情况制定有针对性的防磨防爆检查内容，在防磨防爆标准项目的基础上，结合本企业锅炉特性突出重点。对设备进行必要的技术改造，检查和消除设备隐患。

3. 泄漏处置

锅炉四管发生泄漏后，各企业应及时组织运行、检修及技术管理部门共同分析爆管原因，制定防范措施和治理计划。落实“四不放过”原则，原因不清时，应及时联系技术监督单位进行分析，并做好记录归档。

4. 检修管理

整个检验过程实施以工单流转的形式，精细在“原因分析、趋势分析、超前控制”；注重文件体系的建立和贯彻执行，过程资料备份翔实、记录追溯可查；对检查发现的每一项缺陷，必须填写缺陷联系单，内容包括时间、炉号、部件名称、详细位置、缺陷描述，并做专门的技术分析，提出相应的消缺处理措施或建议；同时，现场做好标识，现场及企业防磨防爆负责人确认、验收签字（检修负责人、现场防爆检查负责人、企业防磨防爆负责人），为“修”做好准备。

第三节 锅炉受热面管的失效防治重点

一、检查过程中的防治重点

（一）检查的重点内容

锅炉受热面经常受机械和飞灰（煤粉）磨损部位（如穿墙管、悬吊管、夹持管、管卡处管子，炉墙、接缝的漏风点位置，燃烧器及风嘴周围管子，水平烟道内水平管段上部及垂直管迎风侧、省煤器、出列的管子等）；易因膨胀不畅而拉裂的部位（如水冷壁四角管子，燃烧器喷口、检查孔和人孔门等墙壁开孔处弯管部位的管子，工质温度不同而连在一起的包墙管，与烟、风道滑动面连接处的管子等）；受水力或蒸汽吹灰器吹灰冲击的部位及水冷壁或包墙管上开孔装吹灰器部位的邻近管子；水冷壁、过热器和再热器等有超温记录的管子；新更换管子的焊缝。

当出现下列情况之一时，应及时更换管段：

（1）管子外表面有宏观裂纹和明显鼓包。

（2）管子剩余壁厚不满足强度计算的管子最小需要壁厚，或者不满足运行至下一个检修期强度计算所确定的最小需要壁厚。水冷壁、省煤器、低温段过热器和再热器管壁厚减薄量超过设计壁厚的30%，高温段过热器管壁厚减薄量超过设计壁厚的20%视情况更换。

（3）低合金钢管外径蠕变应变大于2.5%，碳素钢管外径蠕变应变大于3.5%，T91、T122类管子外径蠕变应变大于1.2%，奥氏体耐热钢管子蠕变应变大于4.5%。

（4）高温过热器管和再热器管外表面氧化皮厚度超过0.6mm。

（5）金相组织检查发现晶界氧化裂纹深度超过5个晶粒或晶界出现蠕变裂纹。

（6）奥氏体耐热钢管及焊缝产生沿晶、穿晶裂纹，特别要注意焊缝的检验。

各企业应根据设备的状况和四管泄漏暴露出的问题，分别确定本企业的重点检查内容。

（二）水冷壁系统的重点检查内容

水冷壁重点检查内容是腐蚀、磨损、蠕胀、拉裂、机械损伤。检查部位包括：冷灰斗、燃烧器处、折焰角区域（循环流化床锅炉烟气转向处）、上下集箱管座角焊缝、悬吊管、吹灰器区域。抽查部位包括：热负荷最高区域的焊口、管壁厚度、腐蚀情况；超（超）临界锅炉水冷壁中间集箱出口段管子内壁裂纹情况；燃烧器滑板处；刚性梁处；鳍片焊缝膨胀不畅部位。

（1）燃烧器周围和热负荷较高区域的检查：

1）是否有明显结焦、腐蚀、过热、变形、磨损、鼓包，鳍片有无损伤，鳍片与水冷壁的连接焊缝有无开裂、咬边等；管壁有无冲刷、磨损和腐蚀。

2）对于四角切圆燃烧锅炉，应注意燃烧器喷口处及附近区域；对于前后对冲燃烧锅炉，应注意燃烧器让位弯管处；对前后对冲燃烧锅炉的两侧墙高温腐蚀区域进行测厚，计算其腐蚀速率，剩余壁厚应满足标准要求。

3）对液态排渣炉或有卫燃带的锅炉，应检查卫燃带及销钉的损坏程度。

4）定点监测管壁厚度及胀粗情况，对高负荷区域管排进行定点测厚。

5）对可能出现传热恶化的部位和直流锅炉中汽水分界线发生波动的部位，应检查有无疲劳裂纹产生。

6）燃烧器区域各弯管之间连接密封件焊接部位开裂拉伤检查、烧损变形检查。

7）应避免中间水冷壁鳍片过宽，对宽度超过规定的鳍片宜采取有效的改造措施。

8）采用低氮燃烧的锅炉应对燃烧器高度范围水冷壁进行腐蚀观测，采用喷涂防腐的应观测喷涂层状态。

（2）冷灰斗区域管子的检查：

1）应无落焦碰伤、砸扁、磨损，管壁应无明显减薄。

2）检查液态排渣炉渣口及炉底耐火层有无损坏及析铁。

3）检查冷灰斗处前后墙水冷壁与侧墙水冷壁连接处密封有无撕裂现象。

4）水封槽区域水冷壁管外壁腐蚀、裂纹，以及鳍片开裂情况。

5）密封连接件变形、烧损、焊接损伤情况。

6）定点监测斜坡及冷灰斗弯管外弧处的管壁厚度。

7）对于螺旋式水冷壁，应对冷灰斗与两侧墙的4个夹角进行磨损量检查。

(3）所有人孔、看火孔周围的水冷壁管应无拉裂、鼓包、明显磨损和变形等异常情况。

(4）折焰角区域水冷壁管的检查：

1）管子应无明显胀粗、鼓包、过热、变形、磨损。

2）管壁应无明显减薄。

3）屏式再热器冷却定位管相邻水冷壁应无明显变形、磨损现象。

4）高负荷区域管外壁挂焦、垢下腐蚀情况。

5）定点监测斜坡及弯管外弧处壁厚及管子胀粗情况。

(5）吹灰器辐射区域的检查：

1）水冷壁应无裂纹、明显磨损、龟裂等。

2）吹灰器孔区域各弯管之间连接密封件焊接部位应无开裂、拉伤、烧损变形。

(6）防渣管检查：

1）管子两端应无裂纹，必要时进行表面检验。

2）管子应无明显胀粗、鼓包。

3）管子应无明显飞灰磨损、碰磨。

4）定点监测管子壁厚及胀粗量。

5）后墙水冷壁防渣管根部密封板、承重筋板应无开裂、烧损、变形拉裂。

(7）水平烟道应检查是否有明显积灰、砸伤、碰伤、变形。

(8）顶棚水冷壁、包墙水冷壁、凝渣管，检查管子应无明显胀粗、鼓包、过热、变形、磨损，鳍片有无开裂。

(9）起定位、夹持作用的水冷壁管应检查是否有吹损、碰磨、严重变形。

(10）膜式水冷壁检查：

1）有无变形、开裂，鳍片有无烧损、开裂、咬边、漏焊，特别是吹灰器孔、人孔、打焦孔、观火孔、燃烧器、三叉管周围的手工焊缝。

2）吹灰器孔、人孔、打焦孔、观火孔、燃烧器、三叉管周围的水冷壁是否有明显胀粗、鼓包、过热、变形、磨损。

(11）水冷壁鳍片检查：

1）鳍片与管子的焊缝应无开裂。

2）应对组装的片间连接、包覆管连接、直流炉分段引出、引入管处的嵌装鳍片，以及燃烧器处短鳍片等部位的焊缝进行100%外观检查。

(12）对锅炉水冷壁热负荷最高处设置的监视段割管检查，检查内壁结垢、腐蚀情况和向、背火侧垢量，并计算结垢速率，对垢样做成分分析。根据腐蚀程度决定是否扩大检查范围；当内壁结垢量超过DL/T 794的规定时，应进行受热面化学清洗工作；监视管割管长度不少于0.5m。

（13）水冷壁背火面与刚性梁、限位及止晃装置、支吊架等相配合的拉钩等焊件应完好，无损坏和脱落。

（14）水冷壁拉钩及管卡：

1）外观检查应完好，无损坏和脱落。

2）膨胀间隙足够，无卡涩。

3）管排平整，间距均匀。

（15）水冷壁刚性梁区域的检查：

1）水平刚性梁处水冷壁有无膨胀受阻、撕裂现象；角部连接装置有无卡涩。

2）与垂直刚性梁连接处水冷壁有无膨胀受阻、撕裂。

3）与燃烧器连接处水冷壁有无受阻、撕裂。

4）水冷壁角部与刚性梁连接件部位焊接质量、变形拉伤检查。

5）二次总风箱内部各层连接梁与水冷壁管焊接部位损伤、变形拉裂情况检查。

（16）循环流化床锅炉的检查：

1）进料口、布风板水冷壁、膜式水冷壁、冷渣器水管应无明显磨损、腐蚀等情况。

2）锅炉旋风分离器进出口处水冷壁管应无明显的飞灰磨损。

3）炉膛下部敷设的高温耐磨、耐火材料与光管水冷壁过渡区域的管壁、落煤口区域的水冷壁管应无明显磨损。

4）应重点检查水冷壁密相区与稀相区结合部位的水冷壁磨损情况。

（17）新投运机组应对以下部位重点检查：

1）对水冷壁节流孔清洁度检验，带节流短管的根据超温情况，在检修时应进行射线检测和抽样割管检查。

2）对高辐射区域、燃烧器区域进行高温腐蚀检查，必要时采取磁粉检测。

3）超（超）临界压力锅炉的水冷壁管投运后发现因传热引起的异常时，应进行水冷壁受热面传热恶化验算，传热恶化的临界热负荷应大于设计最大热负荷并留有裕度。

（18）塔式炉的螺旋水冷壁鳍片焊缝、对接焊缝、应力集中部位应进行检测。

（19）对水冷壁存在横向裂纹的，可优化水冷壁节流孔，降低水冷壁壁温分布偏差。

（20）对水冷壁存在高温腐蚀的可进行喷涂、燃烧调整技术优化。

（21）对螺旋水冷壁冷灰斗喉部可进行浇注料、喷涂或加装疏型板防磨。

（22）每次检修，应尽可能对锅炉四角和约束力较大区域的T23钢制水冷壁焊缝进行无损检测；对T23钢制水冷壁热负荷较高的区域应进行100%射线检测，对焊缝上下300mm区域的鳍片进行100%磁粉检验；带有节流孔圈的水冷壁应进行射线检测。

（23）直流锅炉蒸发段水冷壁管，运行约5万h后每次大修在温度较高的区域分段割管进行硬度、拉伸性能和金相组织检验。

（24）必要时应对集箱内部清洁度进行抽查；对集箱短管角焊缝以及与水冷壁管现场焊缝进行无损检测抽查。

（25）管子更换时，对新增焊缝外观检查，合格后对焊缝进行100%的射线或超声波探伤，并做好记录。

（三）过热器和再热器系统的重点检查内容

过热器和再热器重点检查内容是过热、蠕胀、磨损。检查部位包括：管排（变形），管子（颜色、磨损、蠕胀、氧化）；吹灰器吹扫区域内的管子；夹持管、管排定位卡子处（磨损）；高温段（力学性能、金相组织及脱碳层）；包墙管开孔处。抽查部位包括：管座角焊缝；管子内部（氧化皮）；管子节流孔圈。

（1）过热器和再热器外观检查应无明显腐蚀、胀粗、鼓包、氧化、机械损伤、结焦、裂纹、变形、移位、磨损、积灰，管排应平整，间距应均匀；不应存在危害性烟气走廊。

（2）定位管、夹持管应无明显磨损和变形，管子间无明显碰磨现象。

（3）管夹、梳形板应无烧损、移位、变形、脱落，与管子间无明显碰磨现象。

（4）吹灰器辐射区域部位的管子应无明显冲蚀减薄；包覆管及人孔附近的弯管应无明显磨损，必要时进行定点测厚。对吹损严重的，应优化蒸汽吹灰程序、吹灰参数、疏水方式，必要时采用蒸汽吹灰、声波吹灰、脉冲吹灰相结合。

（5）吹灰器吹扫区域管子、尾部烟道两侧管排的防磨罩（防磨瓦）和中隔墙、后墙处的防磨均流板应接触良好，无脱落、歪斜、鼓起、松动翻转、磨穿、烧损变形等现象。

（6）顶棚过热器管应无明显变形和外壁腐蚀情况；顶棚管下垂变形严重时，应检查膨胀和悬吊结构。

（7）墙式再热器管子应无磨损、腐蚀、鼓包或胀粗，必要时应在减薄部位选点测量壁厚。

（8）低温再热器管排间距应均匀，不存在烟气走廊；重点检查后部弯头、上部管子表面及烟气流速较快部位的管子有无明显磨损，必要时进行测厚。

（9）对循环流化床锅炉的过热器、再热器管，应进行过热、腐蚀及磨损情况检查，必要时测量管子壁厚。

（10）过热器、再热器穿炉顶部位或塔式炉过热器穿膜式壁部位管子应无碰磨，与密封焊缝应无裂纹等超标缺陷，必要时进行无损检测。

（11）高温段过热器和再热器做外观检查，应无明显腐蚀、胀粗、鼓包、氧化、机械损伤、结焦、裂纹、变形、移位、磨损、积灰和烟气走廊，管排应平整，间距应均匀；管子及下弯头外壁氧化层厚度应不大于 0.6mm，管子胀粗不超过 DL/T 438 的规定。

（12）定点检测过热器和再热器出口段、迎流面及其下弯头管子外径及壁厚，每次检测部位位置应固定，做趋势分析。

（13）对于材质为奥氏体耐热钢的过热器、再热器管，根据运行状态对管子内壁氧化层进行检测，特别注意下弯头内壁的氧化层剥落堆积情况，依据检验结果，决定是否进行割管处理。氧化皮堆积按照 DL/T 1324 的要求执行，同时考虑检测时机对氧化皮剥落检验结果的影响。

（14）累计运行时间达到4万h后，应对与奥氏体耐热钢连接的异种钢接头进行外观检查，并按10%比例进行无损检测抽查，必要时割管做金相检查。

（15）累计运行时间达到5万h后，结合机组检修安排，应对壁温高于450℃的过热器管和再热器管取样检测管子的壁厚、管径、硬度、内壁氧化皮厚度、拉伸性能、金相组织及脱碳层。取样在管子壁温较高区域，割取2～3根管样。当氧化层厚度超过0.5mm时，应对管子材质进行状态评估，之后的每次A修均应进行检查。10万h后每次A级检修取样，后次的割管尽量在前次割管的附近管段或具有相近温度的区域。

（16）累计运行时间达到5万h后，结合机组检修安排，应对奥氏体耐热钢相连的异种钢焊接接头取样检测管子的壁厚、管径、焊缝质量、内壁氧化皮层厚度、拉伸性能、金相组织。取样在管子壁温较高区域，割取2～3根管样。10万h后每次A级检修取样，后次的割管尽量在前次割管的附近管段或具有相近温度的区域。

（17）当出现下列情况之一时，应对过热器和再热器管金相材质评定和寿命评估：

1）碳钢和钼钢管石墨化达到4级；20钢、15CrMoG、12Cr1MoVG和12Cr2MoG（2.25Cr-1Mo、T22、10CrMo910）的珠光体球化达到5级；T91、T92、T122钢管的组织老化达到5级；12Cr2MoWVTiB（钢102）钢管碳化物明显聚集长大（3～4μm）；18Cr-8Ni系列奥氏体耐热钢管老化达4级；T91钢管的组织老化评级按DL/T 884的要求执行，T92、T122钢管的组织老化参照DL/T 884；18Cr-8Ni系列奥氏体耐热钢管的组织老化评级按DL/T 1422的要求执行。

2）管材的拉伸性能低于相关标准要求。钢管的组织老化评级按DL/T 884的要求执行。

（18）应根据运行中高温过热器、高温再热器的超温情况，抽查管排炉顶不受热部分或管子炉外部分管段的胀粗及金相组织。

（19）结合大修应对喷丸管的内壁喷丸层进行取样检验，了解喷丸层的退化情况。

（20）对异种钢焊缝铁素体侧母材（T91、T92）硬度低于160HB的管段宜进行更换。

（21）对采用节流孔的过热器节流孔短管应进行射线检测，防止异物堵塞节流孔造成超温爆管。

（22）必要时应对集箱内部清洁度进行抽查；对集箱短管角焊缝，以及与过热器、再热器管现场焊缝进行无损检测抽查。

（23）管子更换时，对新增焊缝外观检查，合格后对焊缝进行100%的射线或超声波探伤，并做好记录。

（四）省煤器系统的重点检查内容

省煤器重点检查内容是磨损。检查部位包括：表面3排管子的磨损情况，防磨罩或护铁情况；吹灰器吹扫区域内的管子；边排管子、前列吊挂管、烟气走廊的管子、穿墙管、通风梁处。抽查部位包括：内圈管子移出检查；管座角焊缝；受热面割管及外壁腐蚀检查。对检查不到的部位应定期（1个大修周期）割出几排（或拉排）检查。

（1）检查管排平整度及其间距，不应存在危害性烟气走廊及杂物；对可能存在烟气走廊的部位重点检查管排、弯头的磨损情况。

（2）外壁应无明显腐蚀减薄。

（3）省煤器吹灰器、阻流板、固定装置附近的管子及上下管卡附近的管子应无明显磨损。

（4）阻流板、防磨板等防磨装置与管子接触良好，应无脱落、歪斜或明显磨损，并对结合部位检查是否存在扰流磨损。

（5）支吊架、管卡等固定装置应无烧损、脱落。

（6）鳍片省煤器管的鳍片焊缝应无裂纹等超标缺陷。

（7）悬吊管应无明显磨损，吊耳角焊缝应无裂纹。

（8）对已运行5万h的省煤器进行割管，检查管内结垢、腐蚀情况，重点检查进口水平段氧腐蚀、结垢量；如存在均匀腐蚀，应测定剩余壁厚；如存在深度大于0.5mm的点腐蚀，应增加抽检比例。

（9）检查低温省煤器管是否有低温腐蚀。

（10）抽查膜式省煤器鳍片焊缝是否有裂纹。

（11）对于低低温省煤器，可参照本部分执行。

二、运行过程中的防治重点

（1）加强汽、水品质监督，严格执行《火力发电机组及蒸汽动力设备水汽质量》（GB/T 12145—2016）、《火力发电厂汽水化学监督导则》的规定，确保进入锅炉的水质和锅炉运行中汽水品质合格。对于采取给水加氧的超（超）临界机组锅炉，更要控制好加氧量和pH值。

（2）重视机组启动时的水汽质量监督和控制，对于直流锅炉应特别注意冷态启动、冷态和热态冲洗、锅炉点火时的水质控制，按启动各阶段的标准要求进行，达不到要求不得进入下一步启动程序。

（3）长期停、备用的锅炉设备，必须按《火力发电厂停（备）用热力设备防腐蚀原则》进行防腐保护，根据本厂机组特点和停运时间选择适合的停运保护方案。

（4）严禁锅炉超温运行。

1）加强锅炉运行监视、调整，加强掺配烧管理，防止锅炉尾部再燃烧或受热面超温。应制定变工况运行防止超温的措施，并严格执行。

2）严密监视锅炉蒸汽参数、蒸发量、水位及燃煤量，防止超温超压、满水、缺水事故发生。

3）加强对受热面管壁温度的监测，必须建立受热面管壁温度超温台账，记录超温幅度、时间，并进行分析；建立超温考核制度，严格考核。非特殊情况下，超（超）临界锅炉停运禁止强制冷却。

4）运行人员应坚持保设备的原则，严禁在超温的情况下强带负荷。

5）锅炉启停应严格按曲线进行。启动初期，再热器未通汽前，严格控制炉膛出口烟温不超限。

6）锅炉运行中严格控制减温水量，控制好减温器后汽温，防止汽温变化速率超出规程要求。在机组启动过程中，更要通过燃烧调整控制好汽温，禁止违反规定投用减温水，防止形成水塞造成管材超温。

（5）加强锅炉吹灰管理，制定吹灰器的使用、检查管理制度，根据实际情况确定锅炉受热面吹灰的周期、蒸汽压力。每次吹灰结束，应确认吹灰器退回原位，进汽阀可靠关闭，防止吹灰漏汽、漏水吹损受热面或漏水至墙箱内造成管子裂纹。

（6）锅炉结渣时，应及时进行吹灰和清除，防止形成大渣块掉落砸坏冷灰斗水冷壁管。

（7）定期检查锅炉漏风情况，加强巡检，特别是对人孔和各种检查孔的检查和巡检，及时消除漏风。

第四节　锅炉受热面管的精细化检验

火电企业锅炉四管（水冷壁、过热器、再热器、省煤器及集箱）泄漏是造成机组非计划停运的主要原因之一。锅炉四管泄漏后，停炉处理耗费大量工时、财力，企业经济、社会效益损失巨大。如何有效防止锅炉四管泄漏，提高锅炉四管健康水平，是火电企业关注的焦点问题之一。

锅炉四管长期在烟气、温度、工质、应力等因素综合作用下，金属表面状态及微观组织性能会逐步劣化，这些劣化的宏观形貌及微观特征是可以通过相应的检验检测手段去发现和预测的。机组检修期间如没有对受热面管深入检验检测并及时消缺处理，部分受热面薄弱部位存在的缺陷将随机组运行逐渐扩展，严重时将造成锅炉受热面泄漏事故，影响机组安全稳定运行。

目前，随着科学技术的发展，人们对于四管泄漏的原因，已经有了较为深刻的认识，对于四管泄漏的预防，也有了更多的制度和措施。但是，在具体的实施过程中存在诸多问题，主要表现在："检"不全面，存在盲点；"修"不到位，遗留缺陷；过程质量控制与监督不务实，再好的制度和措施也成为一纸空谈。因此，把预防工作做好，充分利用检修期对锅炉四管开展精细化检修就显得非常关键。

一、内涵

锅炉受热面管精细化检验的内涵是"精检细检，检必检细"，以期达到"精修细修，修必修优"。"检"是"修"的前提，"检"要全面、细致、深入，检必检细；"修"是"检"的闭环处理，修必修优。主要体现在以下三个方面：

（1）检前准备精细化。围绕着"人、机、料、法、环"五个因素来控制。其中，"人"是指检验人员，"机"是指必备的工器具，"料"是指技术资料，"法"是指科学的工作方法，"环"是指作业环境。具体如表 5 - 1 所示。

（2）过程控制精细化。整个锅炉四管精细化检验实施以工单流转的形式，注重文件体系的建立和贯彻执行，对检查发现的每一项缺陷都做专门的技术分析，提出相应的消缺处理措施或建议，提交缺陷报告单并现场交底确认。

（3）缺陷修理精细化。针对每一类型的缺陷编制相应的具体施工方案，做到科学施工、科学处理；同时，对交付的修后处理情况跟踪复检，闭环管理。

表 5-1　　检验前准备精细化的控制要点

控制点	控制内容描述
人	①配备有经验的、年富力强的人员担任组长；②由技术总监进行技术把关；③配备有经验的人员组成项目组成员
机	①超声波测厚仪；②游标卡尺；③相机；④氧化皮检测仪；⑤工业用视频内窥镜；⑥便携式光谱分析仪；⑦智能磁记忆检测仪；⑧超声波检测仪；⑨磁粉检测仪；⑩其他相关的仪器等
料	①锅炉说明书、产品证明书、运行说明书；②受热面系统图；③锅炉检修规程；④热膨胀系统图；⑤强度计算数据汇总；⑥锅炉历次泄漏台账；⑦吹灰器布置图；⑧同类型机组爆管泄漏情况；⑨相关技术分析、报告或资料
法	①基于大数据统筹分析、综合判断，编制技术方案、工作计划；②在常规检查手段（主要有宏观检查、壁厚测量、蠕胀测量等）的基础上，充分利用新技术、新方法（内窥镜清洁度检查、内壁异物堆积测量、磁记忆应力检测、无损探伤及取样寿命评估等）
环	①确保锅炉内部良好冷却，受热面管壁温度低于 40℃，锅炉内部照明布置合理，通风良好；②锅炉受热面冲灰、除焦，表面无灰尘，用手触摸无灰迹，内部通道无扬尘；③炉膛内升降平台或脚手架架子搭设安全、牢固、规范，设置合理；④合理配置工作服、防尘口罩、安全帽、安全带等劳保用品

二、具体做法

1. 基于大数据的技术路线

锅炉四管由于内部介质、外部运行环境及所用材质的不同，其失效机理也不尽相同，不同的失效方式需采取不同的检测手段，提出具体的防范措施。锅炉受热面管精细化检验工作就是依据大数据库，掌握同型锅炉的四管爆管位置及特点，根据锅炉结构特点及历年发生泄漏爆管台账，统筹分析、综合判断，针对大小修及临修等工期进度特点，编制技术方案。

首先，结合近年来火电机组发生的锅炉受热面管泄漏停机事件，针对每一起锅炉四管泄漏进行失效分析，系统分析锅炉四管失效的形式、机理及原因，优化锅炉四管失效模式；并基于失效机理建立防止锅炉受热面失效的对策，提出了监督检验内容与防治重点。

其次，依托技术监督信息平台，建立四管信息数据库，以同类型机组、泄漏部件、失效机理、运行参数、部件规格、部件材料为要点，开发接入、检索、对比、评估、预警等功能模块，实现纵向数据及横向数据比对分析，评估锅炉四管检验内容，指导调整锅炉四管精细化检验。

2. “三级管控”的过程质量控制

实行“检修分离”，明确“检”和“修”两个责任体应承担的任务，以及任务完成后应交付的成果。“检”的过程从“面”到“线”再到“点”，做到精检细检，检必检深，不留盲点，做到全过程“检”。实施“三级管控”体系：第一级检修班组初检；第二级委托外委单位细检；第三级指定专人相互复检，并对第一、二级未检验出的缺陷进行考核，对发现缺陷的人员进行奖励。

整个项目的实施有着规定的标准流程，前期依据大数据库，结合锅炉结构特点及历年发生泄漏爆管台账，编制技术方案，然后制定优化网络图，明确时间点和责任人。检查工作坚持“落实责任、闭环控制”。通过检查掌握规律，从而预测四管的劣化倾向。通过预测，指导检修，总结经验，进一步提高管理水平和技术水平。

3.“工单流转”的协同合作机制

整个锅炉四管精细化检验实施以工单流转的形式，按照三级精细化深度检验管控体系开展实施检验工作。精细在“原因分析、趋势分析、超前控制”，注重文件体系的建立和贯彻执行，过程资料备份详实、记录追溯可查，对检查发现的每一项缺陷做专门的技术分析，提出相应的消缺处理措施或建议，提交缺陷报告单并现场交底确认。同时，现场做好标识，为“修”做好准备。

检验最终还是要落实到修理过程中，“修”的过程同样注重文件体系的建立和贯彻执行，要对每一类型的缺陷编制相应的具体施工方案，做到科学修理。同时加强过程质量控制与监督，加强质量验收，不能遗留，闭环控制，并对交付的修后处理情况跟踪复检，闭环管理。

4. 做好人的管理

在锅炉受热面管精细化检验中，人作为直接的决策者、管理者和执行者，是最重要的因素。人作为控制的对象，要避免其产生失误；作为控制的动力，要充分调动人的积极性，发挥人的主导作用。

①明确分工和责任，制定科学合理的激励机制，并落实到人。②加强检验人员的培训，通过培训提高检验人员的综合素质、工作技能、技术水平、管理水平和道德品质。③领导重视，作为决策者，重视不仅仅体现在上述两点，而是应亲自参与，进炉膛、做表率，这也是最重要的一点。

锅炉受热面管精细化检验作为保证火电机组长周期运行的重要环节，是保证机组安全、可靠、经济、环保运行的重要基础，体现了节能减排、增强可持续发展能力的要求。如果能够结合检修期，对锅炉受热面管进行深入、细致、全面、系统的检验，了解并掌握其目前的安全状况，及时消除缺陷及隐患，就可以有效降低机组非停频次，提高机组安全稳定运行。

思 考 题

1. 燃煤发电机组的工作原理是什么？

2. 锅炉的基本结构及工作原理是什么？

3. 锅炉四管主要是指什么？它们的作用分别是什么？

4. 典型电站燃煤锅炉的特点有哪些？

5. 金属材料的基本强化机理有哪些？

6. 微量元素在钢中的有益效应有哪些？Cr、W、Mo、Nb、B微量元素在钢中的主要作用是什么？

7. 钢铁材料的基本组织结构及力学性能指标有哪些？有什么特点？

8. 电站锅炉常用奥氏体耐热钢有哪些？它们的组织性能如何？

9. TP347HFG钢的正常金相组织是什么？字母“H”“FG”分别表示什么含义？

10. 水冷壁管、过热器、再热器管、省煤器的常用材料有哪些？

11. 受热面管选材的基本原则是什么？

12. 国内外12.700℃技术研究进展如何？

13. 失效分析的意义及作用是什么？

14. 失效分析的基本方法是什么？

15. 失效分析时，第一泄漏点的确定以及现场取样的注意事项有哪些？

16. 长时过热的失效机理是什么？其爆口的宏观与微观特征有哪些？应采取哪些防范措施？

17. 短时过热的失效机理是什么？其爆口的宏观与微观特征有哪些？应采取哪些防范措施？

18. 水侧腐蚀模式有哪些？烟气侧腐蚀模式有哪些？

19. 氢腐蚀的宏观及微观特征有哪些？易发生在哪些受热面部位？

20. 应力腐蚀的三条件是什么？应力疲劳失效类型易发生在锅炉的哪些部位？

21. 晶间腐蚀的宏观及微观特征有哪些？发生晶间腐蚀的主要原因是什么？

22. 蒸汽测高温氧化的特征及其危害是什么？如何减缓高温氧化皮的生成与脱落？

23. 高温腐蚀的机理是什么？影响高温腐蚀的主要因素有哪些？应采取哪些防范措施？

24. 高温腐蚀的宏观特征有哪些？易发生在哪些部位？

25. 疲劳失效的主要失效形式有哪几种？它们的特点分别是什么？

26. 热疲劳产生的原因是什么？易发生于哪些部位？

27. 磨损的主要失效形式有哪些？

28. 机械磨损的主要特征是什么？主要发生的部位有哪些？应采取哪些防范措施？

29. 飞灰磨损的主要特征是什么？主要发生的部位有哪些？应采取哪些防范措施？

30. 影响飞灰冲刷磨损的主要因素是什么？

31. 常见的焊接缺陷主要有哪些？

32. 再热裂纹断口特征及其影响因素是什么？如何防止焊接接头再热裂纹的产生？

33. 影响焊接接头疲劳强度的因素是什么？

34. 异种钢焊接接头失效的宏观特征是什么？失效机理及主要原因有哪些？

35. 常见的质量缺陷有哪些？

36. 锅炉四管管理台账有哪些？

37. 锅炉防磨防爆小组的机构组织与职责是什么？

38. 当锅炉受热面管出现哪些情况时，应予以更换？

39. 常规的受热面管检查方式有哪些？

40. 水冷壁、过热器、再热器、省煤器及其集箱的重点检查内容及检查部位有哪些？

41. 根据工作经验，结合本厂锅炉结构特点，谈谈如何做好锅炉受热面管防磨防爆工作。

参 考 文 献

[1] 蔡文河，严苏星．电站重要金属部件的失效及其监督 [M]．北京：中国电力出版社，2009.
[2] 秦定国．超超临界机组技术资料汇编 [M]．北京：中国电力出版社，2006.
[3] 李文成．机械装备失效分析 [M]．北京：冶金工业出版社，2008.
[4] 李益民，范长信，等．大型火电机组用新型耐热钢 [M]．北京：中国电力出版社，2013.
[5] 钟群鹏，赵子华，等．断口学 [M]．北京：高等教育出版社，2013.
[6] 冯砚厅，等．超（超）临界机组金属材料焊接技术 [M]．北京：中国电力出版社，2010.
[7] 姜晓霞，李诗卓，等．金属的腐蚀磨损 [M]．北京：化学工业出版社，2003.
[8] 李美栓．金属的高温腐蚀 [M]．北京：冶金工业出版社，2001.
[9] 崔约贤，王长利，等．金属断口分析 [M]．哈尔滨：哈尔滨工业大学出版社，1998.
[10] 闫光宗，徐雪霞，等．奥氏体不锈钢过热器常见失效形式分析 [J]．河北电力技术，2011 (6)：52-54.
[11] 柯浩，张晓昱，等．长时运行后高温再热器 T91 钢管材性能评定 [J]．金属热处理，2011 (12)：127-131.
[12] 柯浩，孙涛，等．超临界机组调试阶段水冷壁爆管原因分析及对策 [J]．锅炉技术，2012 (11)：47-51.
[13] 柯浩，张晓昱，等．长时运行后高温再热器 T91 钢管的冲击韧性 [J]．机械工程材料，2013 (9)：45-48.
[14] 高劲松．锅炉受热面管的失效机理及预防措施研究 [D]．南昌大学，2007.
[15] 钟万里，林介东，等．高温再热器异种钢焊接接头失效分析 [J]．江西电力，2004 (3)：26-28.
[16] 应明良，周辉，等．燃煤硫分对锅炉运行的影响分析 [J]．浙江电力，2006 (1)：31-34.
[17] 顾国亮，杨文忠，等．ND 钢、316L、20 号碳钢在硫酸中耐腐蚀比较 [J]．腐蚀与防护，2005 (8)：336-337.
[18] 高荣，张少军，等．TP347H 不锈钢高温过热器爆管原因分析 [J]．内蒙古电力技术，2013 (1)：116-118.
[19] 崔仑，孙凯，等．电站锅炉水冷壁管的氢腐蚀 [J]．吉林电力，2004 (10)：40-43.
[20] 傅敏，李辛庚，等．内外壁氧化皮对锅炉高温受热面管壁温度的影响 [J]．国网技术学院学报，2004 (3)：57-60.
[21] 张广才，张知翔，等．烟气再热器腐蚀原因分析及对策 [J]．热力发电，2018 (4)：114-119.
[22] 李娟．不锈钢焊接接头蠕变损伤及其寿命估计的研究 [D]．西华大学，2007.
[23] 蔡晖，殷尊，等．超超临界锅炉水冷壁管典型横向裂纹分析研究 [A]．2014 年中国电机工程学会年会．
[24] 刘德文．600MW 亚临界机组锅炉吹灰器吹损受热面的原因分析及控制措施 [J]．机电信息，2016 (6)：43-44.
[25] 魏力民，刘超，等．超（超）临界锅炉高温受热面氧化皮产生与剥落的影响因素及防护措施 [J]．理化检验：物理分册，2017 (10)：731-735.
[26] 张春雷．某电厂 Super304H 钢管晶间腐蚀开裂原因分析 [J]．热力发电，2012 (5)：65-68.

[27] 宁保群．T91铁素体耐热钢相变过程及强化工艺［D］．天津大学，2007.
[28] 刘桂婵．大型火电机组奥氏体不锈钢受热面管运行失效原因探讨及预防［J］．广西电力，2007（6）：46-48.
[29] 田晓，肖国华，等．短时超温对低温再热器材料组织和性能的影响［J］．理化检验：物理分册，2011（10）：615-618.
[30] 邓王安．T22合金高压锅炉管的研制［D］．中南大学，2006.
[31] 丁笑．T23水冷壁失效分析及预防措施研究［D］．天津大学，2014.
[32] 李江，周荣灿，等．超超临界燃煤锅炉水冷壁材料高温烟气腐蚀研究［J］．热加工工艺，2017，46（16）：19-24.
[33] 谢志勇．T24钢超超临界锅炉膜式壁管屏多头埋弧焊工艺分析［J］．中国设备工程，2017（12）：179-181.
[34] 王甲安，孙科，马龙信．长时运行后高温再热器用12Cr1MoV钢管材性能评定［J］．金属热处理，2019，44（05）：67-71.
[35] 王甲安，何桂宽，等．超临界锅炉试运行期间屏式过热器爆管原因分析［J］．华电技术，2012，34（07）：34-37.
[36] 陈志波，等．锅炉受热面管泄漏预防与锅炉受热面精细化检修管理措施［J］．华电技术，2015，37（02）：61-62.
[37] 王甲安，李剑平，等．600MW超临界机组SA-213TP347H高温再热器频繁爆管原因探究［J］．材料热处理学报，2015，36（S1）：122-127.
[38] 黄金督，梅建平，晏井利，等．T91钢时效过程中的组织老化和性能变化［J］．金属热处理，2016，41（11）：45-49.
[39] 杜宝帅，王金海，刘睿，等．超温服役T91钢的显微组织与力学性能［J］．金属热处理，2016，41（10）：62-65.
[40] 晏井利，梅建平，等．T91钢高温应力时效过程中组织与性能的演化［J］．材料热处理学报，2016，37（05）：96-102.
[41] 袁周．超超临界机组过热器管道用T92钢高温腐蚀及剩余寿命评估方法研究［D］．华南理工大学，2018.
[42] 李林平，梁军，等．G115/T92异种钢焊接接头的显微组织及力学性能［J］．材料热处理学报，2018，39（09）：138-144.
[43] 高伟锋，冯再新，惠均，等．T92钢与TP347H钢焊接接头高温蠕变研究［J］．铸造技术，2018，39（02）：409-411.
[44] 王伟，唐丽英，李文胜，等．T92钢内压蠕变试验组织性能老化规律［J］．热力发电，2016，45（09）：1-6.
[45] 郝曼曼，彭碧草，等．T92钢在蠕变过程中Laves相的析出与熟化行为［J］．机械工程材料，2011，35（10）：32-35.
[46] 王延峰，郑开云，等．T92钢管长时高温组织稳定性及性能研究［J］．动力工程学报，2010，30（04）：245-252.
[47] 戴晟，曹德辉，李中华，等．屏式过热器SA213-T92钢焊接工艺［J］．焊接技术，2009，38（08）：30-33.
[48] 李建三，刘洋，袁周．3种介质对T92钢高温腐蚀行为的影响［J］．腐蚀与防护，2018，39（06）：437-442.

[49] 林琳，周荣灿，郭岩，等．应力与温度对 P92 钢中 Laves 相析出行为的影响 [J]．热力发电，2012，41 (05)：56 - 60.

[50] 郭岩，贾建民，等．国产 TP347HFG 钢的水蒸气氧化行为研究 [J]．腐蚀科学与防护技术，2011，23 (06)：505 - 509.

[51] 郭岩，贾建民，林琳，等．国产 S30432 钢管蒸汽氧化层特征 [J]．中国电力，2011，44 (10)：50 - 53.

[52] 郭岩，林琳，侯淑芳，等．国产 TP310HCbN 钢在高温应力下的组织结构 [J]．中国电力，2012，45 (10)：42 - 47.

[53] 郭岩，周荣灿，侯淑芳，等．镍基合金的析出相及强化机制 [J]．金属热处理，2011，36 (07)：46 - 50.

[54] 郭岩，周荣灿，侯淑芳，等．617 合金 760℃时效组织结构及力学性能分析 [J]．中国电机工程学报，2010，30 (26)：86 - 89.

[55] 张红军，周荣灿，侯淑芳，等．先进超超临界机组用 Inconel 740 合金的组织稳定性研究 [J]．中国电机工程学报，2011，31 (08)：108 - 113.

[56] 郭岩，侯淑芳，周荣灿．晶界 $M_{23}C_6$ 碳化物对 IN 617 合金力学性能的影响 [J]．动力工程学报，2010，30 (10)：804 - 808.

[57] 郭岩，王博涵，侯淑芳，等．700℃超超临界机组用 Alloy 617 mod 时效析出相 [J]．中国电机工程学报，2014，34 (14)：2314 - 2318.

[58] 郭岩，周荣灿，张红军，等．镍基合金 740H 的组织结构与析出相分析 [J]．中国电机工程学报，2015，35 (17)：4439 - 4444.

[59] 郭岩，侯淑芳，王博涵，等．固溶强化型镍基合金的时效析出行为 [J]．中国电力，2013，46 (09)：34 - 38.

[60] 张红军，周荣灿，侯淑芳，等．先进超超临界机组用候选材料 Alloy 263 的组织稳定性 [J]．动力工程学报，2011，31 (12)：969 - 973.

[61] 郭岩，周荣灿，侯淑芳，等．INCONEL617 合金的高温时效析出相 [J]．中国电力，2012，45 (01)：33 - 36.

[62] 郭岩，张周博，周荣灿，等．镍基合金 617B 的微观组织与力学性能 [J]．Transactions of Nonferrous Metals Society of China，2015，25 (04)：1106 - 1113.

[63] 李季，郭岩，周荣灿，等．Alloy 617B 合金蠕变行为及变形过程中的显微组织演化 [J]．中国电机工程学报，2017，37 (07)：2040 - 2046.

[64] 郭岩，王彩侠，李太江，等．700℃超超临界机组用 617B 镍基合金的组织结构和析出相 [J]．材料研究学报，2016，30 (11)：841 - 847.

[65] 郭岩，李聚涛，杨强斌，等．镍基合金 617B 的组织结构与力学性能稳定性 [J]．金属热处理，2016，41 (05)：28 - 33.

[66] 郭岩，李太江，王彩侠，等．镍基合金 740H 时效过程中的显微组织与相析出行为 [J]. Transactions of Nonferrous Metals Society of China，2016，26 (06)：1598 - 1606.

[67] 唐丽英，周荣灿，侯淑芳，等．蒸汽中的氧含量对 Alloy 263 氧化行为的影响 [J]．中国电机工程学报，2015，35 (19)：4991 - 4996.